T0222297

Mathematik Primarstufe und Sekundarstufe I + II

Reihe herausgegeben von
Friedhelm Padberg, Bielefeld, Deutschland
Andreas Büchter, Essen, Deutschland

Die Reihe „Mathematik Primarstufe und Sekundarstufe I + II" (MPS I+II), herausgegeben von Prof. Dr. Friedhelm Padberg und Prof. Dr. Andreas Büchter, ist die führende Reihe im Bereich „Mathematik und Didaktik der Mathematik". Sie ist schon lange auf dem Markt und mit aktuell rund 60 bislang erschienenen oder in konkreter Planung befindlichen Bänden breit aufgestellt. Zielgruppen sind Lehrende und Studierende an Universitäten und Pädagogischen Hochschulen sowie Lehrkräfte, die nach neuen Ideen für ihren täglichen Unterricht suchen.

Die Reihe MPS I+II enthält eine größere Anzahl weit verbreiteter und bekannter Klassiker sowohl bei den speziell für die Lehrerausbildung konzipierten Mathematikwerken für Studierende aller Schulstufen als auch bei den Werken zur Didaktik der Mathematik für die Primarstufe (einschließlich der frühen mathematischen Bildung), der Sekundarstufe I und der Sekundarstufe II.

Die schon langjährige Position als Marktführer wird durch in regelmäßigen Abständen erscheinende, gründlich überarbeitete Neuauflagen ständig neu erarbeitet und ausgebaut. Ferner wird durch die Einbindung jüngerer Koautorinnen und Koautoren bei schon lange laufenden Titeln gleichermaßen für Kontinuität und Aktualität der Reihe gesorgt. Die Reihe wächst seit Jahren dynamisch und behält dabei die sich ständig verändernden Anforderungen an den Mathematikunterricht und die Lehrerausbildung im Auge.

Weitere Bände in der Reihe http://www.springer.com/series/8296

Gerald Wittmann

Elementare Funktionen und ihre Anwendungen

2., überarbeitete und erweiterte Auflage

Gerald Wittmann
Institut für Mathematische Bildung
Pädagogische Hochschule Freiburg
Freiburg, Deutschland

Mathematik Primarstufe und Sekundarstufe I + II
ISBN 978-3-662-58059-2   ISBN 978-3-662-58060-8   (eBook)
https://doi.org/10.1007/978-3-662-58060-8

Die Deutsche Nationalbibliothek verzeichnet diese Publikation in der Deutschen Nationalbibliografie; detaillierte bibliografische Daten sind im Internet über http://dnb.d-nb.de abrufbar.

Springer Spektrum
© Springer-Verlag GmbH Deutschland, ein Teil von Springer Nature 2008, 2019
Das Werk einschließlich aller seiner Teile ist urheberrechtlich geschützt. Jede Verwertung, die nicht ausdrücklich vom Urheberrechtsgesetz zugelassen ist, bedarf der vorherigen Zustimmung des Verlags. Das gilt insbesondere für Vervielfältigungen, Bearbeitungen, Übersetzungen, Mikroverfilmungen und die Einspeicherung und Verarbeitung in elektronischen Systemen.
Die Wiedergabe von allgemein beschreibenden Bezeichnungen, Marken, Unternehmensnamen etc. in diesem Werk bedeutet nicht, dass diese frei durch jedermann benutzt werden dürfen. Die Berechtigung zur Benutzung unterliegt, auch ohne gesonderten Hinweis hierzu, den Regeln des Markenrechts. Die Rechte des jeweiligen Zeicheninhabers sind zu beachten.
Der Verlag, die Autoren und die Herausgeber gehen davon aus, dass die Angaben und Informationen in diesem Werk zum Zeitpunkt der Veröffentlichung vollständig und korrekt sind. Weder der Verlag, noch die Autoren oder die Herausgeber übernehmen, ausdrücklich oder implizit, Gewähr für den Inhalt des Werkes, etwaige Fehler oder Äußerungen. Der Verlag bleibt im Hinblick auf geografische Zuordnungen und Gebietsbezeichnungen in veröffentlichten Karten und Institutionsadressen neutral.

Planung: Kathrin Maurischat

Springer Spektrum ist ein Imprint der eingetragenen Gesellschaft Springer-Verlag GmbH, DE und ist ein Teil von Springer Nature.
Die Anschrift der Gesellschaft ist: Heidelberger Platz 3, 14197 Berlin, Germany

Hinweis der Herausgeber

Diese erweiterte und überarbeitete Neuauflage des bewährten Bandes "Elementare Funktionen und ihre Anwendungen" von Gerald Wittmann erscheint in unserer Reihe Mathematik Primarstufe und Sekundarstufe I + II. Insbesondere die folgenden Bände dieser Reihe eignen sich zur Abrundung und Vertiefung unter mathematikdidaktischen sowie mathematischen Gesichtspunkten:

- C. Geldermann/ F. Padberg/ U. Sprekelmeyer: Unterrichtsentwürfe Mathematik Sekundarstufe II
- G. Greefrath: Anwenden und Modellieren im Mathematikunterricht der Sekundarstufe
- G. Greefrath/ R. Oldenburg/ H.-S. Siller/ V. Ulm/ H.-G. Weigand: Didaktik der Analysis für die Sekundarstufe II
- K. Heckmann/ F. Padberg: Unterrichtsentwürfe Mathematik Sekundarstufe I
- K. Krüger/H.-D. Sill/C. Sikora: Didaktik der Stochastik in der Sekundarstufe
- F. Padberg/ S. Wartha: Didaktik der Bruchrechnung
- H.-J. Vollrath/ H.-G. Weigand: Algebra in der Sekundarstufe
- H.-J. Vollrath/ J. Roth: Grundlagen des Mathematikunterrichts in der Sekundarstufe
- A. Büchter/ H.-W. Henn: Elementare Analysis
- A. Filler: Elementare Lineare Algebra
- S. Krauter/ C. Bescherer: Erlebnis Elementargeometrie
- H. Kütting/ M. Sauer: Elementare Stochastik
- F. Padberg/ A. Büchter: Elementare Zahlentheorie
- F. Padberg/ R. Danckwerts/ M. Stein: Zahlbereiche
- B. Schuppar: Geometrie auf der Kugel – Alltägliche Phänomene rund um Erde und Himmel
- B. Schuppar/ H. Humenberger: Elementare Numerik für die Sekundarstufe

Bielefeld/Essen   Friedhelm Padberg
Juli 2019   Andreas Büchter

Vorwort

Funktionen sind ein zentraler Inhalt des Mathematikunterrichts der Sekundarstufe I in allen Schulformen. Noch umfassender ist das Denken in funktionalen Zusammenhängen, ausgedrückt durch den Zuordnungs- und den Kovariationsaspekt. Funktionales Denken ist nicht unbedingt an den Funktionsbegriff gebunden und tritt auch schon in der Primarstufe auf. Dieses Buch soll die nötigen fachlichen Grundlagen bezüglich Funktionen und funktionalem Denken in der Primar- und Sekundarstufe vermitteln. Die elementaren Funktionen und ihre Eigenschaften werden anschaulich und mit vielen Beispielen behandelt. Inhaltliches Argumentieren und das Verständnis von Zusammenhängen stehen im Vordergrund, außermathematische Anwendungen ergänzen innermathematische Überlegungen.

Das Buch überbrückt die Kluft zwischen Schul- und Hochschulmathematik einerseits sowie zwischen Fachwissenschaft und Fachdidaktik andererseits und schafft viele fruchtbare Anknüpfungspunkte:

- Die Kapitel 1 und 2 sowie 10 bilden den Rahmen. Zentrale mathematikdidaktische Konzepte – wie die Aspekte des funktionalen Denkens oder Problemlösen und der Modellierungsprozess – bilden Leitlinien für die Betrachtung mathematischer Inhalte. Ein Ausblick in die Analysis zeigt auf, in welcher Weise der Kalkül der Analysis neue Möglichkeiten der Behandlung von Funktionen eröffnet und somit elementare Vorgehensweisen ablösen kann.

- In den Kapiteln 3 bis 9 werden die elementaren Funktionen behandelt, kategorisiert nach der Struktur ihrer Terme. Neue Begriffe werden jeweils an passender Stelle eingeführt, wenn ihre Bedeutung zum Tragen kommt, weil sie neue Eigenschaften der gerade betrachteten Funktionen aufzeigen.

Insgesamt 65 Aufgaben ergänzen den Lehrbuchtext: Keine „Päckchenaufgaben" für Automatisierungsübungen, da sich diese – mittlerweile auch in offenen und anregenden Formaten – in vielen Schulbüchern finden, sondern Impulse zum Vertiefen und Weiter-Denken der Lerninhalte, insbesondere auch in Übungsgruppen. Lösungshinweise, teilweise auch Lösungen, zu den Aufgaben finden sich unter

https://www.springer.com/de/book/9783662580592

auf der Website des Verlags.

Die Neuauflage bot die Möglichkeit, mit einem zusätzlichen 10. Kapitel eine Brücke zur Analysis herzustellen und damit einem vielfach geäußerten Wunsch nachzukommen. Daneben wurden zahlreiche Textpassagen überarbeitet und die Aufgaben erweitert. Mein Dank gilt allen Studierenden, die sowohl mit Hinweisen auf Fehler als auch mit kritischen Fragen zu einer Weiterentwicklung des Textes beitrugen, den Kolleginnen und Kollegen, die verschiedene – zum Teil sogar mehrere – Versionen des Manuskripts intensiv durcharbeiteten, für ihre Verbesserungsvorschläge und Anregungen, sowie den Reihenherausgebern und dem Verlag für die Möglichkeit einer Neuauflage und die stets gewährte Unterstützung.

Freiburg, im April 2019

Gerald Wittmann

Inhaltsverzeichnis

1 Funktionen und funktionales Denken

Der zentrale Begriff Funktion erweist sich als ein Begriff mit vielen Facetten, die nicht allein durch eine Definition erfasst werden können, sondern vor allem aus dem Arbeiten mit Funktionen resultieren. So steht auch am Beginn die Beschreibung von funktionalen Zusammenhängen in unterschiedlichen inner- und außermathematischen Sachverhalten (Abschn. 1.1). Die genauere Betrachtung von Zuordnungen und ihren Eigenschaften (Abschn. 1.2) liefert die Grundlagen für die Definition des Begriffs Funktion und weiterer, damit zusammenhängender Begriffe (Abschn. 1.3). Anschließend werden verschiedene Darstellungsformen für Funktionen aufgezeigt (Abschn. 1.4) und mit dem Zuordnungs- und dem Kovariationsaspekt zwei wichtige Aspekte des Funktionsbegriffs erläutert (Abschn. 1.5). Dies mündet in eine etwas weiter gefasste Beschreibung funktionalen Denkens (Abschn. 1.6).

1.1 Funktionale Zusammenhänge

Es gibt viele inner- und außermathematische Situationen, in denen ein Zusammenhang zwischen zwei Größen in natürlicher Weise besteht oder bewusst hergestellt wird. Beispiele hierfür findet man unter anderem in den Naturwissenschaften und in der Technik, wenn gezielt Experimente durchgeführt und ausgewertet werden, in den Wirtschafts- und Sozialwissenschaften, wenn Daten erhoben und zueinander in Beziehung gesetzt sowie interpretiert werden, aber auch im Alltag, wenn ein solcher Zusammenhang vorgegeben ist und eine konkrete Entscheidung gefällt werden soll.

Beispiel 1.1

Das Liniendiagramm in Abbildung 1.1 gibt für jeden Kalendermonat von Januar 2013 bis Oktober 2018 den Benzinpreis für Super E10 in Euro je Liter an. Auf diese Weise lässt sich die Entwicklung des Benzinpreises im betreffenden Zeitraum auf einen Blick nachvollziehen.

© Springer-Verlag GmbH Deutschland, ein Teil von Springer Nature 2019
G. Wittmann, *Elementare Funktionen und ihre Anwendungen*, Mathematik Primarstufe und Sekundarstufe I + II, https://doi.org/10.1007/978-3-662-58060-8_1

Abb. 1.1 Entwicklung des
Benzinpreises von Januar 2013
bis Oktober 2018
(Daten aus: ADAC 2018)

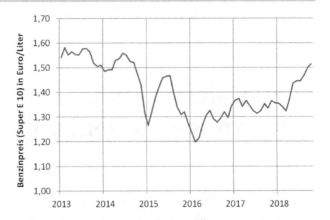

Abb. 1.2 Zusammenhang von
Einkommen und Lebenserwartung
(Daten aus: Lauterbach et al. 2006,
S. 4)

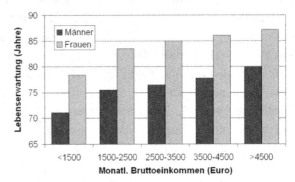

Beispiel 1.2

Im Rahmen einer sozialwissenschaftlichen Erhebung wird der Zusammenhang zwischen dem Einkommen einer Bevölkerungsgruppe und ihrer mittleren Lebenserwartung untersucht (Abb. 1.2). Dem Säulendiagramm lässt sich entnehmen, dass erstens Frauen bei gleichem Einkommen stets eine höhere Lebenserwartung besitzen als Männer und dass zweitens sowohl für Männer als auch für Frauen mit steigendem Einkommen die mittlere Lebenserwartung wächst. Hierbei wird die mittlere Lebenserwartung als eine vom Einkommen abhängige Größe betrachtet.

Beispiel 1.3

In einem physikalischen Versuch zur Ermittlung der Kennlinie einer Glühlampe wird die Spannung U an der regelbaren Spannungsquelle schrittweise erhöht und jeweils der zugehörige Wert für die Stromstärke I am Amperemeter (Strommessgerät) abgelesen (Abb. 1.3 links). Die Beziehung beider Größen lässt sich qualitativ in verbaler Form beschreiben („Je größer U ist, desto größer ist auch I.") oder in einem Diagramm

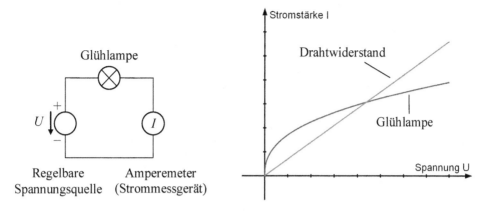

Abb. 1.3 Messversuch zum Zusammenhang von Spannung und Stromstärke (links) und daraus resultierende Kennlinie einer Glühbirne und eines Drahtwiderstandes (rechts)

graphisch darstellen (Abb. 1.3 rechts). Hierbei wird die Stromstärke I als von der Spannung U abhängige Größe betrachtet, was in der Physik auch durch die Schreibweise $I = I(U)$ zum Ausdruck gebracht wird. Der Versuch kann anschließend mit anderen Bauelementen (beispielsweise einem Drahtwiderstand) erneut durchgeführt werden. Für jedes Bauelement erhält man eine spezifische Kurve, was auch die Bezeichnung als Kennlinie rechtfertigt.

Beispiel 1.4

In einem gleichschenkligen Dreieck ABC wird der Zusammenhang zwischen der Höhe h und den Innenwinkeln α und γ untersucht. Realisieren lässt sich dies im Zugmodus eines Dynamischen Geometrie-Systems (DGS) durch Ziehen am Punkt C (Abb. 1.4 links; s. Roth & Wittmann 2018, S. 118 ff.). Hierdurch werden α und γ als von h abhängige Größen betrachtet. Die Beziehung kann punktuell („Wenn h halb so groß ist wie $|AB|$, dann ist $\gamma = 90°$.") oder über einen Bereich hinweg („Wenn h größer wird, dann wird α auch größer, γ hingegen kleiner.") beschrieben werden.

In gleicher Weise kann das Verhalten an den Grenzen erfasst werden („Je größer h wird, desto mehr nähert sich α einem 90°-Winkel."). Alle diese Aussagen finden sich auch in der graphischen Darstellung wieder; hierzu wird h in Vielfachen von $|AB|$ aufgetragen (Abb. 1.4 rechts). Diese funktionalen Zusammenhänge können auch durch die Gleichungen

$$\alpha = \arctan \frac{2 \cdot h}{|AB|} \quad \text{und} \quad \gamma = 180° - 2 \cdot \arctan \frac{2 \cdot h}{|AB|}$$

ausgedrückt werden (zur Tangensfunktion s. Abschn. 9.2 und 9.3).

C
γ
β
A
α
B
alpha, gamma
180°
$\alpha = \gamma$ für $h = \frac{1}{2}\sqrt{3}\,|AB|$
90°
60°
α
γ
h
$\frac{1}{2}|AB|$
$|AB|$
$2|AB|$

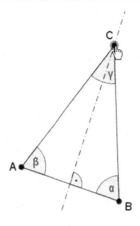

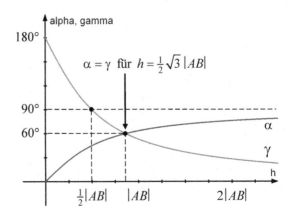

Abb. 1.4 Zusammenhang von Höhe und Innenwinkel im gleichschenkligen Dreieck; Konstruktion (links, mit GeoGebra) und Darstellung als Funktionsgraph (rechts)

Abb. 1.5 Bon in der Metzgerei

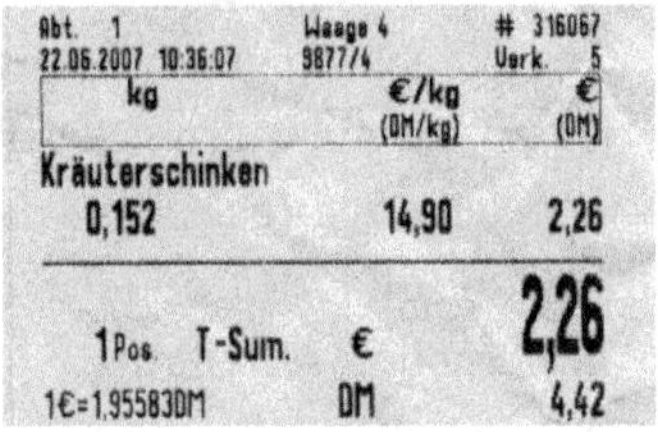

Abt. 1
22.06.2007 10:36:07
Waage 4
9877/4
316067
Verk. 5
kg
€/kg
(DM/kg)
€
(DM)
Kräuterschinken
0,152
14,90
2,26
2,26
1Pos. T-Sum. €
1€=1,95583DM
DM
4,42

Beispiel 1.5

Der in der Metzgerei ausgedruckte Bon stellt einen Zusammenhang zwischen dem Gewicht (in kg) und dem Preis (in €) dar (Abb. 1.5). Dies geschieht sowohl in Form zweier konkreter Werte (0,152 kg Schinken kosten 2,26 €) als auch durch die Angabe 14,90 €/kg, die als Preis je kg gedeutet werden kann, und die es ermöglicht, für jedes beliebige Gewicht den zugehörigen Preis zu berechnen (und umgekehrt).

Beispiel 1.6

Das Etikett auf dem Kanister mit Frostschutzkonzentrat für die Scheibenwaschanlage im Auto gibt den Zusammenhang zwischen dem Mischungsverhältnis und der Temperatur (in °C), bis zu der das Gemisch eingesetzt werden kann, an (Abb. 1.6). Mittels einer Tabelle wird jedem aufgeführten Mischungsverhältnis ein Temperaturwert zugeordnet. Dieser Tabelle kann ein Verbraucher auch umgekehrt das zu einer bestimmten

Abb. 1.6 Etikett eines Frostschutzmittels

Mischtabelle nach ASTM D 1177-82 – Winter

Scheibenklar	unverdünnt	2 Teile	1 Teil	1 Teil	1 Teil
Wasser	-	1 Teil	1 Teil	2 Teile	3 Teile
bis ca. °C	-50°C	-27°C	-18°C	-8°C	-6°C

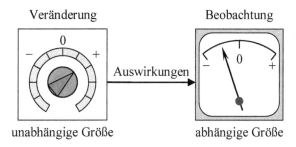

Abb. 1.7 Schema eines funktionalen Zusammenhangs

Temperatur passende Mischungsverhältnis entnehmen. Darüber hinaus lässt sich aus der Abfolge der Werte auch eine Tendenz erkennen (je höher der Anteil des Konzentrats, desto niedriger die Temperatur, bis zu der das Gemisch eingesetzt werden kann).

Auch wenn die Beispiele 1.1 bis 1.6 unterschiedlichen Bereichen entstammen, ist ihnen gemeinsam, dass ein *funktionaler Zusammenhang* zwischen zwei Größen besteht oder hergestellt wird: Es soll erfasst und untersucht werden, wie sich eine Größe in Abhängigkeit von einer anderen Größe verhält. Hierzu wird

- eine erste Größe als vorgegebene, *unabhängige Größe* und

- eine zweite Größe als (von der ersten Größe) *abhängige Größe* betrachtet,

und jedem Wert der ersten Größe *genau ein Wert* der zweiten Größe *zugeordnet*. Bildlich gesprochen wird die unabhängige Größe verändert und gleichzeitig beobachtet, welche Auswirkungen auf die abhängige Größe dies nach sich zieht (Abb. 1.7). Die Veränderung der unabhängigen Größe kann in manchen Fällen wörtlich genommen werden, etwa bei der Durchführung naturwissenschaftlicher oder technischer Versuche, während sie in anderen Fällen auf einer Interpretation gesammelter Daten beruht und gleichsam in diese hineingelesen wird. Welche Größe als abhängige und welche als unabhängige angesehen wird, hängt in erster Linie vom Interesse des Beobachters ab; viele funktionale Zusammenhänge lassen sich – zumindest prinzipiell – auch in umgekehrter Weise untersuchen und darstellen (s. Abschn. 5.5).

1.2 Zuordnungen

Eine zentrale Idee eines funktionalen Zusammenhangs ist, dass jedem Wert der unabhängigen Größe genau ein Wert der abhängigen Größe zugeordnet wird. Dieses Prinzip ist nicht an Größen gebunden, es lässt sich allgemeiner fassen, wenn beliebige Mengen betrachtet werden und wenn nicht die Eindeutigkeit zur Voraussetzung gemacht wird: Eine *Zuordnung* von einer Menge A in eine Menge B liegt vor, wenn jedem Element aus A ein

Element oder auch mehrere Elemente aus B zugeordnet werden. Solche Zuordnungen treten in vielen Bereichen der Mathematik auf.

Beispiel 1.7

Im Folgenden werden Zuordnungen im Bereich der Arithmetik betrachtet (Tab. 1.1 und Abb. 1.8), auch wenn sie dort meist nicht als solche bezeichnet werden.

- ■ Jeder Zahl $n \in \mathbb{N}$ werden ihre Teiler zugeordnet. Es handelt sich um eine Zuordnung innerhalb der Menge $\mathbb{N}$, die nicht eindeutig ist: So werden jeder Zahl $n \geq 2$ mindestens die beiden Teiler 1 und n zugeordnet.

- ■ Jeder Zahl $n \in \mathbb{N}$ wird ihre Teilermenge T_n zugeordnet. Diese Zuordnung von der Menge $\mathbb{N}$ in die Menge aller Teilmengen von $\mathbb{N}$ ist eindeutig, da jeder Zahl n genau eine Teilermenge T_n zugeordnet wird.

- ■ Jeder Zahl $n \in \mathbb{N}$ wird die Anzahl ihrer Teiler zugeordnet. Diese Zuordnung innerhalb der Menge $\mathbb{N}$ ist eindeutig. Die Eindeutigkeit ist eine Grundlage, um den Begriff Primzahl (eine Zahl, die genau zwei Teiler besitzt) definieren zu können.

n	Teiler	Teilermenge	Teileranzahl
1	1	$\{1\}$	1
2	1, 2	$\{1, 2\}$	2
3	1, 3	$\{1, 3\}$	2
4	1, 2, 4	$\{1, 2, 4\}$	3
5	1, 5	$\{1, 5\}$	2
6	1, 2, 3, 6	$\{1, 2, 3, 6\}$	4
7	1, 7	$\{1, 7\}$	2
8	1, 2, 4, 8	$\{1, 2, 4, 8\}$	4
9	1, 3, 9	$\{1, 3, 9\}$	3
10	1, 2, 5, 10	$\{1, 2, 5, 10\}$	4
11	1, 11	$\{1, 11\}$	2
12	1, 2, 3, 4, 6, 12	$\{1, 2, 3, 4, 6, 12\}$	6

Tab. 1.1 Natürliche Zahlen, ihre Teiler, Teilermenge und Teileranzahl

Abb. 1.8 Natürliche Zahlen und ihre Teiler

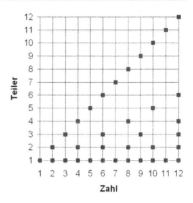

Abb. 1.9 Eindeutige Zuordnung eines Bildpunktes P'
zum Punkt P (Konstruktion mit GeoGebra)

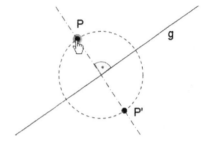

Beispiel 1.8

Jede geometrische Abbildung der Ebene in sich ist eine eindeutige Zuordnung: So wird
bei der Achsenspiegelung an der Geraden g jedem Punkt P der Ebene genau ein Bild-
punkt P' der Ebene zugeordnet (Abb. 1.9). Ist P ein Punkt der Achse, so ist der Bild-
punkt mit dem ursprünglichen Punkt identisch; die Punkte der Achse sind Fixpunkte
dieser geometrischen Abbildung.

Beispiel 1.9

Beim Cantorschen Diagonalverfahren werden alle Brüche wie in Abbildung 1.10 angeordnet und dann, beginnend bei $\frac{1}{1}$, der Reihe nach so durchlaufen, dass jeder Bruch
genau einmal erfasst wird. Dem ersten Bruch $\frac{1}{1}$ wird dann die 1 zugeordnet, dem zweiten Bruch $\frac{1}{2}$ die 2, dem dritten Bruch $\frac{2}{1}$ die 3, und so weiter. Auf diese Weise gewinnt
man eine eindeutige Zuordnung von der Menge aller Brüche in die Menge $\mathbb{N}$. Um nun
Bruchzahlen anstelle von Brüchen zu betrachten, lässt man beim Durchlaufen jene
Bruchzahlen aus, die schon erfasst worden sind. So wird jeder Bruchzahl b genau eine
natürliche Zahl n zugeordnet (Tab. 1.2). Durch diese eindeutige Zuordnung von der
Menge $\mathbb{B}$ (der Menge aller Bruchzahlen, aller positiven rationalen Zahlen) in die
Menge $\mathbb{N}$ lässt sich zeigen, dass beide Mengen gleich viele Elemente besitzen, also die
Menge $\mathbb{B}$ abzählbar ist.

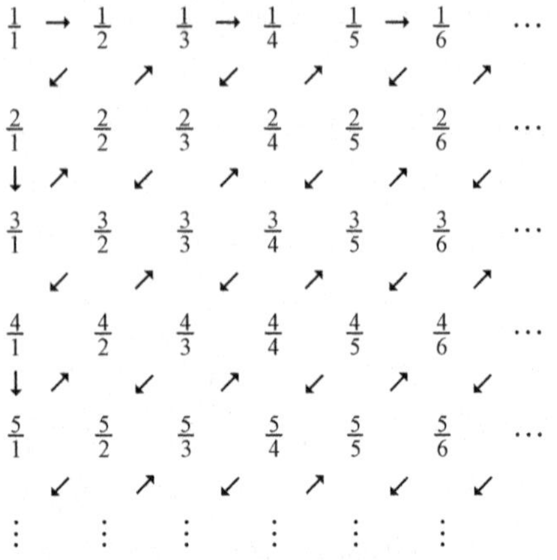

Abb. 1.10 Cantorsches Diagonalverfahren

$$
\begin{array}{cccccc}
\frac{1}{1} \rightarrow \frac{1}{2} & \frac{1}{3} \rightarrow \frac{1}{4} & \frac{1}{5} \rightarrow \frac{1}{6} & \cdots \\
\frac{2}{1} & \frac{2}{2} & \frac{2}{3} & \frac{2}{4} & \frac{2}{5} & \frac{2}{6} & \cdots \\
\frac{3}{1} & \frac{3}{2} & \frac{3}{3} & \frac{3}{4} & \frac{3}{5} & \frac{3}{6} & \cdots \\
\frac{4}{1} & \frac{4}{2} & \frac{4}{3} & \frac{4}{4} & \frac{4}{5} & \frac{4}{6} & \cdots \\
\frac{5}{1} & \frac{5}{2} & \frac{5}{3} & \frac{5}{4} & \frac{5}{5} & \frac{5}{6} & \cdots \\
\vdots & \vdots & \vdots & \vdots & \vdots & \vdots
\end{array}
$$

n	1	2	3	4	5	6	7	8	9	10	11	12	13	14	...
b	$\frac{1}{1}$	$\frac{1}{2}$	$\frac{2}{1}$	$\frac{3}{1}$	$\frac{1}{3}$	$\frac{1}{4}$	$\frac{2}{3}$	$\frac{3}{2}$	$\frac{4}{1}$	$\frac{5}{1}$	$\frac{1}{5}$	$\frac{1}{6}$	$\frac{2}{5}$	$\frac{3}{4}$	...

Tab. 1.2 Zuordnung von natürlichen Zahlen und Bruchzahlen

Beispiel 1.10

Jedem Punkt der Ebene werden nach der Einführung eines x-y-Koordinatensystems zwei Zahlen zugewiesen: eine x-Koordinate und eine y-Koordinate (Abb. 1.11). Diese Zuordnung lässt sich als eine eindeutige Zuordnung auffassen: Wenn jedem Punkt der Ebene ein geordnetes Zahlenpaar $(x\,|\,y)$ zugewiesen wird, handelt es sich um eine eindeutige Zuordnung von der Menge aller Punkte der Ebene in die Menge $\mathbb{R} \times \mathbb{R}$ aller Zahlenpaare mit Komponenten aus $\mathbb{R}$.

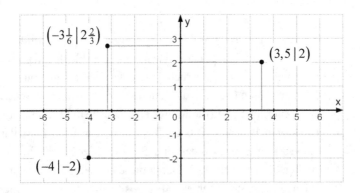

Abb. 1.11 Zuordnung von Punkten in der Ebene und Koordinaten

Ergebnis	2	3	4	5	6	7	8	9	10	11	12
Wahrscheinlichkeit	$\frac{1}{36}$	$\frac{2}{36}$	$\frac{3}{36}$	$\frac{4}{36}$	$\frac{5}{36}$	$\frac{6}{36}$	$\frac{5}{36}$	$\frac{4}{36}$	$\frac{3}{36}$	$\frac{2}{36}$	$\frac{1}{36}$

Tab. 1.3 Zuordnung von Ergebnis und Wahrscheinlichkeit

In analoger Weise kann jedem Punkt der Ebene genau eine komplexe Zahl z der Form $z = x + y\mathrm{i}$ zugeordnet werden, was eine eindeutige Zuordnung von der Menge $\mathbb{R}$ in die Menge $\mathbb{C}$ darstellt. Auch die Umkehrung dieser Zuordnungen ist jeweils eindeutig, denn jedem geordneten Zahlenpaar $(x \mid y)$ und jeder komplexen Zahl z der Form $z = x + y\mathrm{i}$ entspricht genau ein Punkt der Ebene.

Beispiel 1.11

Bei einem Zufallsexperiment kann den möglichen Ergebnissen die Wahrscheinlichkeit, mit der sie eintreten, zugeordnet werden. Beim gleichzeitigen Werfen zweier Würfel können für die Augensumme, die bei vielen Brettspielen entscheidend ist, die Ergebnisse $2, 3, \ldots, 12$ auftreten (Tab. 1.3). Es handelt sich um eine eindeutige Zuordnung von der Menge $\{2, 3, \ldots, 12\}$ in die Menge $[0;1]$. Die Zuordnung lässt sich als eindeutige Zuordnung von der Menge $\mathbb{R}$ in die Menge $[0;1]$ fortsetzen, wenn allen unmöglichen Ereignissen (etwa den Augensummen 0,728 oder 15) die Wahrscheinlichkeit 0 zugeordnet wird. In der Wahrscheinlichkeitstheorie werden derartige Zuordnungen formal gefasst und bilden die Basis für die Definition des Begriffs Wahrscheinlichkeitsfunktion.

Bei einer *Zuordnung* ist es prinzipiell möglich, dass einem Element aus A auch mehrere Elemente aus B zugeordnet werden oder dass einem Element aus A kein Element aus B zugeordnet wird (Abb. 1.12 links). Bei einer *eindeutigen Zuordnung* hingegen wird jedem Element aus A genau ein Element aus B zugeordnet; wohl aber kann ein Element aus B

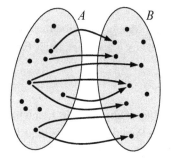
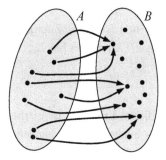

Abb. 1.12 Zuordnung (links) und eindeutige Zuordnung (rechts)

mehreren Elementen aus A zugeordnet werden (Abb. 1.12 rechts). Ferner kann es in beiden Fällen Elemente aus B geben, die keinem Element aus A zugeordnet werden. Wie die Beispiele zeigen, treten beide Fälle auf. Zahlreiche nicht eindeutige Zuordnungen lassen sich jedoch durch eine Änderung der Zuordnungsvorschrift und der Menge B, etwa durch eine Zusammenfassung der Elemente aus B zu Teilmengen oder Tupeln, in eindeutige Zuordnungen umformulieren.

Manche Zuordnungen lassen sich auch als funktionale Beziehungen lesen, bei anderen ist eine solche Betrachtung hingegen nicht nahe liegend oder nicht sinnvoll. Auch Zuordnungen können – wie schon funktionale Zusammenhänge – in vielfältiger Weise angegeben werden; sie sind weder an eine bestimmte Darstellung noch an formale Schreibweisen gebunden.

1.3 Reelle Funktionen

Die beiden bisher behandelten Begriffe *funktionaler Zusammenhang* in Abschnitt 1.1 und *Zuordnung* in Abschnitt 1.2 münden nun in die Definition des Begriffs *Funktion*. Während bei einem funktionalen Zusammenhang häufig inhaltliche, auf die Sachsituation bezogene Aspekte im Vordergrund stehen (die Beziehung zweier Größen und ihre Eigenschaften), ist der Begriff Zuordnung eher formalen Ursprungs; er hebt eine gemeinsame Struktur in auf den ersten Blick unterschiedlichen mathematischen Teilgebieten hervor.

In diesem Abschnitt werden reelle Funktionen in mehreren Definitionen schrittweise als besondere Zuordnungen charakterisiert. Dabei wird vorübergehend ein eher formaler Standpunkt eingenommen, bevor in Abschnitt 1.4 das Interesse wieder stärker inhaltlichen Aspekten gilt. Eine gewisse Formalisierung erleichtert das Fassen einer klaren Definition als Grundlage für die systematische Untersuchung der Eigenschaften von Funktionen im Folgenden.

> **Definition 1.1** Eine Zuordnung von einer nichtleeren Menge A in eine nichtleere Menge B, die jedem Element aus A genau ein Element aus B zuordnet, heißt *Funktion*.

Wesentliches Kriterium ist hierbei die Frage, ob die Zuordnung für alle Elemente der Menge A eindeutig ist: Es handelt sich also nicht um eine Funktion, wenn es ein Element aus A gibt, dem kein Element aus B oder dem zwei oder mehr Elemente aus B zugeordnet werden. Bezeichnet man eine Funktion von A nach B mit f, schreibt man $f\colon A \to B$.

Beispiele für eindeutige und nicht eindeutige Zuordnungen finden sich in Abschnitt 1.2. Insbesondere erfüllen alle geometrischen Abbildungen die Definition des Begriffs Funktion; beide Bezeichnungen werden oft auch synonym verwendet.

Im Folgenden werden speziell eindeutige Zuordnungen von einer nichtleeren Menge $D \subset \mathbb{R}$ nach $\mathbb{R}$ betrachtet.

Definition 1.2 Eine Zuordnung von einer nichtleeren Menge $D \subset \mathbb{R}$ in die Menge $\mathbb{R}$, die jedem $x \in D$ eindeutig ein $y \in \mathbb{R}$ zuordnet, heißt *reelle Funktion*.

Wird eine reelle Funktion mit f bezeichnet, so schreibt man auch $f: D \to \mathbb{R}$. Die Schreibweisen $x \mapsto f(x)$ oder $x \mapsto y$ bringen den Zuordnungscharakter zum Ausdruck, und die Schreibweisen $y = f(x)$ oder auch – wie in der Physik üblich – kurz $y(x)$ betonen, dass y in Abhängigkeit von x betrachtet wird; sie treten vor allem im Zusammenhang mit einer Funktionsgleichung auf.

Definition 1.3 Für eine reelle Funktion $f: D \to \mathbb{R}$ heißt die Menge D der *Definitionsbereich* der Funktion und die Menge W aller $y \in \mathbb{R}$, die einem $x \in D$ zugeordnet werden, *Wertebereich* der Funktion; ein $x \in D$ heißt *Argument der Funktion* und ein $y \in W$ heißt *Funktionswert*.

Eine reelle Funktion ordnet zwar jedem $x \in D$ eindeutig ein $y \in \mathbb{R}$ zu; es muss aber umgekehrt nicht zu jedem $y \in \mathbb{R}$ ein $x \in D$ existieren, dem es zugeordnet wird.

Im Folgenden wird – sofern nichts anderes vermerkt ist – stets mit dem maximalen Definitionsbereich einer Funktion gearbeitet; er umfasst alle reellen Zahlen, für die eine Zuordnung definiert werden kann.

Da zu jedem Argument $x \in D$ eindeutig ein Funktionswert $f(x) \in \mathbb{R}$ gehört, bildet jedes x mit dem zugehörigen $f(x)$ ein Wertepaar $(x \mid f(x))$. Nun wird die Menge dieser Wertepaare betrachtet.

Definition 1.4 Für eine reelle Funktion $f: D \to \mathbb{R}$ heißt die Menge aller Punkte der Ebene mit den Koordinaten $(x \mid f(x))$ mit $x \in D$ der *Graph der Funktion*.

Der Graph einer reellen Funktion lässt sich in einem zweidimensionalen kartesischen Koordinatensystem bildlich darstellen und geometrisch deuten (Abb. 1.13).

Abb. 1.13 Graph einer reellen Funktion
im kartesischen Koordinatensystem

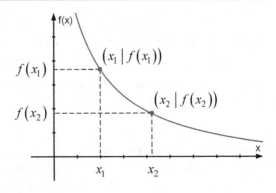

1.4   Darstellungen reeller Funktionen

Wie schon die bisher angesprochenen Beispiele zeigen, gibt es für reelle Funktionen prinzipiell vier verschiedene Darstellungsformen:

- eine verbale Beschreibung,

- eine Wertetabelle,

- einen Funktionsgraphen,

- eine Funktionsgleichung oder einen Funktionsterm.

Alle vier Darstellungsformen besitzen ihre Berechtigung. Jede von ihnen kann jeweils andere Aspekte einer reellen Funktion gut zum Ausdruck bringen, und manchmal hat eine bestimmte Darstellungsform auch ihre Grenzen oder existiert überhaupt nicht.

Verbale Beschreibungen übernehmen eine vermittelnde Rolle zwischen den anderen Darstellungen. Dies gilt insbesondere in Kommunikationssituationen, beim Sprechen über Funktionen und ihre Eigenschaften. Darüber hinaus besitzen sie aber auch eine eigenständige Bedeutung: Funktionale Zusammenhänge werden häufig qualitativ erfasst durch Formulierungen wie „je … desto …" oder „wenn … dann …"; dies kann die einzig mögliche Beschreibung sein oder auch die Vorstufe für eine spätere quantitative Darstellung in Form einer Tabelle oder das Finden einer Funktionsgleichung.

Beispiel 1.12

Die heute übliche algebraische Symbolschreibweise entstand erst langsam ab dem 16. Jahrhundert, funktionale Beziehungen und Funktionen wurden aber schon viel früher notiert – unter anderem mittels verbaler Beschreibungen. Ein Beispiel von Archimedes (zitiert nach Volkert 1988, S. 39) belegt dies: „Der Umfang des Kreises ist demnach dreimal so groß als der Durchmesser und noch um etwas größer, nämlich um weniger als $\frac{1}{7}$, aber um mehr als $\frac{10}{71}$ desselben." Übertragen in unsere heutige Sprache und Symbolik wird eine funktionale Beziehung zwischen dem Durchmesser d und dem Umfang U eines Kreises hergestellt und der Umfang durch $U(d) > 3\frac{10}{71}d$ nach unten sowie durch $U(d) < 3\frac{1}{7}d$ nach oben abgeschätzt.

Beispiel 1.13

In Gesetzestexten werden Funktionen durch verbale Formulierungen von Berechnungsvorschriften dargestellt. So wird im Einkommensteuergesetz die zu zahlende Einkommensteuer als Funktion des zu versteuernden Einkommens angegeben, und zwar durch Funktionsterme, die später durch verbale Beschreibungen erläutert und ergänzt werden (Abb. 1.14).

Eine *Wertetabelle* besitzt für außermathematische Anwendungen in der Berufspraxis und im Alltag den Vorteil, dass sich relevante Wertepaare unmittelbar ablesen lassen. Allerdings kann in Wertetabellen stets nur eine endliche Anzahl von Wertepaaren erfasst werden, mit der Konsequenz, dass für Zwischenwerte Interpolationen notwendig sind (s. Abschn. 3.4). Die Messwerte naturwissenschaftlicher Experimente werden häufig in Tabellen notiert.

Einkommensteuergesetz (EStG)
§ 32a Einkommensteuertarif
(Fassung vom 24.02.2016)

(1) Die tarifliche Einkommensteuer [...] bemisst sich nach dem zu versteuernden Einkommen. Sie beträgt [...] jeweils in Euro für zu versteuernde Einkommen
1. bis 8 652 Euro (Grundfreibetrag): 0;
2. von 8 653 Euro bis 13 669 Euro: $(883{,}74 \cdot y + 1\,500) \cdot y$;
3. von 13 670 Euro bis 53 665 Euro: $(225{,}40 \cdot z + 2\,397) \cdot z + 952{,}48$;
4. von 53 666 Euro bis 254 446 Euro: $0{,}42 \cdot x - 8\,394{,}14$;
5. von 254 447 Euro an: $0{,}45 \cdot x - 16\,027{,}52$.
Die Größe „y" ist ein Zehntausendstel des den Grundfreibetrag übersteigenden Teils des auf einen vollen Euro-Betrag abgerundeten zu versteuernden Einkommens. Die Größe „z" ist ein Zehntausendstel des 13 669 Euro übersteigenden Teils des auf einen vollen Euro-Betrag abgerundeten zu versteuernden Einkommens. Die Größe „x" ist das auf einen vollen Euro-Betrag abgerundete zu versteuernde Einkommen. Der sich ergebende Steuerbetrag ist auf den nächsten vollen Euro-Betrag abzurunden. [...]

(5) Bei Ehegatten, die [...] zusammen zur Einkommensteuer veranlagt werden, beträgt die tarifliche Einkommensteuer [...] das Zweifache des Steuerbetrags, der sich für die Hälfte ihres gemeinsam zu versteuernden Einkommens nach Absatz 1 ergibt (Splitting-Verfahren).

Abb. 1.14 Einkommensteuergesetz (EStG) in der Fassung vom 24.02.2016

Ein *Funktionsgraph* vermittelt einen Gesamteindruck von den Eigenschaften einer Funktion, die sich dort visuell – „auf einen Blick" – erfassen lassen. Ferner bietet er – wie schon eine Tabelle – die Möglichkeit, einzelne Wertepaare ohne jede Rechnung zu entnehmen. Das Herauslesen ist allerdings im Allgemeinen nur mit einer begrenzten Genauigkeit möglich. Ferner lassen sich die Graphen mancher Funktionen zwar formal als Punktmenge angeben, jedoch nicht zeichnen.

Beispiel 1.14

Die Dirichletsche Funktion $D : \mathbb{R} \to \mathbb{R}$ ist durch die Gleichung

$$D(x) = \begin{cases} 1 & \text{für } x \in \mathbb{Q} \\ 0 & \text{sonst} \end{cases}$$

gegeben. Ihr Graph kann nicht im Koordinatensystem abgebildet werden.

Mit Hilfe einer *Funktionsgleichung* oder eines *Funktionsterms* lässt sich zu jedem Argument der zugehörige Funktionswert bestimmen. Ferner kann die Funktionsgleichung mit mathematischen Verfahren untersucht werden, wodurch sich Eigenschaften der Funktion ermitteln lassen. In diesem Buch wird die Struktur des Funktionsterms als Kriterium für die Einordnung und Benennung von Funktionen herangezogen.

In vielen Fällen existiert jedoch keine Funktionsgleichung: Dies ist nicht selten bei Funktionen, die empirisch gewonnen werden, etwa aufgrund betriebs- oder volkswirtschaftlicher Daten oder Messwerte. Funktionsgleichungen müssen hier erst im Zuge eines Modellbildungsprozesses erarbeitet werden und können selbst dann im Allgemeinen nur Näherungen liefern.

Besondere Bedeutung kommt dem *Wechsel der Darstellungsform* zu (Abb. 1.15) – er liefert häufig neue Erkenntnisse. So lassen sich beispielsweise Eigenschaften einer Funktion, die man anhand des Graphen entdeckt und vermutet, durch algebraische Umformungen des Funktionsterms verifizieren. Umgekehrt liegt ein wesentliches Ziel beim Problemlösen und Modellieren darin, zu gegebenen Wertepaaren eine – wenn auch oft nur näherungsweise – passende Funktionsgleichung zu finden (s. Abschn. 2.3).

Abb. 1.15 Wechsel der Darstellungsform

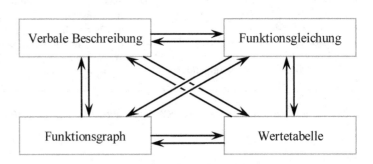

Der Wechsel der Darstellungsform spielt auch beim Arbeiten am Computer eine große Rolle: Geeignete Software erleichtert den Wechsel der Darstellungsformen, da sie hierbei viel mühevolle Handarbeit übernimmt.

Eine *Tabellenkalkulation* wie Excel vereint die drei Darstellungsformen Funktionsgleichung, Wertetabelle und Funktionsgraph (Abb. 1.16): Die *Wertetabelle*, die sich stets im Vordergrund befindet, ist die zentrale Darstellungsform – daher auch die Bezeichnung als Tabellenkalkulation. Die *Funktionsgleichung* tritt dagegen in den Hintergrund: Sie ist in der Eingabezeile zu erkennen, wenn einer Zelle eine Formel zugewiesen wird. Die Wertetabelle kann also auf einer Funktionsgleichung basieren, sie muss aber nicht. Der *Funktionsgraph* lässt sich auf der Grundlage der Wertetabelle plotten. Eine Tabellenkalkulation erlaubt also das Erfassen und Darstellen funktionaler Zusammenhänge insbesondere auch dann, wenn keine Funktionsgleichung verfügbar ist.

Während die genannten drei Darstellungsformen dem Benutzer unmittelbar zugänglich sind, gibt es im Hintergrund weitere (s. Gieding 2003): In der *Anzeigeebene* sind stets die Wertetabelle sowie der Funktionsgraph sichtbar. In der *Formelebene* kann dahinter eine Funktionsgleichung verborgen sein. Zwischen der Anzeigeebene und der Formelebene liegt die *Werteebene*: Hierbei handelt es sich ebenfalls um eine Wertetabelle; im Unterschied zu jener in der Anzeigeebene, bei der die Rundung frei wählbar ist, wird dort stets die höchstmögliche Genauigkeit der Gleitkomma-Arithmetik repräsentiert.

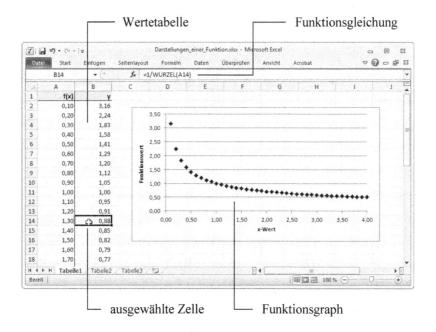

Abb. 1.16 Darstellung von Funktionen in einer Tabellenkalkulation (hier Microsoft Excel)

Auch in einem *Computer-Algebra-System* (CAS) sind die drei Darstellungsformen Funktionsgleichung, Wertetabelle und Funktionsgraph implementiert (Abb. 1.17): Die Eingabe der *Funktionsgleichung* bildet typischerweise den Ausgangspunkt für das Arbeiten mit einem CAS. Die Parameter in der Funktionsgleichung können mittels Schiebereglern verändert werden. Ausgehend von der Funktionsgleichung lassen sich im Algebra-Fenster ferner Eigenschaften der Funktion (beispielsweise Nullstellen, hier als Schnittpunkte des Graphen mit der *x*-Achse) ermitteln. Der zugehörige *Funktionsgraph* kann im Graphik-Fenster gezeichnet werden. Aktuelle CAS wie Geogebra bieten darüber hinaus die Vernetzung mit anderen Systemen: So kann in einem weiteren Fenster eine *Wertetabelle* wie bei einer Tabellenkalkulation erzeugt werden. Der Funktionsgraph kann als geometrisches Objekt behandelt werden, was beispielsweise die Ermittlung von Schnittpunkten auch mit geometrisch konstruierten Figuren ermöglicht.

Neben diesen Darstellungsformen, auf die der Benutzer unmittelbaren Zugriff hat, gibt es auch hier im Hintergrund weitere: So basiert die Darstellung des Funktionsgraphen auf einer intern erzeugten, hoch aufgelösten Wertetabelle, deren Punkte aufgrund von Algorithmen, die eine Glättung bewirken, miteinander verbunden werden.

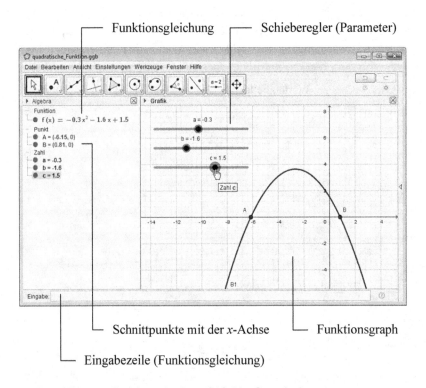

Abb. 1.17 Darstellung von Funktionen in einem CAS (hier Geogebra)

1.5 Zuordnungs- und Kovariationsaspekt

Mit der Definition des Begriffs reelle Funktion in Abschnitt 1.3 wird unter anderem das Ziel verfolgt, funktionale Beziehungen in inner- und außermathematischen Anwendungs- situationen mathematisch beschreiben zu können. Bei der Untersuchung eines funktiona- len Zusammenhangs werden – abhängig vom Interesse – Fragen unterschiedlicher Art ge- stellt. Sie lassen sich in zwei Gruppen bündeln:

▪ Welcher Funktionswert $f(x)$ gehört zu einem bestimmten Argument x? Welches Ar- gument x gehört zu einem bestimmten Funktionswert $f(x)$?

▪ Wie ändert sich $f(x)$, wenn x wächst? Wie muss sich x ändern, damit $f(x)$ fällt? Wie ändert sich $f(x)$, wenn x verdoppelt wird? Wie muss x geändert werden, damit $f(x)$ verdreifacht wird? Wie ändert sich $f(x)$, wenn x um 1 erhöht wird? Wie muss x geändert werden, damit $f(x)$ um 2 kleiner wird?

Hinter jedem der beiden Fragenkomplexe zeigt sich jeweils eine andere Sichtweise auf eine reelle Funktion:

▪ Im ersten Fall ist die Sichtweise *statisch*; sie fokussiert auf einzelne Wertepaare der Funktion.

▪ Im zweiten Fall ist die Sichtweise *dynamisch*; es wird nach Veränderungen von Argu- menten und Funktionswerten gefragt. Das Interesse gilt der Entwicklung des funktio- nalen Zusammenhangs.

Der Begriff reelle Funktion zeigt also zwei verschiedene Aspekte, die sich in der Termi- nologie von Malle (2000) wie folgt erklären lassen:

▪ Der *Zuordnungsaspekt* einer Funktion drückt aus, dass jedem x genau ein $f(x)$ zuge- ordnet wird.

▪ Der *Kovariationsaspekt* einer Funktion besagt, dass jede Veränderung von x eine be- stimmte Veränderung von $f(x)$ nach sich zieht und umgekehrt.

Ausgehend von der Wortbedeutung lässt sich der Kovariationsaspekt auch so beschreiben, dass es um ein „Ko-Variieren", um ein „Miteinander-Variieren" von x und $f(x)$ geht.

Beide Aspekte können in Bezug auf die Darstellungen Wertetabelle und Graph einer Funktion weiter erläutert werden.

▪ Beim Zuordnungsaspekt wird die Funktion *punktuell* betrachtet (Abb. 1.18): Mit Hilfe der Gleichung kann man zu jedem x das entsprechende $f(x)$ berechnen (und vielfach auch umgekehrt zu jedem $f(x)$ ein oder mehrere zugehörige x); aus der Wertetabelle

und dem Graphen kann man zu einem x das zugehörige $f(x)$ ablesen (und umgekehrt).

▪ Beim Kovariationsaspekt umfasst die Sichtweise einen *Bereich* (Abb. 1.19): Es werden nicht einzelne Wertepaare oder einzelne Punkte des Graphen ins Auge gefasst,
sondern die Differenzen Δx zweier Argumente und $\Delta f(x)$ zweier Funktionswerte in
Beziehung gesetzt oder ganze Abschnitte des Funktionsgraphen betrachtet.

In der Definition des Begriffs Funktion taucht nur der Zuordnungsaspekt auf. Für einen
strukturellen, fachlich stringenten Aufbau der Mathematik ist dieser Aspekt ausreichend,
nicht jedoch für viele Anwendungssituationen, in denen der Kovariationsaspekt von zentraler Bedeutung ist. Beide Aspekte lassen sich prinzipiell an jeder Darstellung einer reellen Funktion ablesen. Vielfach ist allerdings nur der Zuordnungsaspekt direkt zu sehen,
auch in vielen Anwendungssituationen, während der Kovariationsaspekt indirekt erschlos-
sen werden muss.

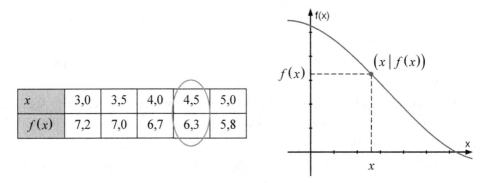

Abb. 1.18 Zuordnungsaspekt einer reellen Funktion an Wertetabelle und Graph

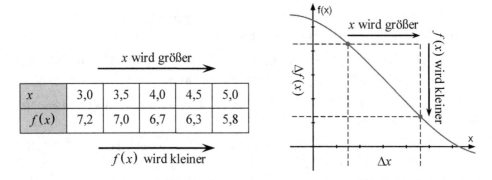

Abb. 1.19 Kovariationsaspekt einer reellen Funktion an Wertetabelle und Graph

1.6 Funktionales Denken

Schon die Unterscheidung von Zuordnungs- und Kovariationsaspekt im vorhergehenden Abschnitt zeigt die Komplexität und Vielgestaltigkeit des Begriffs reelle Funktion: Die Definition legt ihn zwar eindeutig fest, erfasst jedoch bei weitem nicht alle seine Aspekte. Die Betrachtung funktionalen Denkens in diesem Abschnitt vertieft deshalb die Explikation des Funktionsbegriffs. Die Ausführungen beziehen sich auf reelle Funktionen, wohl wissend, dass funktionales Denken als universelle Idee auch in anderen Bereichen der Mathematik zum Tragen kommen kann (s. die Begriffsgeschichte bei Krüger 2000).

Vollrath (1989, S. 6) erklärt funktionales Denken so: „Funktionales Denken ist eine Denkweise, die typisch für den Umgang mit Funktionen ist." Diese Erklärung klingt zunächst banal oder tautologisch, besagt jedoch,

▪ dass sich das Wesen funktionalen Denkens nicht durch einen schlichten Rückgriff auf die Definition des Begriffs Funktion ableiten lässt, weil diese nicht alle Aspekte erfasst, sondern sich vielmehr aus dem Umgang mit Funktionen erschließt,

▪ dass funktionales Denken nicht an einen formalen Funktionsbegriff gebunden ist, sondern – betrachtet man den Mathematikunterricht – auch schon deutlich früher auftreten kann (s. Aufgabe 1.4; vgl. Steinweg 2013; Wittmann 2016).

Beim Arbeiten mit Funktionen – insbesondere in inner- und außermathematischen Anwendungssituationen – lassen sich drei Aspekte ausmachen, durch die funktionales Denken letztlich charakterisiert werden kann:

▪ *Zuordnungscharakter*: Durch Funktionen beschreibt oder stiftet man Zusammenhänge zwischen Größen: Eine Größe wird einer anderen zugeordnet und diese wiederum als von der ersten Größe abhängig gesehen.

▪ *Änderungsverhalten*: Durch Funktionen erfasst man, wie sich Änderungen der unabhängigen Größe auf die abhängige auswirken.

▪ *Sicht als Ganzes*: Mit Funktionen betrachtet man einen gegebenen oder erzeugten Zusammenhang als Ganzes. Eine Funktion kann Eigenschaften besitzen und mit anderen Funktionen in Beziehung gesetzt werden.

Ein Vergleich dieser Kategorisierung mit jener in Abschnitt 1.5 zeigt, dass sich jeweils

▪ die Kategorie Zuordnungscharakter bei Vollrath (1989) sowie die Kategorie Zuordnungsaspekt bei Malle (2000) und

▪ die Kategorie Änderungsverhalten bei Vollrath (1989) sowie die Kategorie Kovariationsaspekt bei Malle (2000)

weitgehend entsprechen oder zumindest in dieselbe Richtung gehen. Deshalb sollen sie hier nicht weiter erläutert und unterschieden werden.

Bei einer *Sicht als Ganzes* werden Funktionen – gleichsam aus einer gewissen Distanz oder von einem höheren Standpunkt aus – als neue Objekte aufgefasst, die Eigenschaften aufweisen und an denen man mathematische Operationen (mathematische Handlungen) durchführen kann.

Beispiel 1.15

Die Funktion f mit der Gleichung $f(x) = 2x + 7$ besitzt den maximalen Definitionsbereich $D = \mathbb{R}$ und den Wertebereich $W = \mathbb{R}$ sowie die Nullstelle $x = -\frac{7}{2}$. Sie ist in $\mathbb{R}$ streng monoton wachsend, sie ist umkehrbar eindeutig und ihr Graph ist eine Gerade. Hierbei wird f als ein Objekt betrachtet, dem man Eigenschaften zuschreiben kann; der Zuordnungscharakter und das Änderungsverhalten treten in den Hintergrund.

Beispiel 1.16

Aufgrund ihrer Eigenschaften können Funktionen wie andere Objekte auch in Kategorien eingeteilt werden. Im Folgenden geschieht dies nach der Struktur des Funktionsterms (lineare Funktionen, quadratische Funktionen, Potenzfunktionen, …).

Beispiel 1.17

Die bekannten Rechenoperationen lassen sich auf Funktionen anwenden: Funktionen kann man addieren, subtrahieren, multiplizieren und dividieren, indem man ihre Terme addiert, subtrahiert, multipliziert und dividiert. Das Resultat ist wiederum eine Funktion (s. Abschn. 6.1 und 7.1): So kann der Quotient der Funktionen p und q mit den Gleichungen $p(x) = x^2 - 3x + 7$ und $q(x) = 2x - 5$ als neue Funktion f mit der Gleichung

$$f(x) = \frac{p(x)}{q(x)} = \frac{x^2 - 3x + 7}{2x - 5}$$

aufgefasst werden. Hierbei werden p und q als Objekte betrachtet, mit denen man operieren kann.

Beispiel 1.18

In der Linearen Algebra, genauer in der Theorie der reellen Vektorräume, wird für $n \in \mathbb{N}$ die Menge aller Polynomfunktionen mit reellen Koeffizienten vom Grad $\leq n$ betrachtet. Diese Menge bildet zusammen mit den entsprechenden Verknüpfungen (Addition und Multiplikation mit einer reellen Zahl) einen Vektorraum der Dimension *n*. Jede Funktion ist ein Element dieses Vektorraums, also ein Vektor. Es dominiert die Sicht als Ganzes: Das Untersuchungsinteresse gilt nun nicht mehr einzelnen Polynomfunktionen, sondern in erster Linie der Menge aller dieser Funktionen.

Aufgaben

Aufgabe 1.1

Geometrische Formeln können als funktionale Zusammenhänge gedeutet werden. Zeigen Sie dies am Beispiel der folgenden Formeln. Erläutern Sie dabei sowohl den Zuordnungs- als auch den Kovariationsaspekt.

- Für zwei Nebenwinkel α und β gilt $\alpha + \beta = 180°$.
- Flächeninhalt A eines Parallelogramms (Grundlinie g, Höhe h): $A = gh$
- Umfang U eines Kreises mit Radius r: $U = 2\pi r = d\pi$
- Flächeninhalt A eines Kreises mit Radius r: $A = r^2\pi$

Veranschaulichen Sie den Kovariationsaspekt mit Hilfe eines DGS. Stellen Sie die funktionale Beziehung jeweils graphisch dar und interpretieren Sie den Verlauf des Graphen.

Aufgabe 1.2

- Der Graph in Abbildung 1.20 beschreibt den Wasserstand in der Badewanne in Abhängigkeit von der Zeit qualitativ (d. h. ohne Angabe von Werten). Schreiben Sie eine mögliche Geschichte, die diesen Graphen erklärt.

Abb. 1.20 Qualitativ dargestellter funktionaler Zusammenhang: Wasserstand in der Badewanne in Abhängigkeit von der Zeit

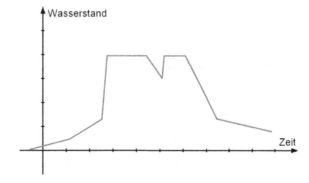

■ Stellen Sie für Ihren (Fahrrad-)Weg zur Hochschule einen möglichen funktionalen Zusammenhang zwischen der Zeit und der Entfernung von Ihrer Wohnung graphisch dar. Variieren Sie auch den Verlauf entsprechend folgender Anregungen:

  ■ Sie kehren nochmals um, weil Sie ein Buch zu Hause vergessen haben.

  ■ Sie müssen ein kleines Stück des Weges wieder zurückgehen oder -fahren, weil eine Straße gesperrt ist.

  ■ Sie warten an der geschlossenen Bahnschranke.

  ■ Sie laufen oder fahren schneller, weil Sie merken, dass es schon sehr spät ist.

  ■ Sie laufen oder fahren langsamer, weil ...

Stellen Sie anschließend für denselben Sachkontext die funktionale Beziehung zwischen der Entfernung von Ihrer Wohnung und der Geschwindigkeit, mit der Sie jeweils gehen oder fahren, graphisch dar.

Aufgabe 1.3

Entscheiden Sie, ob die Zuordnungen eindeutig sind.

■ Jeder Zahl $n \in \mathbb{N}$ werden ihre Vielfachen zugeordnet.

■ Jeder Zahl $n \in \mathbb{N}$ wird ihre Vielfachenmenge zugeordnet.

■ Jeder Zahl $n \in \mathbb{N}$ wird ihr Quadrat n^2 zugeordnet.

■ Jeder Strecke der Ebene wird ihre Mittelsenkrechte zugeordnet.

■ Jeder Geraden der Ebene wird eine Senkrechte zugeordnet.

Suchen Sie nach weiteren Beispielen aus der Mathematik, den Naturwissenschaften, den Sozial- und Wirtschaftswissenschaften und dem Alltag.

Aufgabe 1.4

Zahlenmauern sind ein verbreitetes Aufgabenformat für den Mathematikunterricht (nicht nur) in der Grundschule: Jede Zahl ist die Summe der beiden darunter stehenden Zahlen (Abb. 1.21 links).

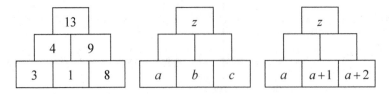

Abb. 1.21 Zahlenmauern

▓ Wie hängt die Zielzahl z von den Startzahlen a, b, c ab (Abb. 1.21 Mitte)? Stellen Sie hierfür einen Term auf. Deuten Sie diesen Term als reelle Funktion, indem Sie beispielsweise z in Abhängigkeit von a betrachten und die anderen Variablen konstant halten.

▓ Betrachten Sie Zahlenmauern unter dem Kovariationsaspekt:

  ▓ Wie ändert sich z, wenn a um 1 erhöht wird, wenn b um 1 erhöht wird, wenn a verdoppelt wird, …?

  ▓ Wie muss a geändert werden, wie muss b geändert werden, damit z um eins kleiner wird?

▓ Arbeiten Sie mit Zahlenmauern, die eine spezielle Struktur aufweisen (Abb. 1.21 rechts), symmetrisch sind oder mehr als drei Zeilen besitzen.

Aufgabe 1.5

Eine im üblichen x-y-Koordinatensystem vorgelegte Kurve ist genau dann der Graph einer Funktion, wenn jede Parallele zur y-Achse die Kurve in höchstens einem Punkt schneidet.

▓ Begründen Sie das Kriterium unter Rückgriff auf Definition 1.2.

▓ Geben Sie Beispiele für Kurven an, die dem Kriterium genügen, und Gegenbeispiele, die es nicht erfüllen.

Aufgabe 1.6

Stellen Sie die folgenden Funktionen in unterschiedlicher Weise dar.

▓ Die Ganzzahlfunktion ordnet jedem $x \in \mathbb{R}$ die durch $z \le x < z + 1$ eindeutig bestimmte ganze Zahl z zu.

▓ Die Rundungsfunktion ordnet jedem $x \in \mathbb{R}$ die gemäß der üblichen kaufmännischen Rundung eindeutig bestimmte ganze Zahl z zu.

▓ Die in der Zahlentheorie wichtige Eulersche φ-Funktion ordnet jedem $n \in \mathbb{N}$ die Anzahl der zu n teilerfremden Zahlen aus $\{1, \ldots, n\}$ zu.

▓ Die Funktion Quersumme ordnet jeder Zahl $n \in \mathbb{N}$ ihre Quersumme zu.

Aufgabe 1.7

In Abbildung 1.14 ist der Einkommensteuertarif nach § 32a EStG in der Fassung vom 24.02.2016 abgedruckt.

- Erstellen Sie eine Wertetabelle für den Einkommensteuertarif und geben Sie eine vollständige Funktionsgleichung an.

- Stellen Sie den Einkommensteuertarif graphisch dar. Beschreiben Sie die verschiedenen Phasen des Tarifs und ihre charakteristischen Merkmale.

2 Problemlösen und Modellbildung mit Funktionen

Unter einem *Problem* wird eine mathematische oder mathematikbezogene Aufgabenstellung verstanden, deren Lösung nicht offensichtlich ist und für die dem Bearbeiter kein bekanntes Lösungsverfahren zur Verfügung steht. Ob es sich um ein Problem handelt oder um eine Routineaufgabe, lässt sich demnach nicht absolut festlegen, sondern ist von den Kompetenzen des jeweiligen Bearbeiters abhängig. Die erfolgreiche Lösung eines Problems basiert auf *Problemlösestrategien*. Diese können *allgemein* oder *bereichsspezifisch* sein.

Im Folgenden werden ausschließlich Probleme behandelt, die mit Hilfe von Funktionen gelöst werden können. Die Bedeutung des funktionalen Denkens als bereichsspezifische Strategie für den Problemlöseprozess wird zunächst für Abzählprobleme (Abschn. 2.1) und anschließend für Extremwertprobleme (Abschn. 2.2) erläutert. Grundlegend für die Mathematisierung von Sachsituationen durch Funktionen ist der Modellierungskreislauf (Abschn. 2.3), der an zwei Kategorien von Modellen – deskriptive Modelle (Abschn. 2.4) und normative Modelle (Abschn. 2.5) – konkretisiert wird.

2.1 Abzählprobleme

Hinter einem *Abzählproblem* steht in der Regel die Frage: Wie viele …? Sie lässt sich prinzipiell durch bloßes Abzählen beantworten, dem allerdings eine Strukturierung der oftmals auf den ersten Blick unübersichtlichen Situation vorausgehen muss.

Beispiel 2.1

Um ein typisches Abzählproblem handelt es sich bei dieser in Anlehnung an PISA 2000 formulierten Aufgabe (Klieme, Neubrand & Lüdtke 2001, S. 148): Schwarze und weiße Steine werden gemäß Abbildung 2.1 in einem quadratischen Muster angeordnet. Wie viele Steine benötigt man jeweils für die elfte Figur? Gibt es eine Figur, die gleich viele schwarze und weiße Steine enthält?

© Springer-Verlag GmbH Deutschland, ein Teil von Springer Nature 2019
G. Wittmann, *Elementare Funktionen und ihre Anwendungen*, Mathematik
Primarstufe und Sekundarstufe I + II, https://doi.org/10.1007/978-3-662-58060-8_2

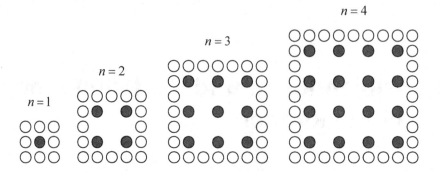

Abb. 2.1 Quadratisches Muster aus schwarzen und weißen Steinen

Die beiden Fragen werden mit einem allgemeinen Ansatz gelöst. Hierzu wird die Anzahl der schwarzen und weißen Steine in Abhängigkeit von der Ordnungsnummer n der Figur angegeben. In der n-ten Figur sind n^2 schwarze und $4 \cdot 2n = 8n$ weiße Steine verbaut. Für die elfte Figur werden demnach $11^2 = 121$ schwarze und $8 \cdot 11 = 88$ weiße Steine benötigt. Gleich viele schwarze und weiße Steine enthält die achte Figur, da der Ansatz $n^2 = 8n$ auf die quadratische Gleichung

$$n^2 - 8n = n(n-8) = 0$$

führt, deren zweite Lösung $n = 0$ hier bedeutungslos ist.

Bei dieser Lösung spielt funktionales Denken eine wichtige Rolle – auch wenn das Wort Funktion bislang noch nicht gefallen ist: Die Funktion s gibt die Anzahl der schwarzen Steine und die Funktion w die Anzahl der weißen Steine jeweils in Abhängigkeit von n an. Jedem Argument $n \in \mathbb{N}$ wird ein Funktionswert $s(n)$ beziehungsweise $w(n)$ mittels der Gleichungen $s(n) = n^2$ und $w(n) = 8n$ zugeordnet. Die erste der eingangs gestellten Fragen wird durch die Berechnung der Funktionswerte zum Argument $n = 11$ gelöst: $s(11) = 11^2 = 121$ und $w(11) = 8 \cdot 11 = 88$.

Die zweite Frage verlangt nach einem Argument n, für das beide Funktionen denselben Funktionswert annehmen. Aus dem Ansatz $s(n) = w(n)$ folgen die beiden Lösungen $n = 0$ und $n = 8$, und letztere beantwortet auch die Frage.

Um das Abzählproblem zu lösen, genügt es, die Funktionen unter dem Zuordnungsaspekt zu betrachten. Der Kovariationsaspekt trägt jedoch darüber hinaus zum Verständnis des Musters in Abbildung 2.1 bei: Wie ändern sich $s(n)$ und $w(n)$, wenn n um 1 wächst?

Eine erste Antwort gibt Tabelle 2.1: In jedem Schritt kommen 8 weiße Steine hinzu, diese Anzahl ist konstant. Anders verhält es sich bei den schwarzen Steinen: Hier wächst die Zahl der zusätzlich benötigten Steine von Schritt zu Schritt.

n	1	2	3	4	5	6	7
$s(n)$	1	4	9	16	25	36	49

+3   +5   +7   +9   +11   +13

n	1	2	3	4	5	6	7
$w(n)$	8	16	24	32	40	48	56

+8   +8   +8   +8   +8   +8

Tab. 2.1 Anzahl der schwarzen und weißen Steine im n-ten Muster

Abb. 2.2 Zuwachs an schwarzen Steinen

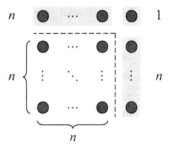

Dies kann auch anhand der Gleichungen bestätigt werden. Die Zahl der Steine, die beim Übergang von der n-ten zur $(n+1)$-ten Fgiur neu hinzukommt, ergibt sich aus der Differenz der entsprechenden Funktionswerte:

$$s(n+1) - s(n) = (n+1)^2 - n^2 = n^2 + 2n + 1 - n^2 = 2n + 1$$

$$w(n+1) - w(n) = 8(n+1) - 8n = 8n + 8 - 8n = 8$$

Der Zuwachs an schwarzen Steinen lässt sich also durch den Term $2n+1$ angeben. Er kann auch geometrisch bestätigt werden (Abb. 2.2).

2.2 Extremwertprobleme

Bei einem *Extremwertproblem* wird ein funktionaler Zusammenhang unter einer bestimmten Zielsetzung betrachtet: Für welchen Wert der unabhängigen Größe nimmt die abhängige Größe einen Extremwert (einen größtmöglichen oder kleinstmöglichen Wert) an? Gibt es überhaupt einen solchen Extremwert?

Beispiel 2.2

Ein klassisches Extremwertproblem ist das *isoperimetrische Problem für Rechtecke*: Welches Rechteck hat unter allen umfangsgleichen Rechtecken den größten Flächeninhalt?

Bei der Suche nach einer Lösung bietet sich zunächst eine experimentelle Vorgehensweise mit konkreten Zahlen an: Welches Rechteck hat unter allen Rechtecken mit dem Umfang 40 cm den größten Flächeninhalt? Das Experimentieren kann in unterschiedlicher Weise stattfinden:

- Mittels einer Tabelle werden mögliche Kombinationen für die Längen der beiden Rechtecksseiten (in cm) systematisch durchlaufen, und es kann jeweils der zugehörige Flächeninhalt (in cm^2) berechnet werden. Hierbei wird zunächst mit diskreten Werten gearbeitet. Es sieht so aus, dass der Flächeninhalt dann maximal ist, wenn beide Seiten gleich lang sind, also ein Quadrat vorliegt (Tab. 2.2).

- Mit einem DGS lässt sich ein passendes Rechteck $ABCD$ mit dem Umfang u konstruieren, wenn die Strecke AP als Strecke fester Länge so vorgegeben wird, dass $|AP| = \frac{1}{2}u$. Beim Ziehen am Punkt B, der an AP gebunden ist, ändert sich der Umfang des Rechtecks nicht, da $|AB| + |BC| = |AB| + |BP| = \frac{1}{2}u$ aufgrund der Kreiskonstruktion. Nun kann die Lage von B so lange variiert werden, bis das Maximum des Flächeninhalts für $|AB| = |AD|$ erreicht ist (Abb. 2.3).

Erste Seite	Zweite Seite	Flächeninhalt
⋮	⋮	⋮
7	13	91
8	12	96
9	11	99
10	10	100
11	9	99
12	8	96
13	7	91
14	6	84
⋮	⋮	⋮

Tab. 2.2 Lösung des isoperimetrischen Problems mit einer Tabelle

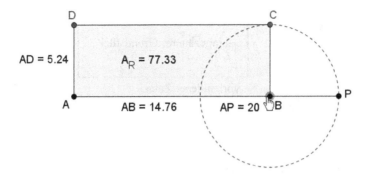

Abb. 2.3 Geometrische Konstruktion (mit GeoGebra) zum isoperimetrischen Problem

Im Beispiel ist zwar die abhängige Größe mit dem Flächeninhalt schon vorgegeben, nicht jedoch die unabhängige Größe. Der Flächeninhalt eines Rechtecks hängt von zwei Größen ab: den Längen der beiden Seiten. Diese sind aber über eine *Nebenbedingung* gekoppelt: Bei einem Rechteck ist die Summe beider Seitenlängen gleich dem halben Umfang. Deshalb genügt es, den Flächeninhalt in Abhängigkeit von der Länge einer Seite zu betrachten. In der geometrischen Konstruktion kommt auch visuell zum Ausdruck, wie die unabhängige Größe $|AB|$ so lange gezielt verändert wird, bis die abhängige Größe, der Flächeninhalt, einen Extremwert annimmt.

Das Aufstellen einer Funktionsgleichung ermöglicht es, das isoperimetrische Problem auch für Rechtecke mit beliebigem Umfang u anzupacken: Die erste Seite des Rechtecks hat die Länge x und die zweite Seite die Länge $\frac{1}{2}u - x$. Die Funktion A ordnet jeder Seitenlänge x den Flächeninhalt des Rechtecks zu:

$$A(x) = x\left(\tfrac{1}{2}u - x\right) = \tfrac{1}{2}ux - x^2 = -\left(x^2 - \tfrac{1}{2}ux\right) = -\left(x^2 - \tfrac{1}{2}ux + \left(\tfrac{1}{4}u\right)^2 - \left(\tfrac{1}{4}u\right)^2\right) =$$
$$= -\left(x^2 - \tfrac{1}{2}ux + \left(\tfrac{1}{4}u\right)^2\right) + \left(\tfrac{1}{4}u\right)^2 = -\left(x - \tfrac{1}{4}u\right)^2 + \left(\tfrac{1}{4}u\right)^2 = \left(\tfrac{1}{4}u\right)^2 - \left(x - \tfrac{1}{4}u\right)^2$$

Die hierbei eingesetzte quadratische Ergänzung wird in Abschnitt 4.1 ausführlich erläutert. In der zuletzt gewonnenen Darstellung ist $A(x)$ die Differenz zweier Terme, wobei der Minuend $\left(\tfrac{1}{4}u\right)^2$ nicht von x abhängt, also konstant ist. Deshalb wird $A(x)$ dann maximal, wenn der Subtrahend $\left(x - \tfrac{1}{4}u\right)^2$ den kleinstmöglichen Wert annimmt. Da $\left(x - \tfrac{1}{4}u\right)^2$ als quadratischer Term stets ≥ 0 ist, löst $x = \tfrac{1}{4}u$ das Problem. Die andere Rechteckseite hat dann ebenfalls die Länge $\tfrac{1}{4}u$, das gesuchte Rechteck ist ein Quadrat. Bei diesen Überlegungen ist kein Variieren des Arguments erkennbar; stattdessen werden Eigenschaften des Funktionsterms und seiner Teilterme herangezogen.

Abb. 2.4 Variation des
isoperimetrischen Problems

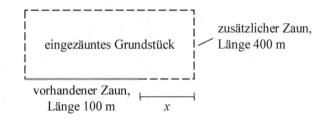

Beispiel 2.3

Eine Variation des isoperimetrischen Problems (nach Danckwerts & Vogel 2005, S. 94 ff.) lässt weitere Aspekte des Problemlösens mit Funktionen erkennen: 100 m eines geradlinigen Zauns stehen schon, 400 m sollen so hinzugefügt werden, dass ein rechteckiges Grundstück möglichst großer Fläche abgegrenzt wird (Abb. 2.4).

Auch hier ist eine experimentelle Herangehensweise – etwa mit einer Tabelle – möglich. Die Lösung, die auf einer Beschreibung der Situation durch Funktionen beruht, verläuft analog zum isoperimetrischen Problem. Eine Seite des Rechtecks – die Seite, die den schon stehenden Zaun nutzt – besitzt die Länge $100 + x$ (in der Einheit m). Da der Umfang des Grundstücks 500 m beträgt, hat die andere Seite die Länge $250 - (100 + x) = 150 - x$. Die Funktion A ordnet jeder Länge x (in der Einheit m) den Flächeninhalt des Grundstücks (in der Einheit m^2) zu. Ihre Gleichung lautet:

$$A(x) = (100 + x)(150 - x) = 15000 + 50x - x^2 = 15000 - (x^2 - 50x) =$$
$$= 15000 - (x^2 - 50x + 25^2 - 25^2) = 15000 - (x^2 - 50x + 25^2) + 25^2 =$$
$$= 15625 - (x - 25)^2$$

Infolge der Umformungen ist $A(x)$ die Differenz zweier Terme, wobei der Minuend nicht von x abhängt, also konstant ist. Deshalb nimmt $A(x)$ den größtmöglichen Wert dann an, wenn der Term $(x - 25)^2$ den kleinstmöglichen Wert hat, also für $x = 25$. In diesem Fall haben beide Seiten des Rechtecks die Länge 125 m, das Grundstück ist also quadratisch und sein Flächeninhalt beträgt 15625 m^2.

Beispiel 2.4

Aufschlussreich ist eine weitere Variation des Problems, die sich lediglich durch die Änderung eines Zahlenwerts ergibt: 100 m eines geradlinigen Zaun stehen schon, 200 m sollen so hinzugefügt werden, dass ein Rechteck möglichst großer Fläche eingezäunt wird.

Es ist nahe liegend, wie oben vorzugehen. Die beiden Seiten des Rechtecks haben die Längen $100 + x$ und $50 - x$, und als Funktionsgleichung folgt:

$$A(x) = (100 + x)(50 - x) = 5000 - 50x - x^2 = 5000 - \left(x^2 + 50x\right) =$$
$$= 5000 - \left(x^2 + 50x + 25^2 - 25^2\right) = 5000 - \left(x^2 + 50x + 25^2\right) + 25^2 =$$
$$= 5625 - (x + 25)^2$$

Dem umgeformten Funktionsterm lässt sich – wie oben – entnehmen, dass $A(x)$ für $x = -25$ den größtmöglichen Wert annimmt. Übertragen auf die Sachsituation heißt dies, dass die beiden Seiten des Rechtecks dann jeweils die Länge 75 m haben und das optimale Grundstück wieder quadratisch ist. Doch was bedeutet es, wenn x negativ ist? Demnach müssen 25 m des schon stehenden Zauns abgerissen und an anderer Stelle wieder errichtet werden. Offenbar können nicht alle mathematisch möglichen Einsetzungen für x auch in Bezug auf das Problem interpretiert werden (Abb. 2.5).

▨ Für $0 \leq x < 50$ wird das Grundstück unter voller Nutzung des schon bestehenden Zaunes abgesteckt. In diesem Fall liefert $x = 0$ das größte Grundstück mit einem Flächeninhalt von 5000 m^2.

▨ Für $-100 < x < 0$ muss ein Stück des schon bestehenden Zaunes versetzt werden; falls dies akzeptabel ist, erhält man für $x = -25$ das größte Grundstück mit einem Flächeninhalt von 5625 m^2, das quadratisch ist.

▨ Für $x \leq -100$ und $x \geq 50$ lässt sich die rechnerische Lösung nicht auf das Problem übertragen. In den beiden Grenzfällen $x = -100$ und $x = 50$ entartet das Rechteck, und jenseits davon wird eine Seitenlänge negativ.

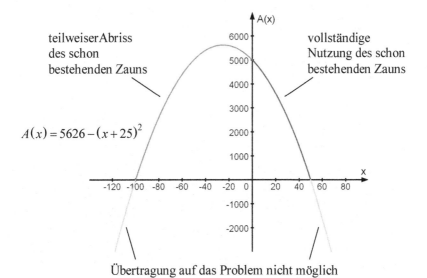

teilweiser Abriss des schon bestehenden Zauns

vollständige Nutzung des schon bestehenden Zauns

$A(x) = 5626 - (x + 25)^2$

Übertragung auf das Problem nicht möglich

Abb. 2.5 Lösung des Problems mit Hilfe des Funktionsgraphen

Im Rückblick auf diese Sequenz von Problemen wird deutlich, dass Extremwertproblemen ein funktionaler Zusammenhang zugrunde liegt, weshalb sich eine Lösung mittels Funktionen anbietet. Wenn man mit einer Funktion im maximalen mathematisch zulässigen Definitionsbereich arbeitet, ist allerdings nicht jede mathematische Lösung auch sofort eine Lösung des Problems; vielmehr sind hier weitere Überlegungen angebracht.

2.3   Modellieren und Modellierungskreislauf

Bei den Beispielen in den Abschnitten 2.1 und 2.2 ist die Problemstellung stets so, dass sie durch das mathematische Modell, eine Funktionsgleichung, exakt beschrieben wird – entweder weil es sich um ein innermathematisches Problem handelt oder weil das Problem schon sehr realitätsfremd vorstrukturiert ist. Wenn Probleme wirklich der Realität entstammen, gibt es häufig kein mathematisches Modell, das „genau passt". Vielmehr gilt es, in einem oftmals langen und aufwändigen Prozess, dem Modellierungsprozess, ein mathematisches Modell zu finden, das die Realität möglichst gut beschreibt. Dieser Prozess wird in idealtypischer Weise durch den *Modellierungskreislauf* dargestellt (Abb. 2.6; s. auch Blum 1985; Förster 2000; Maaß 2007; Borromeo Ferri 2011).

Der Modellierungskreislauf umfasst vier Schritte:

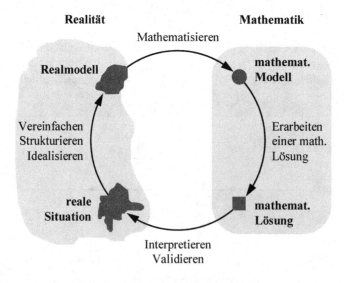

Abb. 2.6   Modellierungskreislauf

- *Vereinfachen, Strukturieren und Idealisieren*: Eine reale Situation ist häufig komplex und nur schwer zu überblicken. Es gilt, Einflussgrößen auszuwählen und die relevanten zu erfassen und abzuschätzen, Annahmen zu treffen und Idealisierungen vorzunehmen. Hieraus erwächst das gegenüber der realen Situation vereinfachte und klar strukturierte Realmodell.

- *Mathematisieren*: Das in Alltagssprache formulierte Realmodell wird mathematisch beschrieben, etwa mittels geometrischer Fachterminologie, Tabellen, Graphen oder (Funktions-)Gleichungen. Manchmal ist ein bestimmtes mathematisches Modell naheliegend, häufig sind aber auch unterschiedliche Mathematisierungen möglich. Das Ziel ist meist ein möglichst einfaches mathematisches Modell.

- *Erarbeiten einer mathematischen Lösung*: Das mathematische Modell wird nun mit mathematischen Methoden bearbeitet. Dieser Schritt verläuft rein innermathematisch: Geometrische Objekte werden erkundet, Graphen analysiert, Gleichungen umgeformt und gelöst oder Funktionen auf ihre Eigenschaften untersucht. Es können bekannte Verfahren zum Einsatz kommen, es kann aber auch sein, dass neue entwickelt werden müssen.

- *Interpretieren und Validieren*: Die mathematische Lösung wird nun wieder in die Realität übertragen, sie wird im Hinblick auf die Realsituation interpretiert. Ferner wird geprüft, ob die mathematische Lösung nach der Rückübersetzung auch wirklich eine brauchbare Lösung des realen Problems darstellt, sie wird validiert. In erster Linie werden hierbei die Auswirkungen der eingangs getroffenen Idealisierungen und Vereinfachungen auf die Lösung studiert. Wenn das Ergebnis nicht befriedigend ist, vielleicht weil es zu ungenau erscheint oder weil es das Problem nicht adäquat löst, kann der Modellierungskreislauf von neuem beginnen.

Der Modellierungskreislauf darf nicht als Ablaufplan missverstanden werden, der vorgibt, wie ein reales Problem gelöst werden kann. Vielmehr werden während des Modellierungsprozesses ständig Entscheidungen getroffen, die zu begründen und im Hinblick auf ihre Auswirkungen zu überdenken sind. In der Praxis lassen sich auch die einzelnen Schritte nicht so eindeutig trennen wie in der schematisierten Darstellung: So ist manchmal schon beim Bilden des Realmodells frühzeitig klar, dass bestimmte Annahmen auf dieses oder jenes mathematische Modell „hinauslaufen"; das Wissen um die Eigenschaften einer Funktion oder die Lösbarkeit einer Gleichung kann dann schon beim Bilden des Realmodells einfließen und der Anlass sein, (zumindest vorerst) eine spezielle Annahme abzulehnen oder weiter gehende Vereinfachungen zu treffen.

2.4 Deskriptive Modelle

Ein deskriptives Modell soll die Realität möglichst genau abbilden. Es hat zunächst eine rein beschreibende Funktion, darüber hinaus kann es auch eine erklärende Funktion besitzen oder Grundlage einer Prognose sein.

Beispiel 2.5

Die Alltagserfahrung besagt: Je weiter ein Gummiband gedehnt wird, desto größer ist die aufzuwendende Kraft. Dieser zunächst nur qualitativ formulierte Zusammenhang wird in einem Messversuch quantitativ erfasst mit dem Ziel, ihn durch eine Gleichung zu beschreiben. Mit einem Kraftmesser wird am Gummiband gezogen, und es werden jeweils die Messwerte für die Dehnung s (in cm) und die dazu benötigte Kraft F (in N) notiert (Abb. 2.7). Diese Versuchsanordnung stellt eine Strukturierung des ursprünglichen Problems dar.

Die graphische Darstellung der Messwerte in Abbildung 2.8 legt eine Vereinfachung nahe: Bei einer Beschränkung auf Dehnungen, die kleiner als 20 cm sind, weichen die tatsächlichen Messwerte nur wenig von der eingezeichneten Ausgleichsgeraden ab und

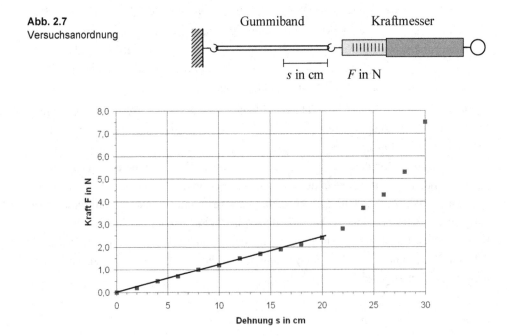

Abb. 2.7
Versuchsanordnung

Abb. 2.8 Messwerte und Graph der Modellierungsfunktion

der Zusammenhang kann durch eine proportionale Funktion (s. Abschn. 3.3) modelliert werden. Der Proportionalitätsfaktor wird hierbei nach dem Einzeichnen eines Steigungsdreiecks aus der Abbildung entnommen, um anschließend die gesuchte Gleichung aufzustellen:

$$F = D \cdot s \text{ mit dem Proportionalitätsfaktor } D = 0,12 \, \frac{\text{N}}{\text{cm}}$$

Hiermit ist das mathematische Problem gelöst. Die Gleichung $F = D \cdot s$ besagt, dass bei einem Gummiband in einem gewissen Gültigkeitsbereich die benötigte Kraft proportional zur Längenänderung ist (Gesetz von Hooke). Dieses Modell lässt sich in unterschiedlicher Weise interpretieren:

- Die Proportionalitätskonstante D kann als eine neue Größe interpretiert werden, die das Gummiband charakterisiert. D gibt an, dass jeweils die Kraft 0,12 N aufgewendet werden muss, um das Gummiband um 1 cm zusätzlich zu dehnen. Ein stärkeres Gummiband weist einen höheren Wert für D auf und ein schwächeres einen niedrigeren. Die neue Größe D bezieht sich auf den Kovariationsaspekt des funktionalen Zusammenhangs von F und s.

- Das Modell erlaubt eine Vorhersage für zukünftige Versuchsdurchführungen und insbesondere die Berechnung von Werten, für die kein Messergebnis vorliegt. Hierbei besteht die Annahme, dass sich das Gummiband zwischen den Messpunkten „gleichmäßig" verhält und keine Unregelmäßigkeiten auftreten. Ferner ist der Gültigkeitsbereich der Gleichung zu beachten.

- Die Gleichung $F = D \cdot s$ erlaubt die Herleitung von Gleichungen beispielsweise für die Nebeneinander- oder Hintereinanderanordnung zweier Gummibänder und somit die Modellierung auch dieser – weitaus komplexeren – Versuchsanordnungen.

Eine Validierung in Form einer kritischen Betrachtung der Versuchsdurchführung hilft, mögliche Fehlerquellen aufzuspüren und die Belastbarkeit des Modells einzuschätzen.

- *Zufällige Fehler* entstehen unter anderem, weil Messwerte stets nur mit einer begrenzten Genauigkeit abgelesen werden können. Ihr Einfluss lässt sich weitgehend eliminieren, wenn eine größere Zahl von Messwerten aufgenommen und mit einer Ausgleichsgeraden gearbeitet wird. Eine ausführliche Fehlerrechung, die unter anderem die Toleranzen aller Geräte erfasst, gibt Aufschluss darüber, wie genau das Modell ist.

- *Systematische Fehler* betreffen grundsätzliche Aspekte des Versuchsaufbaus: Bringt die horizontale Anordnung von Gummiband und Kraftmesser Fehlerquellen mit sich und wäre eventuell eine vertikale Anordnung sinnvoller? Ist die Art der Aufhängung des Gummibandes von Bedeutung für die Versuchsergebnisse und soll sie geändert werden? Manchmal lässt sich ermitteln, in welcher Weise (Abschätzung nach oben oder unten) oder in welcher Größenordnung systematische Fehler das Ergebnis beeinflussen.

Weitere Experimente können sich anschließen: die erneute Durchführung des Versuchs mit anderen Gummibändern und anderen Materialien oder die Erfassung zusätzlicher Messwerte, um den Gültigkeitsbereich zu erweitern. Dies rechtfertigt es auch, von einem Modellierungs*kreislauf* zu sprechen. Eine naturwissenschaftliche Gesetzmäßigkeit kann nicht aufgrund einer einzigen Versuchsreihe abgeleitet werden, sondern muss sich – nach einer ersten Hypothesenbildung – sowohl in weiteren Experimenten als auch in theoretischen Fundierungen bestätigen.

In Beispiel 8.5 (Anzahl der Mobilfunkverträge in Deutschland) wird eine weitere deskriptive Modellierung, dann auf der Basis von Wirtschaftsdaten, durchgeführt.

Beim Mathematisieren einer Sachsituation werden häufig zwei entgegengesetzte Maßnahmen getroffen, die bei der Interpretation und Validierung beachtet werden müssen:

▦ Im Zuge einer *Diskretisierung* wird eine ursprünglich kontinuierliche Größe diskret behandelt (etwa beim Arbeiten mit einer Tabellenkalkulation).

▦ Eine *Kontinuisierung* findet statt, wenn eine ursprünglich diskrete (beispielsweise ganzzahlige) Größe kontinuierlich modelliert wird (etwa durch eine reelle Funktion).

Ferner ist zu erkennen, dass die Mathematisierung und damit das mathematische Modell auch von der verwendeten Software beeinflusst werden können.

2.5 Normative Modelle

Normative Modelle werden gleichsam „von außen" vorgegeben – beispielsweise durch politische Entscheidungen. Es geht nicht um die Frage, wie gut das Modell die Realität beschreibt, vielmehr schafft das Modell erst die Realität. Von Bedeutung ist, welche Auswirkungen das Modell hat und welche Konsequenzen für die jeweils Betroffenen daraus zu ziehen sind (Marxer & Wittmann 2009). Speziell bei Steuergesetzen ist dies auch beabsichtigt: Steuern dienen nicht nur der Finanzierung hoheitlicher Aufgaben und der Umverteilung, sie besitzen auch eine Lenkungsfunktion, sollen also das Verhalten der Bürger in eine vom jeweiligen Gesetzgeber gewünschte Richtung beeinflussen.

Kalenderjahr	Höhe der Entfernungspauschale
2002/2003	0,36 € je Kilometer für die ersten 10 Entfernungskilometer 0,40 € je Kilometer für jeden weiteren Entfernungskilometer
2004–2006	0,30 € je Kilometer für jeden Entfernungskilometer
2007	0,30 € für jeden Kilometer ab dem 21. Entfernungskilometer
seit 2008	0,30 € je Kilometer für jeden Entfernungskilometer

Tab. 2.3 Entwicklung der Entfernungspauschale seit 2002

Beispiel 2.6

Die Entfernungspauschale (oder Pendlerpauschale) nach § 9(2) Einkommenssteuergesetz regelt die steuerliche Absetzbarkeit von Aufwendungen für Fahrten zum Arbeitsplatz bei Arbeitnehmern. Sie wurde mehrfach geändert (Tab. 2.3). Die angegebenen Sätze können jeweils für eine Fahrt pro Arbeitstag geltend gemacht werden. Die für 2007 beschlossene Änderung wurde vom Bundesverfassungsgericht aufgehoben, so dass die Pauschale letztlich seit 2004 unverändert ist. Bei der Entfernungspauschale handelt es sich nicht um ein deskriptives Modell, das versucht, die tatsächlichen Kosten möglichst genau abzubilden. Vielmehr bildet die Entfernungspauschale ein normatives und gleichzeitig stark vereinfachtes Modell, das dem politischen Gestaltungswillen entspricht und steuerrechtlichen Prinzipien unterworfen ist, wie die öffentliche Diskussion um die Höhe der Entfernungspauschale und das Urteil des Bundesverfassungsgerichts zeigt.

Beispiel 2.7

Die Gestaltung der Eintrittspreise im Deutschen Museum München (Stand: Mai 2007) begünstigt Familien: Der Eintritt für einen Erwachsenen beträgt 8,50 € und für eine Familie 17,00 €. De facto ist der Eintritt für Kinder in Begleitung ihrer Eltern also frei – es ist zu erkennen, dass ein Museumsbesuch auch für Familien mit mehreren Kindern erschwinglich sein soll.

Beispiel 2.8

Der Einkommensteuertarif nach § 32a (1) Einkommensteuergesetz (Abb. 1.14 und Aufgabe 1.7) lässt politische Prinzipien erkennen: Geringverdiener, deren zu versteu-

erndes Einkommen unterhalb des Grundfreibetrags liegt, zahlen überhaupt keine Einkommensteuer; dann steigt der Steuersatz in einem bestimmten Bereich an (so genannte „Progression"), bis er den Spitzensteuersatz erreicht. Dieser Tarif ist eine politische Entscheidung der jeweiligen Regierung und lässt politische Zielsetzungen erkennen (Höhe des Grundfreibetrags oder des Spitzensteuersatzes). Einzelne Elemente
des Tarifs werden allerdings durch deskriptive Modelle – etwa Berechnungen zur
Höhe des Existenzminimums, das steuerfrei bleiben soll – gestützt, wie auch Urteile
des Bundesverfassungsgerichtes belegen.

Beispiel 2.9

Die Kosten für Heizung und Warmwasser in einer Wohnanlage werden oft so abge-
rechnet, dass 30% der Gesamtkosten entsprechend der Wohnfläche anteilig umgelegt
werden und 70% gemäß dem Verbrauch, der durch Fühler an den Heizkörpern gemessen wird. Dahinter lassen sich zwei Prinzipien erkennen: Einerseits soll jeder einen
gewissen Anteil an den Kosten übernehmen, auch wenn er nicht oder nur sehr wenig
heizt, da schließlich jeder von der Bereithaltung der Heizungsanlage profitiert; andererseits soll ein Bewohner umso mehr zahlen, je mehr er heizt. Die Aufteilung im Verhältnis 30 : 70 lässt sich hieraus jedoch nicht ableiten – sie hat sich vermutlich im
Laufe der Zeit und unterstützt durch die Rechtssprechung so entwickelt. Es handelt
sich um ein normatives Modell. In einem deskriptiven Modell würde man versuchen,
ein angemessenes Verhältnis für die Abrechnung zu finden, beispielsweise durch Ver-
brauchsmessungen und eine genaue Aufschlüsselung der Kosten.

In der Praxis lassen sich deskriptive und normative Modelle nicht immer genau trennen.
Häufig geht es darum, zunächst eine gegebene Tarifstruktur zu verstehen und dann das
eigene Nutzerverhalten in Bezug auf diese Tarifstruktur zu beschreiben und eventuell auch
zu optimieren, um die kostengünstigste Variante wählen zu können.

Beispiel 2.10

Wer mit dem ICE über die Schnellfahrstrecke von Stuttgart nach Köln pendelt, hat
prinzipiell folgende Möglichkeiten: Eine Hin- und Rückfahrt kostet im Normalpreis
€ 226,00 (Stand Juni 2018). Mit einer BahnCard 25 zu € 62,00 gibt es 25% Ermäßi-
gung auf den Normalpreis und mit einer BahnCard 50 zu € 255,00 entsprechend 50%.
Eine BahnCard 100 zu € 4270,00 ermöglicht ein Jahr lang freie Fahrt im Gesamtnetz.
Welche der vier Alternativen ist günstiger?

Einfache Lösungen lassen sich sofort abschätzen (bereits bei zwei Fahrten pro Jahr
lohnt sich der Kauf einer BahnCard 25; ein Vielfahrer präferiert die BahnCard 100).

Abb. 2.9 Lösung mittels Tabelle (im
Beispiel mit Microsoft Excel)

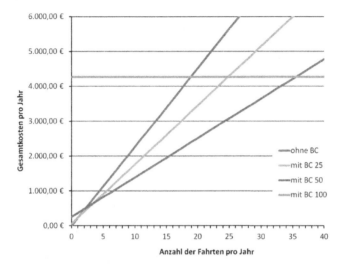

	A	B	C	D	E
1	Anzahl der		Gesamtkosten pro Jahr		
2	Fahrten	ohne BC	mit BC 25	mit BC 50	mit BC 100
3	0	0,00 €	62,00 €	255,00 €	4.269,00 €
4	1	226,00 €	231,50 €	368,00 €	4.270,00 €
5	2	452,00 €	401,00 €	481,00 €	4.270,00 €
6	3	678,00 €	570,50 €	594,00 €	4.270,00 €
7	4	904,00 €	740,00 €	707,00 €	4.270,00 €
8	5	1.130,00 €	909,50 €	820,00 €	4.270,00 €
9	6	1.356,00 €	1.079,00 €	933,00 €	4.270,00 €
10	7	1.582,00 €	1.248,50 €	1.046,00 €	4.270,00 €
11	8	1.808,00 €	1.418,00 €	1.159,00 €	4.270,00 €
12	9	2.034,00 €	1.587,50 €	1.272,00 €	4.270,00 €

Abb. 2.10 Graphische Darstellung der Kosten in Abhängigkeit von der Anzahl der Fahrten

Für die weitere Bearbeitung bietet sich eine Tabellenkalkulation an: Sie liefert sowohl
genaue Werte (Abb. 2.9) als auch eine graphische Darstellung (Abb. 2.10)

Um Funktionsgleichungen aufstellen zu können, wird die Anzahl der Hin- und Rückfahrten pro Jahr mit x bezeichnet.

$$K_{\text{ohne BC}}(x) = 226 \cdot x$$
$$K_{\text{BC 25}}(x) = 62 + 169,50 \cdot x$$
$$K_{\text{BC 50}}(x) = 255 + 113 \cdot x$$
$$K_{\text{BC 100}}(x) = 4270$$

Wie die Rechnung zeigt, ist bis zu 35 Hin- und Rückfahrten pro Jahr der Einsatz einer
BahnCard 50 günstiger als der Kauf einer BahnCard 100, der erst ab der 36. Fahrt eine
Ersparnis liefert:

$$K_{BC\,50}(x) = K_{BC\,100}(x)$$
$$255 + 113 \cdot x = 4270$$
$$x = 35{,}53\ldots$$

Diese Vorgehensweise ist typisch für viele Entscheidungssituationen: Mittels Tabellen, Funktionsgleichungen und -graphen können die finanziellen Auswirkungen verschiedener Angebote besser verstanden werden. Man kann genau beschreiben, bei welchem Nutzerverhalten ein bestimmtes Angebot vorzuziehen ist. Weitaus schwieriger ist es jedoch, das individuelle Pendlerverhalten für das nächste Jahr prognostizieren zu können: Wie viele Arbeits- und Urlaubswochen sind es voraussichtlich? Kann eine BahnCard 100 auch noch für andere Fahrten genutzt werden? Ist das Geld vorhanden, um eine BahnCard 100 im Voraus zahlen zu können? Diese und weitere Fragen können zu einem einfachen Modell des eigenen Nutzerverhaltens führen.

Aufgaben

Aufgabe 2.1

Würfelbauten können als wachsende Muster gedeutet werden und bilden dann eine geometrische Grundlage für Abzählprobleme (Abb. 2.11).

- Wie viele Würfel werden für das n-te Bauwerk benötigt?

- Wie viele Würfelseiten des n-ten Bauerks sind sichtbar? Dieses Problem können Sie in zwei Varianten modellieren:

    - wenn das Bauwerk auf einem Tisch steht und die Unterseite nicht sichtbar ist,

    - wenn das Bauerk frei im Raum schwebt, so dass die Unterseite sichtbar ist.

- Deuten Sie die Terme jeweils unter dem Zuordnungs- und dem Kovariationsaspekt.

- Erstellen Sie eigene Würfelbauten (wie Treppen oder Pyramiden) und beantworten sie dieselben Fragen.

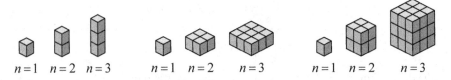

Abb. 2.11 Würfelbauten als wachsende Muster

Aufgabe 2.2

Die Zahl 48 soll so in zwei positive Summanden zerlegt werden,

- dass deren Produkt möglichst groß wird,
- dass die Summe der Quadrate der beiden Zahlen möglichst groß bzw. möglichst klein wird,
- dass die Summe der Quadrate der beiden Zahlen vermehrt um das Produkt der beiden Zahlen möglichst groß bzw. möglichst klein wird.

Aufgabe 2.3

Ein Quadrat besitzt unter allen inhaltsgleichen Rechtecken den kleinsten Umfang. Zeigen Sie dies sowohl experimentell als auch mit Hilfe von Funktionstermen.

Aufgabe 2.4

Mit einem Zaun der Länge *l* soll eine rechteckige Weide abgesteckt werden (Abb. 2.12 links). Dabei muss noch so viel Zaun übrig bleiben, dass mit Hilfe dieses Restes die Weide in zwei gleich große Rechtecke geteilt werden kann. Wie muss man die Abmessungen wählen, damit die Fläche der Weide möglichst groß wird?

Aufgabe 2.5

Auf den Seiten eines Rechtecks wird die Strecke *x* jeweils ausgehend von den Eckpunkten entsprechend dem Umlaufsinn abgetragen. Die vier freien Endpunkte werden miteinander verbunden (Abb. 2.12 rechts).

- Begründen Sie, dass die entstehende Figur ein Parallelogramm ist.
- Für welche Länge *x* wird der Flächeninhalt des Parallelogramms minimal?
- Bestimmen Sie das Minimum des Flächeninhalts.

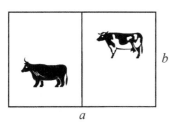
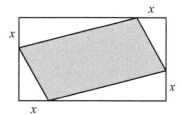

Abb. 2.12 Extremwertprobleme

Aufgabe 2.6

Welche Auswirkungen haben die Änderungen der Entfernungspauschale in den vergangenen Jahren (Tab. 2.3) für einen einzelnen Arbeitnehmer?

- Stellen Sie die Höhe der steuerlich abzugsfähigen Kosten in Abhängigkeit von der Entfernung zum Arbeitsplatz für die Jahre 2002 bis 2007 graphisch dar. Entwickeln Sie jeweils einen Funktionsterm.

- Ihre Entfernung zum Arbeitsplatz beträgt 5 km, 10 km, 15 km, 20 km, ..., allgemein x km. Welchen Anteil Ihrer Fahrtkosten können Sie jeweils steuerlich geltend machen? Gehen sie dazu von verschiedenen Fortbewegungsmitteln und jeweils typischen Kosten aus. Wie wirkt sich das für Sie pro Jahr aus?

- Betrachten Sie das normative Modell kritisch: Welche Argumente sprechen für eine Pendler*pauschale*? Welche Argumente sprechen für einen hohen, welche für einen niedrigen Satz?

Aufgabe 2.7

Eintrittspreise und Fahrpreise sowie Benutzungsgebühren sind typische normative Modelle.

- Sammeln Sie Beispiele für Eintritts- und Fahrpreise (Kino, Schwimmbad, Museum, ..., Deutsche Bahn, Verkehrsbund, ...). Welche Modelle erkennen Sie dahinter? Wie hängt der Preis von der Intensität der Nutzung oder von der Anzahl der beteiligten Personen (Familien- und Gruppentarife) ab?

- Zahlreiche öffentliche Bibliotheken verlangen mittlerweile Benutzungsgebühren. Wie kann eine solche Gebührenordnung sinnvoll ausgestaltet werden? Führen Sie eine normative Modellierung durch und begründen Sie Ihr Vorgehen.

3 Lineare Funktionen

Lineare Funktionen erweisen sich als leicht zu handhabende wie auch universelle mathematische Modelle. Im Anschluss an die Definition und die Eigenschaften (Abschn. 3.1) werden deshalb das lineare Wachstum (Abschn. 3.2) sowie der Sonderfall eines proportionalen Wachstums mit dem Dreisatz als häufig verwendetem Rechenverfahren (Abschn. 3.3) näher beschrieben. Die lineare Interpolation (Abschn. 3.4) und die Regula falsi (Abschn. 3.5) zeigen lineare Funktionen als Näherungen für andere Funktionen.

3.1 Definition und Eigenschaften

Die Systematisierung der Funktionen erfolgt aufgrund der algebraischen Struktur ihres Funktionsterms.

> **Definition 3.1** Eine Funktion f mit der Gleichung $f(x) = ax + b$ mit $a, b \in \mathbb{R}$ heißt *lineare Funktion*.

Teilweise ist für eine Funktion f mit der Gleichung $f(x) = ax + b$ mit $a, b \in \mathbb{R}$ auch die Bezeichung als affine Funktion und für eine Funktion $f(x) = ax$ mit $a \in \mathbb{R}$ dann die Bezeichnung als lineare Funktion üblich. Zwei Sonderfälle erhalten eine eigene Benennung. Der erste Sonderfall ist $a = 0$.

> **Definition 3.2** Eine Funktion f mit der Gleichung $f(x) = b$ mit $b \in \mathbb{R}$ heißt *konstante Funktion*.

Eine konstante Funktion nimmt für alle Argumente denselben Funktionswert an. Ihr Graph besteht aus sämtlichen Punkten der Form $(x \mid b)$ mit $x \in \mathbb{R}$. Es handelt sich um eine zur x-Achse parallele Gerade, die gegenüber der x-Achse um b in y-Richtung verschoben ist

© Springer-Verlag GmbH Deutschland, ein Teil von Springer Nature 2019
G. Wittmann, *Elementare Funktionen und ihre Anwendungen*, Mathematik
Primarstufe und Sekundarstufe I + II, https://doi.org/10.1007/978-3-662-58060-8_3

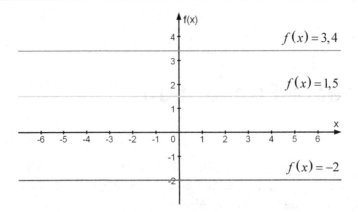

Abb. 3.1 Graphen konstanter Funktionen

Abb. 3.2 Kosten in Abhängigkeit von der Anzahl der Besuche bei einer Saisonkarte

(Abb. 3.1). Betrachtet man eine konstante Funktion unter dem Kovariationsaspekt, dann bewirkt eine Änderung des Arguments keine Änderung des Funktionswerts. Für eine außermathematische Anwendung bedeutet dies, dass die beiden durch x und $f(x)$ beschriebenen Größen de facto voneinander unabhängig sind.

Beispiel 3.1

Die Saisonkarte für das Freibad kostet 70,00 Euro. Dieser Betrag ist unabhängig davon, wie oft in der laufenden Saison das Freibad besucht wird (Abb. 3.2).

Beispiel 3.2

Eine Packung mit 100 Schrauben kostet im Baumarkt 1,79 €; die Schrauben gibt es nicht einzeln. Der funktionale Zusammenhang zwischen der benötigten Stückzahl als unabhängiger Größe und den Kosten als abhängiger Größe kann abschnittsweise durch eine konstante Funktion beschrieben werden (Treppenfunktion; Abb. 3.3).

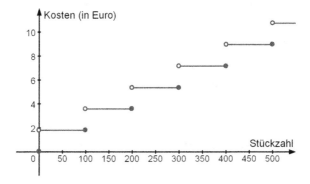

Abb. 3.3 Kosten in Abhängigkeit von der Stückzahl beim Kauf von Großpackungen

Auch für den Sonderfall $b = 0$ gibt es eine eigene Bezeichnung:

Definition 3.3 Eine Funktion f mit der Gleichung $f(x) = ax$ mit $a \in \mathbb{R}$ heißt *proportionale Funktion*. Der Koeffizient a heißt *Proportionalitätsfaktor* oder *Proportionalitätskonstante*.

Die Eigenschaften proportionaler Funktionen werden in Abschnitt 3.3 dargestellt.

Definition 3.4 Für eine reelle Funktion f heißt eine Zahl $x_0 \in D$, für die $f(x_0) = 0$ gilt, eine *Nullstelle* von f.

Eine Schreibweise mit Index wie x_0, x_1, x_2, ... steht für einen festen Wert des Arguments, in Abgrenzung zur Betrachtung von x als Argument der Funktion, das alle Werte des Definitionsbereichs annehmen kann.

Satz 3.1 Eine lineare Funktion f mit der Gleichung $f(x) = ax + b$ mit $a, b \in \mathbb{R}$ hat

- für $a = 0$ und $b = 0$ unendlich viele Nullstellen,

- für $a = 0$ und $b \neq 0$ keine Nullstelle,

- für $a \neq 0$ genau eine Nullstelle.

Beweis:

- Wenn $a = 0$ und $b = 0$ gilt, dann lautet die Funktionsgleichung $f(x) = 0$ und jedes $x \in \mathbb{R}$ ist eine Nullstelle von f.

- Wenn $a = 0$ und $b \neq 0$ gilt, dann lautet die Funktionsgleichung $f(x) = b$, und es gilt $f(x) \neq 0$ für alle $x \in \mathbb{R}$.

- Im Fall $a \neq 0$ führt der Ansatz $f(x) = 0$ auf die Gleichung $ax + b = 0$, die ohne Einschränkung durch Äquivalenzumformungen gelöst werden kann:

$$x = -\frac{b}{a}$$

Folglich besitzt f genau eine Nullstelle, die sich unmittelbar aus den Koeffizienten a und b der Funktionsgleichung ablesen lässt. ◄

Wie sieht der Graph einer linearen Funktion aus? Zunächst wird dies für einen Sonderfall, den Graphen einer proportionalen Funktion, untersucht.

Satz 3.2 Der Graph einer proportionalen Funktion f mit der Gleichung $f(x) = ax$ mit $a \in \mathbb{R}$ ist eine Ursprungsgerade durch den Punkt $(1 \mid a)$.

Beweis: Es ist zu zeigen, dass zwei Punktmengen identisch sind: der Graph einer proportionalen Funktion f einerseits und die Ursprungsgerade durch den Punkt $(1 \mid a)$ andererseits. Hierzu wird nachgewiesen, dass die eine Menge jeweils in der anderen enthalten ist. Der Beweis besteht deshalb aus zwei Teilen:

- Zunächst wird gezeigt, dass alle Punkte der Geraden im Graphen von f enthalten sind. Für die beiden Punkte $(0 \mid 0)$ und $(1 \mid a)$ trifft dies wegen $f(0) = 0$ und $f(1) = a$ offensichtlich zu. Es bleibt zu zeigen, dass auch die anderen Punkte der Geraden zum Graphen von f gehören. Für alle Punkte $(x \mid y)$ der Geraden mit $x \neq 0$ gilt nach dem ersten Strahlensatz (Abb. 3.4 links):

$$\frac{y}{a} = \frac{x}{1} \quad \text{oder} \quad y = ax$$

Folglich haben die Punkte der Geraden die Form $(x \mid ax)$ und sind damit im Graphen von f enthalten.

- Nun wird gezeigt, dass umgekehrt der Graph von f in der Ursprungsgerade enthalten ist. Der Graph von f besteht aus allen Punkten der Form $(x \mid ax)$, und für diese gilt:

$$\frac{ax}{a} = \frac{x}{1}$$

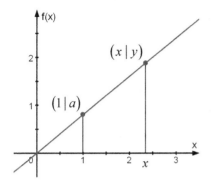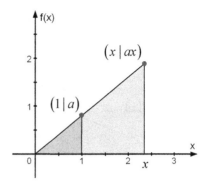

Abb. 3.4 Graph einer proportionalen Funktion

Die beiden Quotienten können als Streckenverhältnisse in rechtwinkligen Dreiecken gedeutet werden (Abb. 3.4 rechts). Nach dem Kehrsatz zum ersten Strahlensatz folgt hieraus, dass die Gerade durch die Punkte $(1 \mid a)$ und $(x \mid ax)$ auch durch den Koordinatenursprung verläuft. Also ist jeder Punkt des Graphen von f in der Ursprungsgeraden durch den Punkt $(1 \mid a)$ enthalten.

Beide Teile zusammen bedeuten, dass der Graph von f und die Ursprungsgerade durch den Punkt $(1 \mid a)$ identisch sind, was zu beweisen ist. ◂

Für den Beweis von Satz 3.2 werden die auftretenden Koordinaten der Punkte $(1 \mid a)$ und $(x \mid y)$ als Streckenlängen gedeutet. Dies ist nur dann uneingeschränkt möglich, wenn (wie in Abb. 3.4) alle Koordinaten positiv sind. Sobald auch negative Koordinaten auftreten (wie in Abb. 3.5), sind streng genommen aufwändigere Überlegungen nötig – die Deutung der Streckenlängen als Betrag der entsprechenden Koordinaten –, die aber letztlich zum selben Resultat führen. Dies gilt im Folgenden auch für weitere Beweise, die auf geometrische Überlegungen am Funktionsgraphen zurückgreifen, ohne dass es jedes Mal explizit angesprochen wird.

Abb. 3.5 Graph einer proportionalen Funktion, wenn negative Argumente und Funktionswerte auftreten

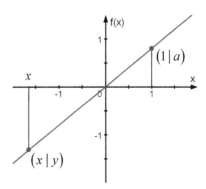

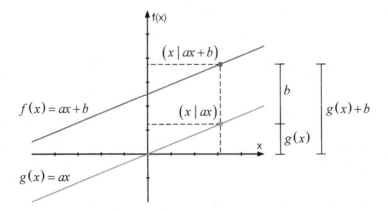

Abb. 3.6 Graph einer linearen Funktion

Aufbauend auf den Sonderfall des Graphen einer proportionalen Funktion wird nun der allgemeine Fall des Graphen einer linearen Funktion behandelt.

Satz 3.3 Der Graph einer linearen Funktion f mit der Gleichung $f(x) = ax + b$ mit $a, b \in \mathbb{R}$ ist eine Gerade durch die Punkte $(0 \,|\, b)$ und $(1 \,|\, a + b)$.

Beweis: Der Graph der linearen Funktion f mit der Gleichung $f(x) = ax + b$ besteht aus allen Punkten der Form $(x \,|\, ax + b)$. Der Graph der proportionalen Funktion g mit der Gleichung $g(x) = ax$ ist nach Satz 3.2 eine Gerade durch die Punkte $(0 \,|\, 0)$ und $(1 \,|\, a)$ und besteht aus allen Punkten der Form $(x \,|\, ax)$. Es gilt nun $f(x) = g(x) + b$ für alle $x \in \mathbb{R}$. Der Graph von f geht deshalb aus dem Graphen von g durch eine Verschiebung um b in y-Richtung hervor (Abb. 3.6) und ist damit eine Gerade durch die Punkte $(0 \,|\, b)$ und $(1 \,|\, a + b)$. ◂

Der Graph einer linearen Funktion ist stets eine Gerade, und die beiden Parameter a und b der Funktionsgleichung $f(x) = ax + b$ beeinflussen die Lage dieser Geraden:

- Durch b ist vorgegeben, wo die Gerade die y-Achse schneidet, nämlich im Punkt $(0 \,|\, b)$.

- Durch a wird die Richtung der Geraden bestimmt: Für $a < 0$ verläuft sie von links oben nach rechts unten und für $a > 0$ verläuft sie von links unten nach rechts oben.

Der letzte Aspekt lässt sich noch genauer erfassen. Hierzu betrachtet man zwei Punkte $(x_1 \,|\, f(x_1))$ und $(x_2 \,|\, f(x_2))$ des Funktionsgraphen mit $x_1 < x_2$. Sie bestimmen ein rechtwinkliges Dreieck, dessen Hypotenuse auf der Geraden liegt und dessen Katheten

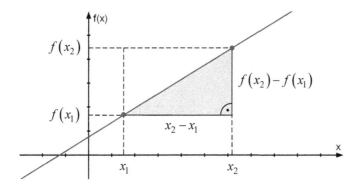

Abb. 3.7 Steigungsdreieck einer linearen Funktion

parallel zu den Koordinatenachsen sind (Abb. 3.7). Ein solches Dreieck wird auch als *Steigungsdreieck* bezeichnet. Für jedes Steigungsdreieck gilt:

$$\frac{f(x_2)-f(x_1)}{x_2-x_1}=\frac{(ax_2+b)-(ax_1+b)}{x_2-x_1}=\frac{a(x_2-x_1)}{x_2-x_1}=a$$

Das bedeutet: Alle Steigungsdreiecke einer linearen Funktion stimmen in der Größe eines Winkels (des rechten Winkels) und im Verhältnis der beiden anliegenden Seiten (der beiden Katheten) überein und sind deshalb ähnlich (Abb. 3.8 links). In Konsequenz stimmen sie auch in den Größen der beiden anderen Innenwinkel überein. Die Größe von φ ist also unabhängig davon, welches Steigungsdreieck man wählt. Unter Verwendung der Tangens- und Arcustangensfunktion (s. Abschn. 9.2 und 9.3) gilt:

$$\tan\varphi=\frac{f(x_2)-f(x_1)}{x_2-x_1}=a \text{ oder } \varphi=\arctan a$$

Auch der Schnittwinkel zwischen dem Funktionsgraphen und der y-Achse ist so groß wie φ (Abb. 3.8 links für $a>0$; Abb. 3.8 rechts für $a<0$). Der Koeffizient a gibt also die *Steigung des Funktionsgraphen* an.

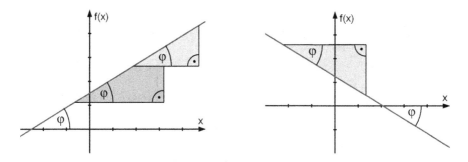

Abb. 3.8 Ähnliche Steigungsdreiecke und Schnittwinkel

Abb. 3.9 Geraden als Graphen
linearer Funktionen

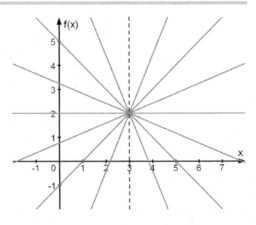

Beispiel 3.3

Der Graph einer linearen Funktion ist stets eine Gerade – aber ist umgekehrt jede Gerade auch der Graph einer linearen Funktion? Betrachtet man alle Geraden durch den
Punkt $(3\,|\,2)$, so zeigt sich eine Ausnahme (Abb. 3.9): Die vertikale Gerade, bestehend
aus den Punkten $(3\,|\,y)$ mit $y \in \mathbb{R}$, ist kein Funktionsgraph. Alle anderen Geraden
sind Graphen linearer Funktionen, da sich der Argumentationsgang in den Beweisen
zu den Sätzen 3.2 und 3.3 jeweils umkehren lässt.

Oftmals ist die Gleichung einer Geraden gesucht. Bei naturwissenschaftlichen Versuchen
zum Beispiel besteht eine übliche Vorgehensweise darin, die Messwerte graphisch aufzu-
tragen und dann – unter der Annahme, dass der funktionale Zusammenhang linear ist –
eine Ausgleichsgerade zu zeichnen. Um nun die Gleichung dieser Geraden zu ermitteln,
werden die Koordinaten zweier Punkte benötigt.

Satz 3.4 Durch zwei Punkte $(x_1\,|\,y_1)$ und $(x_2\,|\,y_2)$ mit $x_1 < x_2$ wird eindeutig die
Gleichung einer linearen Funktion bestimmt.

Abb. 3.10 Ermittlung der Gleichung einer
Geraden über das Steigungsdreieck

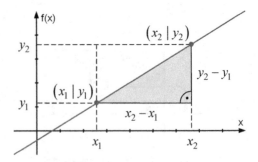

Beweis: Aus dem Steigungsdreieck durch die beiden gegebenen Punkte kann die Steigung des Funktionsgraphen abgelesen werden (Abb. 3.10):

$$a = \frac{y_2 - y_1}{x_2 - x_1}$$

Weiter gewinnt man b wie folgt:

$$b = y_1 - a x_1 = y_1 - \frac{y_2 - y_1}{x_2 - x_1} x_1 = \frac{y_1 (x_2 - x_1)}{x_2 - x_1} - \frac{(y_2 - y_1) x_1}{x_2 - x_1} = \frac{x_2 y_1 - x_1 y_1 - x_1 y_2 + x_1 y_1}{x_2 - x_1} =$$

$$= \frac{x_2 y_1 - x_1 y_2}{x_2 - x_1}$$

Dies führt zur Gleichung einer linearen Funktion:

$$f(x) = ax + b = \frac{y_2 - y_1}{x_2 - x_1} x + \frac{x_2 y_1 - x_1 y_2}{x_2 - x_1}$$

Hierbei sind x_1, x_2, y_1, y_2 die Koordinaten der gegebenen Punkte, während x für das Argument der gesuchten linearen Funktion steht.

Der Beweis kann alternativ auch so geführt werden: Da die Koordinaten der beiden Punkte $(x_1 \mid y_1)$ und $(x_2 \mid y_2)$ die Funktionsgleichung $f(x) = ax + b$ erfüllen müssen, erhält man zwei Gleichungen:

$$f(x_1) = y_1$$
$$f(x_2) = y_2$$

Das Einsetzen der Funktionsterme auf der linken Seite führt auf ein lineares Gleichungssystem, bestehend aus zwei Gleichungen für die beiden Unbekannten a und b:

$$a x_1 + b = y_1$$
$$a x_2 + b = y_2$$

Es kann aufgrund von $x_1 \neq x_2$ stets eindeutig gelöst werden und man erhält die Koeffizienten a und b der Gleichung einer linearen Funktion. ◂

3.2 Lineares Wachstum

Lineare Funktionen stellen ein sehr einfaches und gleichzeitig universelles mathematisches Modell dar, um funktionale Zusammenhänge zweier Größen zu beschreiben. Wie lässt sich nun lineares Wachstum charakterisieren? (Wachstum wird hierbei so verstanden, dass es auch negativ sein kann.) Diese Frage zielt auf den Kovariationsaspekt einer linearen Funktion: Welche Auswirkung hat eine Änderung $\Delta x = x_2 - x_1$ des Arguments auf eine Änderung $\Delta f(x) = f(x_2) - f(x_1)$ des Funktionswerts?

Satz 3.5 Für eine lineare Funktion f mit der Gleichung $f(x) = ax + b$ mit $a, b \in \mathbb{R}$ gilt: $\Delta f(x) = a \cdot \Delta x$ für alle $x \in \mathbb{R}$.

Beweis: Für alle $x_1, x_2 \in \mathbb{R}$ gilt:

$$\Delta f(x) = f(x_2) - f(x_1) = (ax_2 + b) - (ax_1 + b) = ax_2 - ax_1 = a(x_2 - x_1) = a \cdot \Delta x$$

Eine Änderung des Arguments um Δx bewirkt also eine Änderung des Funktionswerts um $a \cdot \Delta x$. ◄

Wenn eine lineare Funktion f eine Sachsituation modelliert, dann lassen sich die Koeffizienten a und b der Funktionsgleichung $f(x) = ax + b$ in Bezug auf die Sachsituation deuten. Die Interpretation von a basiert auf der Gleichung $\Delta f(x) = a \cdot \Delta x$ und ist auf zweifache Weise möglich:

■ Aus $\Delta x = 1$ folgt $\Delta f(x) = a$. Jede Änderung des Arguments um 1 zieht eine Änderung des Funktionswerts um a nach sich. Der Koeffizient a lässt sich deuten als die Änderung des Funktionswerts, wenn das Argument um 1 erhöht wird.

■ Das Umformen der Gleichung $\Delta f(x) = a \cdot \Delta x$ führt auf die Beziehung:

$$a = \frac{\Delta f(x)}{\Delta x} = \frac{f(x_2) - f(x_1)}{x_2 - x_1} = \text{konstant}$$

Der Koeffizient a lässt sich deuten als das Verhältnis der Änderung des Funktionswerts zur Änderung des Arguments, das bei einer linearen Funktion stets konstant ist. Diese Eigenschaft findet sich auch am Funktionsgraphen wieder (Abb. 3.8 links): Das Steigungsdreieck an den Funktionsgraphen darf beliebig groß gezeichnet werden und „passt" an jeden Punkt des Funktionsgraphen. Dies ist ein Charakteristikum linearer Funktionen, das auf keine andere Funktion zutrifft.

Der konstante Koeffizient b kann wegen $f(0) = b$ häufig als Startwert oder Ausgangswert eines Wachstumsprozesses interpretiert werden.

Beispiel 3.4

Für den Stromanschluss verlangt der Energieversorger die monatliche Grundgebühr 11,60 €. Darüber hinaus werden verbrauchsabhängig 0,24 € je kWh berechnet. Werden der monatliche Energieverbrauch in kWh mit x und die Gesamtkosten in € mit $K(x)$ bezeichnet, dann gilt $K(x) = 11,60 + 0,24x$. Wächst x um 1, dann ändert sich $K(x)$ um 0,24. In Worten: Steigt der Verbrauch um 1 kWh, dann erhöht sich der Rechnungsbetrag stets um 0,24 €, und zwar unabhängig von der Ausgangssituation – es gibt beispielsweise keinen Mengenrabatt.

Beispiel 3.5

Das sog. Bayern-Ticket, das einen Tag lang in allen Nahverkehrszügen gültig ist, kostet für eine Person 25 € und für jede weitere Person 6 € zusätzlich (Stand Juni 2018). Dies ist ein typisches lineares Wachstum: Wächst die Anzahl der Personen um 1, steigt der Fahrpreis jeweils um 6 €. Bezeichnet man mit p die Anzahl der Personen und mit K die daraus resultierenden Kosten in €, so ergibt sich $K(p) = 25 + 6(p-1) = 19 + 6p$ für $p = 1, \ldots, 5$. Fährt eine sechste Person mit, steigt der Fahrpreis um 25 €, um den Preis für ein weiteres Bayern-Ticket. Für eine siebte Person entstehen dann wiederum zusätzliche Kosten in Höhe von 6 €. Die sich so ergebende Modellierung ist abschnittsweise linear.

Im Unterschied dazu gibt es in manchen Verkehrsbünden Tagestickets, die für bis zu fünf Personen gelten. Wächst in diesem Fall beispielsweise die Anzahl der mitfahrenden Personen von 3 auf 4, so entstehen keine zusätzlichen Kosten. Auch diese Modellierung ist abschnittsweise linear, wobei die einzelnen Abschnitte durch konstante Funktionen beschrieben werden können.

In Beispiel 2.10 wird darüber hinaus gezeigt, dass die beim Bahnfahren entstehenden Kosten auch in Abhängigkeit von der Anzahl der Fahrten vielfach durch lineare Funktionen modelliert werden können.

3.3 Proportionales Wachstum

Ein proportionales Wachstum ist ein Spezialfall eines linearen Wachstums. Die Inhalte des vorhergehenden Abschnitts gelten also auch für ein proportionales Wachstum. Darüber hinaus besitzt sie noch weitere – für inner- und außermathematische Anwendungen wichtige – Eigenschaften.

Satz 3.6 Für eine proportionale Funktion f mit der Gleichung $f(x) = ax$ mit $a \in \mathbb{R}$ gilt: Alle Wertepaare $(x \mid f(x))$ mit $x \neq 0$ sind *quotientengleich*.

Beweis: Aus $f(x) = ax$ folgt für ein beliebiges Wertepaar $(x \mid f(x))$ mit $x \neq 0$:

$$\frac{f(x)}{x} = \frac{ax}{x} = a$$

Der Quotient aus Funktionswert und Argument ist also für alle Wertepaare mit $x \neq 0$ gleich dem Koeffizienten a. ◂

Satz 3.7 Für eine proportionale Funktion f mit der Gleichung $f(x) = ax$ mit $a \in \mathbb{R}$ gilt:

- $f(rx) = r \cdot f(x)$ für alle $r \in \mathbb{R}, x \in \mathbb{R}$
- $f(x_1 \pm x_2) = f(x_1) \pm f(x_2)$ für alle $x_1, x_2 \in \mathbb{R}$

Der Beweis erfolgt durch Rückgriff auf die Funktionsgleichung $f(x) = ax$:

- $f(rx) = a(rx) = r(ax) = r \cdot f(x)$
- $f(x_1 \pm x_2) = a(x_1 \pm x_2) = ax_1 \pm ax_2 = f(x_1) \pm f(x_2)$

Hierbei gehen lediglich die bekannten Rechengesetz in $\mathbb{R}$, das Kommutativ- und Assoziativgesetz der Multiplikation sowie das Distributivgesetz, ein. ◂

Die beiden Gleichungen in Satz 3.7 lassen sich wie folgt in Worte fassen:

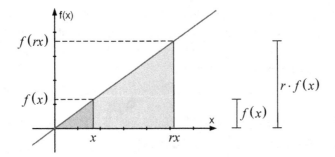

Abb. 3.11 Veranschaulichung der ersten Aussage von Satz 3.7

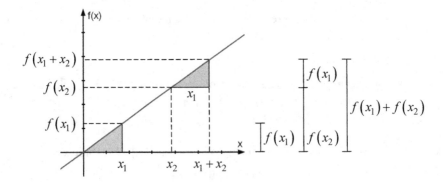

Abb. 3.12 Veranschaulichung der zweiten Aussage von Satz 3.7

▨ Eine Ver-*r*-fachung des Arguments bewirkt auch eine Ver-*r*-fachung des Funktionswerts (Abb. 3.11). Oder kurz: Dem *r*-fachen Argument entspricht auch der *r*-fache Funktionswert.

▨ Eine Addition oder Subtraktion zweier Argumente bewirkt auch eine Addition oder Subtraktion der jeweils zugehörigen Funktionswerte (Abb. 3.12). Oder kurz: Der Summe oder Differenz zweier Argumente entspricht auch die Summe oder Differenz der Funktionswerte.

Beispiel 3.6

Wird der Zusammenhang von Masse und Preis durch eine proportionale Funktion modelliert (es gibt weder Mengenrabatt noch Großpackungen), dann gilt:

▨ Der Preis für 3-mal 25 kg Kartoffeln ist gleich 3-mal dem Preis für 25 kg Kartoffeln.

$$\text{Preis}(75\,\text{kg}) = \text{Preis}(3 \cdot 25\,\text{kg}) = 3 \cdot \text{Preis}(25\,\text{kg})$$

▨ Der Preis für $\frac{1}{2}$-mal 25 kg Kartoffeln ist gleich $\frac{1}{2}$-mal dem Preis für 25 kg Kartoffeln.

$$\text{Preis}(12{,}5\,\text{kg}) = \text{Preis}\left(\tfrac{1}{2} \cdot 25\,\text{kg}\right) = \tfrac{1}{2} \cdot \text{Preis}(25\,\text{kg})$$

▨ Der Preis für 75 kg Kartoffeln ist gleich dem Preis für 50 kg Kartoffeln plus dem Preis für 25 kg Kartoffeln.

$$\text{Preis}(75\,\text{kg}) = \text{Preis}(50\,\text{kg} + 25\,\text{kg}) = \text{Preis}(50\,\text{kg}) + \text{Preis}(25\,\text{kg})$$

▨ Der Preis für 40 kg Kartoffeln ist gleich dem Preis für 50 kg Kartoffeln minus dem Preis für 10 kg Kartoffeln.

$$\text{Preis}(40\,\text{kg}) = \text{Preis}(50\,\text{kg} - 10\,\text{kg}) = \text{Preis}(50\,\text{kg}) - \text{Preis}(10\,\text{kg})$$

Beispiel 3.7

Eine typische eingekleidete Aufgabe lautet: 25 kg Kartoffeln kosten 8,00 €. Wie viel kosten 15 kg? Eine Lösung mit dem Dreisatz kann durch den Schluss über die Einheit (Tab. 3.1) oder den Schluss über ein beliebiges Wertepaar (Tab. 3.2) erfolgen.

Hierzu wird ein funktionaler Zusammenhang zwischen dem Gewicht der Kartoffeln als unabhängiger und dem Preis als abhängiger Größe vorausgesetzt. Dann gilt: Jede Ver-*r*-fachung des Gewichts zieht auch eine Ver-*r*-fachung des Preises nach sich. Konkret wird diese Eigenschaft zweimal eingesetzt.

Dreisatz		Funktionsschreibweise	
$25\,\text{kg} \triangleq 8,00\,€$	$x_1 \triangleq f(x_1)$	$f(25) = 8,00$	$f(x_1) = ax_1$
$1\,\text{kg} \triangleq 0,32\,€$	$1 \triangleq f(1)$	$f(1) = 0,32$	$f(1) = a$
$15\,\text{kg} \triangleq 4,80\,€$	$x_2 \triangleq f(x_2)$	$f(15) = 4,80$	$f(x_2) = ax_2$

Tab. 3.1 Dreisatz und proportionale Funktion (Schluss über die Einheit)

Dreisatz		Funktionsschreibweise	
$25\,\text{kg} \triangleq 8,00\,€$	$x_1 \triangleq f(x_1)$	$f(25) = 8,00$	$f(x_1) = ax_1$
$5\,\text{kg} \triangleq 1,60\,€$	$x_3 \triangleq f(x_3)$	$f(15) = 1,60$	$f(x_3) = ax_3$
$15\,\text{kg} \triangleq 4,80\,€$	$x_2 \triangleq f(x_2)$	$f(15) = 4,80$	$f(x_2) = ax_2$

Tab. 3.2 Dreisatz und proportionale Funktion (Schluss über ein beliebiges Wertepaar)

- Dem $\frac{1}{25}$ -fachen Gewicht entspricht der $\frac{1}{25}$ -fache Preis (beim Schluss von der ersten zur zweiten Zeile).

- Dem 15-fachen Gewicht entspricht der 15-fache Preis (beim Schluss von der zweiten zur dritten Zeile).

In Funktionsschreibweise lassen sich diese Schritte wie folgt darstellen:

- $f(1) = f\left(\frac{1}{25} \cdot 25\right) = \frac{1}{25} \cdot f(25) = \frac{1}{25} \cdot 8 = 0,32$

- $f(15) = f(15 \cdot 1) = 15 \cdot f(1) = 15 \cdot 0,32 = 4,80$

Der Dreisatz basiert auf der Eigenschaft $f(rx) = r \cdot f(x)$ einer proportionalen Funktion f mit der Gleichung $f(x) = ax$. Bekannt ist ein Wertepaar $(x_1 \mid f(x_1))$; von einem zweiten Wertepaar $(x_2 \mid f(x_2))$ ist nur x_2 gegeben, während $f(x_2)$ gesucht ist. Mittels Dreisatz kann $f(x_2)$ in zwei Schritten über ein drittes Wertepaar $(1 \mid f(1))$ ermittelt werden. Entsprechend Tabelle 3.1 steht hinter dem Schluss von der ersten zur zweiten Zeile die Beziehung

$$f(1) = f\left(\frac{x_1}{x_1}\right) = \frac{1}{x_1} \cdot f(x_1),$$

und hinter dem Schluss von der zweiten zur dritten Zeile die Beziehung

$$f(x_2) = f(x_2 \cdot 1) = x_2 \cdot f(1).$$

Nun kann $f(1)$ entsprechend der ersten Beziehung ersetzt werden:

$$f(x_2) = \frac{x_2 \cdot f(x_1)}{x_1}$$

Bei der letzten Gleichung tritt durch nochmaliges Umformen gemäß

$$\frac{f(x_2)}{x_2} = \frac{f(x_1)}{x_1}$$

wiederum die Quotientengleichheit zweier Wertepaare zutage, die einen weiteren Weg zur Lösung der eingangs gestellten Frage eröffnet. Analoge Überlegungen gelten, wenn der Schluss nicht über das Wertepaar $(1 \mid f(1))$, sondern über ein beliebiges drittes Wertepaar $(x_3 \mid f(x_3))$ erfolgt (Tab. 3.2).

In der Praxis tritt im Anschluss an eine Datenerhebung häufig das Problem auf, dass man eine Wertetabelle oder einen Graphen vorliegen hat und sich die Frage stellt, ob der so dokumentierte funktionale Zusammenhang adäquat durch eine proportionale Funktion modelliert werden kann. Die in den Sätzen 3.2, 3.6 und 3.7 bewiesenen Eigenschaften proportionaler Funktionen dienen umgekehrt auch als Kriterien hierfür:

- Der Funktionsgraph ist eine Ursprungsgerade. Dann kann analog zum Beweis von Satz 3.2 geschlossen werden, dass alle Wertepaare von der Form $(x \mid ax)$ sind und demnach $f(x) = ax$ gilt.

- Alle Wertepaare $(x \mid f(x))$ mit $x \neq 0$ sind quotientengleich. Dann gilt:

$$\frac{f(x)}{x} = a \text{ mit } a \in \mathbb{R} \text{ für alle } x \in \mathbb{R} \setminus \{0\}$$

Hieraus folgt $f(x) = ax$ als mögliche Funktionsgleichung.

- Eine Ver-r-fachung des Arguments bewirkt stets eine Ver-r-fachung des Funktionswerts. Aus $f(rx) = r \cdot f(x)$ für alle $r \in \mathbb{R}$ und $x \in \mathbb{R}$ folgt

$$f(x) = f(x \cdot 1) = x \cdot \underbrace{f(1)}_{a},$$

und eine mögliche Funktionsgleichung lautet $f(x) = ax$ mit $a = f(1)$.

Natürlich kann aus einer begrenzten Anzahl von Wertepaaren nicht in eindeutiger Weise eine Funktionsgleichung abgeleitet werden (so müsste streng genommen auch noch der maximale Definitionsbereich berücksichtigt werden). Vielmehr fließt stets die – empirisch oder theoretisch gewonnene – Annahme ein, dass eine proportionale Funktion eine passende Modellierung ist.

Ist eines der drei Kriterien erfüllt, kann nicht nur auf eine proportionale Funktion geschlossen, sondern auch der Proportionalitätsfaktor ermittelt werden. Oftmals wird er inhaltlich interpretiert und als neue Größe aufgefasst.

Beispiel 3.8

Ein typischer erster Zugang zur Kreiszahl π in der unteren Sekundarstufe I (etwa in Klasse 7) verläuft wie folgt: In einer Versuchsreihe werden für verschiedene zylinderförmige Dosen der Durchmesser d (mittels Schieblehre) und der Umfang U (durch Umwickeln mit einem Faden) gemessen. Die Wertepaare sind quotientengleich:

$$\frac{U}{d} = k \text{ mit einer Konstante } k \in \mathbb{R}$$

Diese Konstante wird später als Kreiszahl π eingeordnet. Da sowohl U als auch d Längenangaben sind, ist π dimensionslos (π besitzt keine Einheit).

Beispiel 3.9

Für verschiedene Körper aus einem bestimmten Material wird der Zusammenhang von Volumen V und Masse m untersucht. Eine Messreihe ergibt, dass der Quotient aus m und V konstant ist. Dies bildet den Anlass, eine neue Größe ρ einzuführen:

$$\rho = \frac{m}{V}$$

Die Größe ρ wird Dichte genannt und ist eine Materialkonstante (sie hat denselben Wert für alle Körper aus demselben Material). Der Zusammenhang von Masse m und Volumen V wird durch eine proportionale Funktion mit der Gleichung $m(V) = \rho \cdot V$ beschrieben.

Beispiel 3.10

In der Elektrotechnik werden der Strom I und die Spannung U, die an einem Bauelement abfällt, gemessen; das zugehörige Diagramm zeigt eine Ursprungsgerade (Abb. 3.13). Dies erlaubt den Schluss, dass der Quotient aus U und I konstant ist. Er wird als neue Größe R betrachtet:

$$R = \frac{U}{I}$$

Abb. 3.13 Ermittlung des Widerstands von Bauelementen in der Elektrotechnik

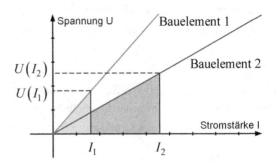

Die Größe R, Widerstand genannt, charakterisiert den Zusammenhang von Strom I und Spannung U für das Bauelement: Die Gleichung $U(I) = R \cdot I$ gibt eine proportionale Funktion mit dem Proportionalitätsfaktor R an, der aus dem Diagramm ermittelt werden kann.

3.4 Lineare Interpolation

In der Praxis tritt häufig folgendes Problem auf: Ein funktionaler Zusammenhang zweier Größen ist ausschließlich durch eine Tabelle gegeben, gesucht ist allerdings ein nicht tabellierter Zwischenwert. Wie kann man hier vorgehen? Das Problem stellt sich wie folgt dar: Von einer Funktion f ist keine Funktionsgleichung bekannt, jedoch zwei Wertepaare $(x_1 \mid f(x_1))$ und $(x_2 \mid f(x_2))$ mit $x_1 < x_2$. Gesucht ist der Funktionswert $f(x_z)$ zu einem Argument x_z mit $x_1 < x_z < x_2$. Da eine Berechnung von $f(x_z)$ nicht möglich ist, bleibt nur der Ansatz, einen Näherungswert durch eine Interpolation zu ermitteln. Sehr leicht durchzuführen ist eine lineare Interpolation: Eine lineare Funktion g durch die beiden gegebenen Punkte $(x_1 \mid f(x_1))$ und $(x_2 \mid f(x_2))$ wird als Näherung für den (nicht bekannten) Graphen von f herangezogen.

Die Gleichung $g(x) = ax + b$ der linearen Funktion g kann prinzipiell wie in Abschnitt 3.3 ermittelt und daraus dann $f(x_z)$ berechnet werden. Ein etwas anderer, im Folgenden beschriebener Weg basiert auf Abbildung 3.14, der sich die Beziehung

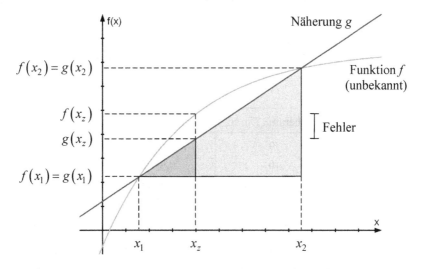

Abb. 3.14 Lineare Interpolation

$$\frac{f(x_2)-f(x_1)}{x_2-x_1}=\frac{g(x_z)-f(x_1)}{x_z-x_1}$$

entnehmen lässt. Dem Quotienten auf der linken Seiten liegt das hellgraue Steigungsdreieck zugrunde und dem Quotienten auf der rechten Seiten das dunkelgraue. Die Gleichung wird nach $g(x_z)$ aufgelöst und man erhält

$$f(x_z)\approx g(x_z)=f(x_1)+\frac{f(x_2)-f(x_1)}{x_2-x_1}(x_z-x_1)$$

als Näherung für den Funktionswert $f(x_z)$ zu einem Argument $x_z\in[a;b]$.

Die lineare Interpolation ist ein einfaches Verfahren, das nur einen geringen Rechenaufwand erfordert. Bessere Ergebnisse erzielt man allerdings mit aufwändigeren Verfahren: Bei einer quadratischen Interpolation beispielsweise wird die Gleichung einer quadratischen Funktion aufgrund von drei Wertepaaren ermittelt. Dies hat den Vorteil, dass hierbei die Krümmung der anzunähernden Funktion eingeht, wodurch die Näherung oftmals deutlich besser wird.

Beispiel 3.11

In Tabelle 3.3 ist die Dichte ρ (in g/cm^3) von Wasser in Abhängigkeit von der Temperatur T (in °C) gegeben, allerdings nur für ganzzahlige Werte von T. Gesucht ist jedoch die Dichte von Wasser bei der Temperatur 41,3 °C. Der Tabelle entnimmt man $\rho(41)=0,99183$ und $\rho(42)=0,99144$. Die lineare Interpolation liefert:

$$\rho(41,3)\approx\rho(41)+\frac{\rho(42)-\rho(41)}{42-41}(41,3-41)=0,99183+\frac{0,99144-0,99183}{1}\cdot0,3=$$

$$=0,99183-0,00012=0,99171$$

Demnach erhält man $0,99171$ g/cm^3 als Näherungswert für die Dichte von Wasser bei der Temperatur 41,3 °C.

Temperatur T in °C	Dichte ρ in g/cm^3
39	0,992598
40	0,99222
41	0,99183
42	0,99144
43	0,99104
44	0,99063

Tab. 3.3 Dichte von Wasser in Abhängigkeit von der Temperatur (Kuchling 1989, S. 596)

3.5 Regula falsi

Um die Nullstellen einer Funktion f zu bestimmen, ist die Gleichung $f(x) = 0$ zu lösen. Allerdings können nur manche Gleichungen durch algebraische Umformungen gelöst werden; für viele Gleichungen ist dies nicht möglich – es bleibt nur der Einsatz von Näherungsverfahren.

Ein solches Verfahren ist die Regula falsi. Von einer Funktion f weiß man, dass sie im Intervall $[x_1; x_2]$ genau eine Nullstelle x_0 besitzt. Dies liegt immer dann vor, wenn $f(x_1) \cdot f(x_2) < 0$ gilt, also $f(x_1)$ und $f(x_2)$ unterschiedliche Vorzeichen besitzen, und der Graph von f im Intervall $[x_1; x_2]$ keine Sprünge aufweist. Der Wert von x_0 ist jedoch nicht bekannt und soll deshalb näherungsweise berechnet werden.

Als Näherung für den Graphen von f wird die Gerade g durch die beiden gegebenen Punkte $(x_1 \mid f(x_1))$ und $(x_2 \mid f(x_2))$ herangezogen. Diese Gerade schneidet die x-Achse im Punkt $(x_n \mid 0)$, und x_n ist ein Näherungswert für x_0. Aus Abbildung 3.15 kann man die Beziehung

$$\frac{f(x_2) - f(x_1)}{x_2 - x_1} = \frac{0 - f(x_1)}{x_n - x_1}$$

ablesen: Dem Quotienten auf der linken Seite liegt das hellgraue Steigungsdreieck zugrunde, dem Quotienten auf der rechten Seite das dunkelgraue; ferner gilt $g(x_n) = 0$. Anschließend wird nach x_n aufgelöst, und

$$x_0 \approx x_n = x_1 - \frac{x_2 - x_1}{f(x_2) - f(x_1)} f(x_1)$$

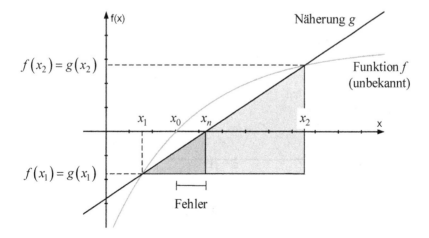

Abb. 3.15 Regula falsi

ist eine erste Näherung für x_0, die im Allgemeinen besser ist als x_1 und x_2. Wenn $f(x_n) = 0$ und damit $x_n = x_0$ gilt, hat das Verfahren den exakten Wert der Nullstelle geliefert. Wenn nicht, trifft genau einer der beiden Fälle zu:

- Die tatsächliche Nullstelle x_0 liegt im Intervall $[x_1; x_n]$. Dieser Fall lässt sich durch $f(x_1) \cdot f(x_n) < 0$ nachweisen. Dann kann das Verfahren für das Intervall $[x_1; x_n]$ wiederum durchgeführt werden.

- Die tatsächliche Nullstelle x_0 liegt im Intervall $[x_n; x_2]$. Dieser Fall lässt sich durch $f(x_n) \cdot f(x_2) < 0$ nachweisen. Dann kann das Verfahren für das Intervall $[x_n; x_2]$ wiederum durchgeführt werden.

Im angedeuteten nächsten Schritt erhält man einen neuen, im Allgemeinen genaueren Näherungswert für x_0, mit dem das Verfahren wiederum durchgeführt werden kann, und so weiter. Dies mündet letztlich in ein *Iterationsverfahren* zur näherungsweisen Bestimmung von x_0.

Beispiel 3.12

Gesucht sind die Nullstellen der Funktion f mit der Gleichung

$$f(x) = 0{,}125x^5 - 0{,}75x^4 + 0{,}625x^3 + 2x^2 - 1{,}5x - 0{,}5\,.$$

Dem Graphen (Abb. 3.16) lässt sich entnehmen, dass f im Intervall $[2;3]$ eine Nullstelle x_0 besitzt. Aufgrund von $f(2) = 1{,}5$ und $f(3) = -0{,}5$ ist auch das Kriterium $f(2) \cdot f(3) < 0$ erfüllt. Die Regula falsi liefert eine erste Näherung x_n für x_0:

$$x_0 \approx x_n = 2 - \frac{3-2}{f(3) - f(2)} f(2) = 2 - \frac{3-2}{-0{,}5 - 1{,}5} \cdot 1{,}5 = 2{,}75$$

Wenn die erste Näherung noch nicht genügt, gelangt die Regula falsi nochmals zum Einsatz: Da $f(2{,}75) = 0{,}26403\ldots$ und deshalb $f(2{,}75) \cdot f(3) < 0$ gilt, liegt x_0 im Intervall $[2{,}75; 3]$. Das Verfahren wird nun für dieses Intervall erneut durchgeführt, und so weiter.

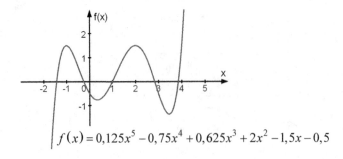

Abb. 3.16 Funktionsgraph und ungefähre Lage der Nullstellen

Die Regula falsi hilft nicht dabei, die Anzahl der Nullstellen einer Funktion zu ermitteln. Sie gibt lediglich einen Weg an, um für Nullstellen, von deren Existenz man weiß, einen Näherungswert zu berechnen.

Da sich jede Gleichung so umformen lässt, dass auf der rechten Seite 0 steht, kann die Regula falsi nicht nur zur Nullstellenbestimmung, sondern darüber hinaus auch zum näherungsweisen Lösen beliebiger Gleichungen einer Unbekannten eingesetzt werden.

Aufgaben

Aufgabe 3.1

Um den Schnittpunkt der Graphen zweier linearer Funktionen f und g mit den Gleichungen $f(x) = a_1 x + b_1$ und $g(x) = a_2 x + b_2$ mit $a_1, a_2, b_1, b_2 \in \mathbb{R}$ zu bestimmen, wählt man oft den Ansatz $a_1 x + b_1 = a_2 x + b_2$.

▨ Begründen Sie, dass dieser Ansatz die x-Koordinate des Schnittpunkts liefert.

▨ Zeigen Sie auf verschiedene Weise: Wenn $a_1 = a_2$ und $b_1 \neq b_2$ gilt, besitzen die beiden Geraden keinen Schnittpunkt.

Aufgabe 3.2

Für die beiden linearen Funktionen f und g mit den Gleichungen $f(x) = a_1 x + b_1$ und $g(x) = a_2 x + b_2$ mit $a_1, a_2, b_1, b_2 \in \mathbb{R}$ gilt: Ihre Graphen schneiden sich genau dann in einem rechten Winkel, wenn $a_1 \cdot a_2 = -1$.

▨ Beweisen Sie dies. Betrachten Sie dazu die Steigungsdreiecke der beiden linearen Funktionen.

▨ Bestimmen Sie die Gleichung der Senkrechten zur Geraden mit der Gleichung $f(x) = \frac{1}{3} x - 1$ im Punkt $(-12 \,|\, -5)$.

▨ Bestimmen Sie die Gleichung der Senkrechten zur Geraden mit der Gleichung $f(x) = a_1 x + b_1$ im Punkt $(x_0 \,|\, y_0)$.

Aufgabe 3.3

Zwei benachbarte Geraden in Abbildung 3.9 schließen einen Winkel von 22,5° ein. Bestimmen Sie die Gleichungen der Geraden; die nötigen Informationen über Winkelfunktionen finden Sie in den Abschnitten 9.2 und 9.3. Erzeugen Sie Abbildung 3.9 mit Hilfe eines CAS.

Aufgabe 3.4

Der Dreisatz wird häufig auch in folgender Form notiert:

$$:5 \; \Big(\quad \begin{array}{l} 25 \text{ kg} \triangleq 8,00 \text{ €} \\[4pt] 5 \text{ kg} \triangleq 1,60 \text{ €} \\[4pt] 15 \text{ kg} \triangleq 4,80 \text{ €} \end{array} \; \Big) \; :5$$

Erläutern Sie – vor dem Hintergrund der Eigenschaften proportionaler Funktionen – die Bedeutung der mit $:5$ und $\cdot 3$ beschrifteten Pfeile.

Aufgabe 3.5

Viele Modellierungen führen auf (abschnittsweise) lineare Funktionen.

■ In einem Parkhaus zahlt man je angefangener Stunde eine Parkgebühr von 1,50 € und maximal 9,00 € für einen Tag. Erstellen Sie eine Wertetabelle und einen Graphen für die Zuordnung Parkdauer $\mapsto$ Parkgebühr.

■ Im Baumarkt kostet eine Packung mit 25 Schrauben 1,29 €, eine Packung mit 100 Schrauben 2,89 € und eine Packung mit 500 Schrauben 7,49 €. Erstellen Sie einen Graphen und eine Funktionsgleichung für den günstigsten Preis in Abhängigkeit von der Stückzahl.

■ Geben Sie weitere Sachsituationen aus verschiedenen Bereichen an, die durch eine (abschnittsweise) lineare Funktion beschrieben werden können.

Aufgabe 3.6

In einem Unternehmen werden die gesamten Produktionskosten K in Abhängigkeit von der Produktionsmenge x betrachtet. Die Produktionskosten setzen sich üblicherweise zusammen aus einem Fixkostenanteil und variablen Kosten, die von der Produktionsmenge abhängen.

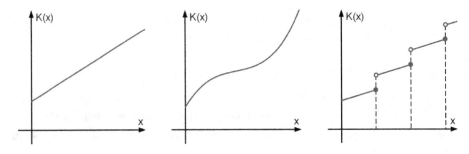

Abb. 3.17 Kostenfunktionen

- Abbildung 3.17 zeigt die Graphen für drei typische Kostenfunktionen. Interpretieren Sie den Verlauf der Graphen inhaltlich.

- Die Stückkosten k in Abhängigkeit von x erhält man gemäß

$$k(x) = \frac{K(x)}{x} \,.$$

Skizzieren Sie einen Graphen für $k(x)$ für jede der drei Kostenfunktionen.

Aufgabe 3.7

Sie legen ein Seil um einen Fußball ($\varnothing = 30$ cm), verlängern es um einen Meter und straffen es so, dass es wiederum einen Kreis bildet, der an jeder Stelle denselben Abstand zum Fußball besitzt. Kann dann eine Maus unter dem Seil durchschlüpfen?

Stellen Sie sich nun vor: Sie legen ein Seil entlang des Äquators um die Erdkugel ($\varnothing \approx 12\,700$ km), verlängern es um einen Meter und straffen es so, dass es wiederum einen Kreis bildet, der an jeder Stelle denselben Abstand zum Äquator besitzt. Kann dann eine Maus unter dem Seil durchschlüpfen?

- Beantworten Sie die Fragen zunächst ohne Rechnung durch Schätzung.

- Lösen Sie die Frage durch eine Rechnung: Stellen Sie den Umfang u einer Kugel (am Äquator) in Abhängigkeit vom Radius r dar: $u(r)$. Betrachten Sie nun unter dem Kovariationsaspekt, wie sich eine Änderung Δr auf eine Änderung Δu auswirkt, und umgekehrt, welche Änderung Δr nötig ist, um eine bestimmte Änderung Δu zu erzielen.

- Erläutern Sie an diesem Beispiel wesentliche Eigenschaften linearen Wachstums.

Aufgabe 3.8

Das Uhrzeiger-Problem: Zu welchen Uhrzeiten zwischen 0 Uhr und 12 Uhr stehen die zwei Zeiger einer Uhr genau übereinander?

- Überlegen Sie zunächst ohne Rechnung: Zu welchen Zeitpunkten stehen die beiden Uhrzeiger ungefähr übereinander? Wie oft passiert dies in 12 Stunden?

- Beschreiben Sie die Position der beiden Uhrzeiger in Abhängigkeit vom Drehwinkel. Stellen Sie einen Zusammenhang zwischen dem Drehwinkel und der jeweiligen Uhrzeit her. Was bedeutet dann das Übereinanderstehen der Uhrzeiger?

- Ermitteln Sie den Zeitpunkt des ersten Übereinanderstehens nach 0 Uhr.

- Ermitteln Sie alle weiteren Zeitpunkte des Übereinanderstehens.

- Überprüfen Sie Ihre Lösung – hierzu gibt es verschiedene Möglichkeiten.

> Achilles läuft zwar zehnmal so schnell wie ich, aber wenn er mir nur 100 Meter Vorsprung gibt, wird er mich nie einholen! Denn bis Achilles die 100 Meter gelaufen ist, bin ich schon wieder 10 Meter weiter gelaufen, und bis Achilles die 10 Meter gelaufen ist, bin ich schon wieder einen Meter vorangekommen, und bis Achilles diesen einen Meter aufgeholt hat, bin ich schon wieder ..., und so fort. Ich werde also stets einen Vorsprung vor Achilles behalten!

Abb. 3.18 Achilles und die Schildkröte (Zeichnungen: © Felicitas Vogel)

Aufgabe 3.9

Der griechische Philosoph Aristoteles (384–322 v. Chr.) überlieferte die Erzählung von Achilles und der Schildkröte (Abb. 3.18).

- Stellen Sie für Achilles und die Schildkröte jeweils eine Gleichung für den Ort in Abhängigkeit von der Zeit auf.

- Zeichnen Sie für Achilles und die Schildkröte ein gemeinsames Zeit-Ort-Diagramm. Nehmen Sie hierzu sinnvolle Werte an. Verfolgen Sie die Argumentation der Schildkröte in diesem Diagramm.

- Wie können Sie die Argumentation der Schildkröte widerlegen?

4 Quadratische Funktionen

Die quadratischen Funktionen sind an Eigenschaften reicher als die bislang behandelten linearen, und so bilden sie den Anlass, neue Begriffe einzuführen. Dies spiegelt sich auch im Aufbau von Kapitel 4 wider: Zu Beginn, gleichsam als ein Vorspann, steht die Herleitung der Lösungsformel für quadratische Gleichungen (Abschn. 4.1). Daran schließen sich die Definition und die Behandlung der Eigenschaften quadratischer Funktionen an (Abschn. 4.2), und es wird aufgezeigt, wie sich die Eigenschaften der zugehörigen Graphen aus den Koeffizienten der Funktionsgleichung ableiten lassen (Abschn. 4.3). Anschließend werden die Begriffe (streng) monoton wachsend und fallend (Abschn. 4.4) sowie globale und lokale Extrema (Abschn. 4.5) eingeführt, die im weiteren Verlauf auch für andere Funktionen von Bedeutung sind.

4.1 Quadratische Gleichungen

Vorab sind einige Vereinbarungen über Bezeichnungen und Schreibweisen nötig.

Die *Betragsfunktion* ist wie folgt definiert:

$$f(x) = |x| = \begin{cases} x & \text{für } x \geq 0 \\ -x & \text{für } x < 0 \end{cases}$$

Offensichtlich gilt für den maximalen Definitionsbereich $D = \mathbb{R}$ und für den Wertebereich $W = \mathbb{R}_{\geq 0}$. Den Graphen der Betragsfunktion zeigt Abbildung 4.1.

Abb. 4.1 Graph der Betragsfunktion

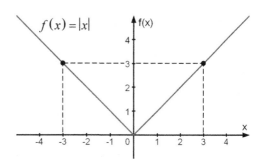

© Springer-Verlag GmbH Deutschland, ein Teil von Springer Nature 2019
G. Wittmann, *Elementare Funktionen und ihre Anwendungen*, Mathematik Primarstufe und Sekundarstufe I + II, https://doi.org/10.1007/978-3-662-58060-8_4

Die Gleichung $|x| = a$ mit $a \in \mathbb{R}$ hat für $a > 0$ die beiden Lösungen $x = a$ und $x = -a$, für $a = 0$ die Lösung $x = 0$ sowie für $a < 0$ keine Lösung.

Beispiel 4.1

Für die Betragsfunktion mit der Gleichung $f(x) = |x|$ gilt somit $f(3) = |3| = 3$ und $f(-3) = |-3| = 3$. Die Gleichung $|x| = 3$ lässt sich als die Suche nach den Argumenten der Betragsfunktion zum Funktionswert $f(x) = 3$ deuten (Abb. 4.1). Sie besitzt die beiden Lösungen $x = 3$ und $x = -3$, oft auch kurz als $x = \pm 3$ geschrieben.

Für $r \in \mathbb{R}_{>0}$ wird mit $\sqrt{r}$ die nichtnegative Lösung der Gleichung $x^2 = r$ bezeichnet. Für $r \in \mathbb{R}_{>0}$ ist die Gleichung $x^2 = r$ äquivalent zur Gleichung $|x| = \sqrt{r}$ und besitzt die beiden Lösungen $x = \sqrt{r}$ und $x = -\sqrt{r}$.

Beispiel 4.2

Die Gleichung $x^2 = 9$ ist äquivalent zur Gleichung $|x| = \sqrt{9} = 3$; sie hat die beiden Lösungen $x = 3$ und $x = -3$.

Beispiel 4.3

$\sqrt{7}$ steht für die nichtnegative Lösung der Gleichung $x^2 = 7$. Es gilt jedoch auch

$$\left(-\sqrt{7}\right)^2 = 7,$$

und deshalb ist $-\sqrt{7}$ eine weitere Lösung dieser Gleichung. Da $\sqrt{7} > 0$ äquivalent ist zu $-\sqrt{7} < 0$ folgt, handelt es sich um eine negative Lösung.

Um die quadratische Gleichung $ax^2 + bx + c = 0$ mit $a, b, c \in \mathbb{R}$, $a \neq 0$, zu lösen, gibt es prinzipiell zwei Wege:

- Dem *Nullwerden eines Produkts* liegt zugrunde, dass ein Produkt $F_1 \cdot F_2$, dessen Faktoren beliebige Terme F_1 und F_2 sind, genau dann gleich 0 ist, wenn mindestens einer der beiden Faktoren gleich 0 ist. Das Ziel ist also, den Term auf der linken Seite der quadratischen Gleichung zu *faktorisieren* (in ein Produkt umzuformen).

- Ein *beidseitiges Wurzelziehen* beruht darauf, dass zunächst die Gleichung so umgeformt wird (oftmals mittels *quadratischer Ergänzung*), dass auf beiden Seiten quadratische Terme stehen, aus denen dann jeweils die Wurzel gezogen werden kann.

Beide Wege werden zunächst in Beispiel 4.4 für die Gleichung $x^2 + bx = 0$ und anschließend in Beispiel 4.5 für die Gleichung $x^2 + c = 0$ veranschaulicht.

Beispiel 4.4

Das Nullwerden eines Produkts ist im Fall der Gleichung $x^2 + bx = 0$ der kürzere Lösungsweg:

$$x^2 + bx = 0$$
$$x(x + b) = 0$$
$$x = 0 \quad \text{oder} \quad x = -b$$

Nun zur Lösung derselben Gleichung mittels beidseitigem Wurzelziehen: Im Sinne der quadratischen Ergänzung wird auf beiden Seiten der Term

$$\left(\frac{b}{2}\right)^2$$

addiert, so dass die linke Seite gemäß der ersten binomischen Formel als Quadrat geschrieben werden kann:

$$x^2 + bx = 0$$
$$x^2 + bx + \left(\frac{b}{2}\right)^2 = \left(\frac{b}{2}\right)^2$$
$$\left(x + \frac{b}{2}\right)^2 = \left(\frac{b}{2}\right)^2$$

Jetzt kann das Wurzelziehen erfolgen – es führt zu einer Betragsgleichung:

$$\left|x + \frac{b}{2}\right| = \left|\frac{b}{2}\right|$$

An dieser Stelle sind eigentlich vier Fälle zu unterscheiden:

- 1. Fall: $x + \dfrac{b}{2} = \dfrac{b}{2}$
- 2. Fall: $x + \dfrac{b}{2} = -\dfrac{b}{2}$
- 3. Fall: $-\left(x + \dfrac{b}{2}\right) = \dfrac{b}{2}$
- 4. Fall: $-\left(x + \dfrac{b}{2}\right) = -\dfrac{b}{2}$

Jeweils zwei der vier Fälle (der 1. und der 4. sowie der 2. und der 3.) führen aber auf dieselbe Lösung, so dass letztlich nur zwei Fälle übrig bleiben.

$$x + \frac{b}{2} = \frac{b}{2} \quad \text{oder} \quad x + \frac{b}{2} = -\frac{b}{2}$$
$$x = 0 \quad \text{oder} \quad x = -b$$

Die Gleichung $x^2 + bx = 0$ besitzt die beiden Lösungen $x = 0$ und $x = -b$, die für $b = 0$ zu einer einzigen Lösung zusammenfallen.

Beispiel 4.5

Zur Lösung der Gleichung $x^2 + c = 0$ wird zunächst das Nullwerden eines Produkts gezeigt, wobei dieser Weg nur unter der Bedingung $c \leq 0$ möglich ist.

$$x^2 + c = 0$$
$$x^2 - (-c) = 0$$
$$\left(x + \sqrt{-c}\right)\left(x - \sqrt{-c}\right) = 0$$
$$x = \sqrt{-c} \text{ oder } x = -\sqrt{-c}$$

Mittels beidseitigem Wurzelziehen verläuft der Weg zur Lösung dieser Gleichung wie folgt, wobei wiederum das Kriterium $c \leq 0$ als Voraussetzung erkennbar ist:

$$x^2 + c = 0$$
$$x^2 = -c$$
$$|x| = \sqrt{-c}$$
$$x = \sqrt{-c} \text{ oder } x = -\sqrt{-c}$$

Die Gleichung $x^2 + c = 0$ besitzt folglich für $c < 0$ die beiden Lösungen $x = \pm\sqrt{-c}$, für $c = 0$ die Lösung $x = 0$ und für $c > 0$ keine Lösung.

Um nun die allgemeine Gleichung $ax^2 + bx + c = 0$ mit $a, b, c \in \mathbb{R}$, $a \neq 0$, zu lösen, wird der erste Weg, das Nullwerden eines Produkts, gewählt (für den zweiten Weg, beidseitiges Wurzelziehen, s. Aufg. 4.1). Zuvor wird die Gleichung durch quadratische Ergänzung so umgeformt, dass der Term auf der linken Seite die Differenz zweier Quadrate ist. Hierfür wird der Term

$$\left(\frac{b}{2a}\right)^2$$

zunächst addiert und anschließend wieder subtrahiert:

$$ax^2 + bx + c = 0$$

$$x^2 + \frac{b}{a}x + \frac{c}{a} = 0$$

$$x^2 + \frac{b}{a}x + \left(\frac{b}{2a}\right)^2 - \left(\frac{b}{2a}\right)^2 + \frac{c}{a} = 0$$

$$\left(x + \frac{b}{2a}\right)^2 - \frac{b^2 - 4ac}{4a^2} = 0$$

$$\left(x + \frac{b}{2a}\right)^2 - \left(\frac{\sqrt{b^2 - 4ac}}{2|a|}\right)^2 = 0$$

An dieser Stelle ist eine Unterbrechung für zwei Überlegungen hilfreich.

▨ Die letzte Umformung ist nur unter der Bedingung $b^2 - 4ac \geq 0$ möglich; für $b^2 - 4ac < 0$ besitzt die Gleichung keine Lösung. Dies sieht man auch an einer Vorzeichenbetrachtung für die beiden Terme auf der linken Seite: Die Gleichung

$$\underbrace{\left(x + \frac{b}{2a}\right)^2}_{\geq 0} - \frac{b^2 - 4ac}{4a^2} = 0$$

besitzt nur dann eine Lösung, wenn die Bedingung

$$\frac{b^2 - 4ac}{4a^2} \geq 0$$

erfüllt ist. Da der Nenner $4a^2$ stets positiv ist, hat der gesamte Bruchterm dasselbe Vorzeichen wie der Zähler $b^2 - 4ac$. Also hat auch die ursprüngliche quadratische Gleichung nur dann eine Lösung, wenn die Bedingung $b^2 - 4ac \geq 0$ erfüllt ist.

▨ Anstelle des Terms

$$\left(\frac{\sqrt{b^2 - 4ac}}{2|a|}\right)^2$$

kann im Weiteren einfacher

$$\left(\frac{\sqrt{b^2 - 4ac}}{2a}\right)^2$$

geschrieben werden. Das Vorzeichen von a (und damit des Nenners $2a$) spielt keine Rolle, da der gesamte Bruchterm anschließend quadriert wird. Die beiden Fälle $a > 0$ und $a < 0$ führen letztlich jeweils wieder auf dieselben Gleichungen.

Die bislang vorliegende Gleichung zeigt nun die Struktur der dritten binomischen Formel und kann damit faktorisiert sowie weiter umgeformt werden:

$$\left(x + \frac{b}{2a}\right)^2 - \left(\frac{\sqrt{b^2 - 4ac}}{2a}\right)^2 = 0$$

$$\left(\left(x + \frac{b}{2a}\right) + \frac{\sqrt{b^2 - 4ac}}{2a}\right) \cdot \left(\left(x + \frac{b}{2a}\right) - \frac{\sqrt{b^2 - 4ac}}{2a}\right) = 0$$

$$\left(x + \frac{b + \sqrt{b^2 - 4ac}}{2a}\right) \cdot \left(x + \frac{b - \sqrt{b^2 - 4ac}}{2a}\right) = 0$$

An dieser Stelle zeigt sich schon, dass der Term $b^2 - 4ac$ darüber entscheidet, wie viele Lösungen die quadratische Gleichung $ax^2 + bx + c = 0$ hat. Er wird deshalb auch als *Diskriminante* bezeichnet. Doch zunächst weiter im formalen Lösungsweg: Ein Produkt ist dann gleich 0, wenn einer der beiden Faktoren gleich 0 ist. Daraus folgt:

$$x + \frac{b + \sqrt{b^2 - 4ac}}{2a} = 0 \quad \text{oder} \quad x + \frac{b - \sqrt{b^2 - 4ac}}{2a} = 0$$

$$x = -\frac{b + \sqrt{b^2 - 4ac}}{2a} \quad \text{oder} \quad x = -\frac{b - \sqrt{b^2 - 4ac}}{2a}$$

$$x = \frac{-b - \sqrt{b^2 - 4ac}}{2a} \quad \text{oder} \quad x = \frac{-b + \sqrt{b^2 - 4ac}}{2a}$$

Zusammenfassend lässt sich festhalten (im Hinblick auf die Nullstellen quadratischer Funktionen werden hier nur Lösungen in $\mathbb{R}$ betrachtet):

Satz 4.1 Die quadratische Gleichung $ax^2 + bx + c = 0$ mit $a, b, c \in \mathbb{R}$, $a \neq 0$, besitzt

- für $b^2 - 4ac > 0$ die beiden Lösungen $x = \dfrac{-b \pm \sqrt{b^2 - 4ac}}{2a}$,

- für $b^2 - 4ac = 0$ die Lösung $x = -\dfrac{b}{2a}$,

- für $b^2 - 4ac < 0$ keine Lösung.

4.2 Definition und Eigenschaften

Die bei den quadratischen Gleichungen gewonnenen Erkenntnisse werden nun auf quadratische Funktionen übertragen.

Definition 4.1 Eine Funktion f mit der Gleichung $f(x) = ax^2 + bx + c$ mit $a, b, c \in \mathbb{R}$, $a \neq 0$, heißt *quadratische Funktion*.

Die Einschränkung $a \neq 0$ ist notwendig, denn für $a = 0$ fällt der quadratische Term weg und man erhält eine lineare Funktion. Auch alle Funktionen, deren Term durch Ausmultiplizieren auf die Form $ax^2 + bx + c$ gebracht werden kann, insbesondere also Funktionen mit der Gleichung $f(x) = a(x - d)^2 + e$ mit $a, d, e \in \mathbb{R}$, $a \neq 0$, werden als quadratische Funktionen bezeichnet. Beide Formen sind nämlich äquivalent:

- Liegt die Gleichung in der Form $f(x) = a(x - d)^2 + e$ vor, kann man die Klammer ausmultiplizieren und einen Koeffizientenvergleich durchführen:

$$f(x) = a(x-d)^2 + e = ax^2 \underbrace{-2ad}_{b} x + \underbrace{ad^2 + e}_{c}$$

Es lassen sich die Beziehungen $b = -2ad$ und $c = ad^2 + e$ ablesen.

- Liegt umgekehrt die Gleichung in der Form $f(x) = ax^2 + bx + c$ vor, so kann durch Ausklammern von a und anschließende quadratische Ergänzung die Struktur der ersten binomischen Formel hergestellt werden.

$$f(x) = ax^2 + bx + c = a\left(x^2 + \frac{b}{a}x\right) + c = a\left(x^2 + \frac{b}{a}x + \left(\frac{b}{2a}\right)^2\right) - a\left(\frac{b}{2a}\right)^2 + c =$$

$$= a\left(x + \frac{b}{2a}\right)^2 - \frac{b^2}{4a} + c$$

Ein Koeffizientenvergleich liefert:

$$d = -\frac{b}{2a} \text{ und } e = -\frac{b^2}{4a} + c$$

Natürlich hätte man diese Beziehungen auch durch das Auflösen obiger Gleichungen für b und c nach d und e erhalten können.

Da die Gleichung einer quadratischen Funktion sowohl in der Form $f(x) = ax^2 + bx + c$ als auch in der Form $f(x) = a(x-d)^2 + e$ geschrieben werden kann, wird im Folgenden jeweils mit jener Darstellung gearbeitet, an der sich die zu untersuchenden Eigenschaften besser ablesen lassen.

Überträgt man Satz 4.1 über die Lösbarkeit quadratischer Gleichungen auf die Nullstellen quadratischer Funktionen, so folgt:

Satz 4.2 Die quadratische Funktion f mit der Gleichung $f(x) = ax^2 + bx + c$ mit $a, b, c \in \mathbb{R}$, $a \neq 0$, besitzt

- für $b^2 - 4ac > 0$ die beiden Nullstellen $x = \dfrac{-b \pm \sqrt{b^2 - 4ac}}{2a}$,

- für $b^2 - 4ac = 0$ die Nullstelle $x = -\dfrac{b}{2a}$,

- für $b^2 - 4ac < 0$ keine Nullstelle.

Äquivalent zu Satz 4.2 ist nachfolgender Satz 4.3 – man kann jeweils einen Satz aus dem anderen herleiten (siehe auch Aufg. 4.3).

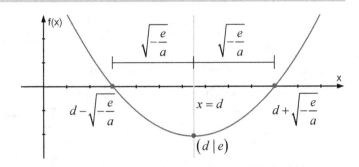

Abb. 4.2 Lage der beiden Nullstellen einer quadratischen Funktion

Satz 4.3 Die quadratische Funktion f mit der Gleichung $f(x) = a(x-d)^2 + e$ mit $a, d, e \in \mathbb{R}$, $a \neq 0$, besitzt

- für $\dfrac{e}{a} < 0$ die beiden Nullstellen $x = d \pm \sqrt{-\dfrac{e}{a}}$,

- für $e = 0$ die Nullstelle $x = d$,

- für $\dfrac{e}{a} > 0$ keine Nullstelle.

Wenn zwei verschiedene Nullstellen existieren, dann lässt sich ihr Term

$$d \pm \sqrt{-\frac{e}{a}}$$

in Bezug auf den Funktionsgraphen deuten (Abb. 4.2): Die beiden Nullstellen liegen jeweils im Abstand

$$\sqrt{-\frac{e}{a}}$$

links und rechts der Geraden mit der Gleichung $x = d$. Je kleiner e wird, desto geringer wird auch der Abstand der beiden Nullstellen, bis sie schließlich für $e = 0$ ganz zusammenfallen. Hier zeigt sich schon, dass der Graph einer quadratischen Funktion symmetrisch bezüglich der Geraden mit der Gleichung $x = d$ ist, was später in Abschnitt 5.3 vertieft wird.

Bezüglich des Kovariationsaspekts erhält man für quadratische Funktionen:

Satz 4.4   Für eine quadratische Funktion f mit der Gleichung $f(x) = ax^2$ mit $a \in \mathbb{R} \setminus \{0\}$ gilt: $f(rx) = r^2 \cdot f(x)$ für alle $x \in \mathbb{R}$.

Beweis: $f(rx) = a(rx)^2 = ar^2x^2 = r^2(ax^2) = r^2 \cdot f(x)$ für alle $x \in \mathbb{R}$. ◄

Abb. 4.3 Kovariationsaspekt einer quadratischen Funktion

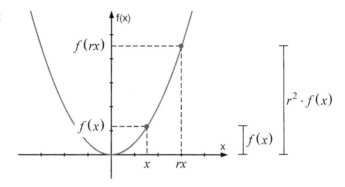

Eine Ver-r-fachung des Arguments bewirkt bei einer quadratischen Funktion stets eine Ver-r^2-fachung des Funktionswerts. Oder kurz: Dem r-fachen Argument wird der r^2-fache Funktionswert zugeordnet (Abb. 4.3).

Beispiel 4.6

Betrachtet wird der freie Fall eines Körpers (unter Vernachlässigung des Luftwiderstandes). Für die Höhe h (in m), die der Körper zum Zeitpunkt t (in s) nach dem Loslassen zurückgelegt hat, gilt die Gleichung

$$h(t) = \tfrac{1}{2} g t^2 \text{ mit } g = 9{,}81 \ \frac{\text{m}}{\text{s}^2},$$

wobei als Konstante noch die Fallbeschleunigung g auf der Erde eingeht. Tabelle 4.1 zeigt: Eine Verdoppelung von t zieht eine Vervierfachung von v nach sich und eine Verdreifachung von t eine Verneunfachung von v.

t (in s)	h (in m)
0	0,0
1	4,9
2	19,6
3	44,1
4	78,5
5	122,6
6	176,6

$\cdot 3$ $\cdot 9$ $\cdot 2$ $\cdot 4$

Tab. 4.1 Zusammenhang von Fallzeit und Fallhöhe beim freien Fall

Um die Tiefe eines Brunnenschachtes abzuschätzen, wirft man oft einen Stein hinunter und ermittelt die Zeit bis zum Aufschlagen auf das Wasser durch Zählen der Sekunden. Ist die Zeit bei einem Schacht beispielsweise doppelt so lang wie bei einem anderen, entspricht dem die vierfache Tiefe.

4.3 Graphen quadratischer Funktionen

Der Graph der Funktion f mit der Gleichung $f(x) = a(x-d)^2 + e$ ist stets eine *Parabel*; der Punkt $(d\,|\,e)$ gibt den *Scheitel* der Parabel an. Der Graph der Funktion f mit der Gleichung $f(x) = x^2$ ist eine *Normalparabel*, deren Scheitel im Koordinatenursprung liegt. Allerdings ist nicht jede Parabel ein Funktionsgraph im üblichen x-y-Koordinatensystem. Die Bezeichnung Parabel steht vielmehr allgemein für die Menge aller Punkte, die den gleichen Abstand von einer Geraden und einem Punkt besitzen. So handelt es sich bei der als Ortslinie konstruierten Kurve (Menge aller Punkte, die von der Geraden g und dem Punkt F denselben Abstand besitzen) in Abbildung 4.4 rechts zwar um eine Parabel, jedoch nicht um den Graphen einer quadratischen Funktion – so wie nicht jede Gerade der Graph einer linearen Funktion ist (Abb. 3.9).

Im Folgenden wird gezeigt, wie sich der Graph einer quadratischen Funktion mit der Gleichung $f(x) = a(x-d)^2 + e$ schrittweise aus der Normalparabel herleiten lässt:

- Der Graph der Funktion g mit der Gleichung $g(x) = x^2$ besteht aus allen Punkten $(x\,|\,x^2)$ und der Graph der Funktion f mit der Gleichung $f(x) = ax^2$ aus allen Punkten $(x\,|\,ax^2)$.

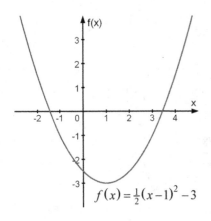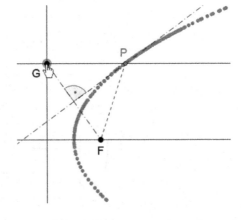

Abb. 4.4 Parabel als Funktionsgraph (links) und als Ortslinie (rechts, Konstruktion mit GeoGebra)

Abb. 4.5 Dehnung oder
Stauchung einer Parabel
für positive Faktoren

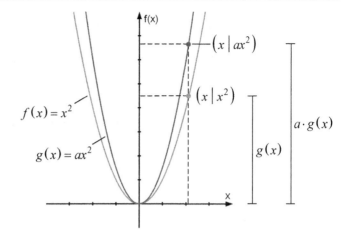

Abb. 4.6 Dehnung oder
Stauchung einer Parabel
für negative Faktoren

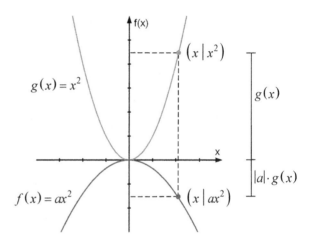

Die Funktion f nimmt für alle $x \in \mathbb{R}$ den a-fachen Funktionswert der Funktion g an, so dass gilt $f(x) = a \cdot g(x)$. Für $a > 0$ entsteht der Graph von f aus dem Graphen von g durch eine Dehnung oder Stauchung um den Faktor a in y-Richtung (Abb. 4.5) und für $a < 0$ entsteht der Graph von f aus dem Graphen von g durch eine Dehnung oder Stauchung um den Faktor $|a|$ in y-Richtung und eine Spiegelung an der x-Achse (Abb. 4.6).

▨ Der Graph der Funktion g mit der Gleichung $g(x) = ax^2$ besteht aus allen Punkten $\left(x \mid ax^2\right)$ und der Graph der Funktion f mit der Gleichung $f(x) = ax^2 + e$ aus allen Punkten $\left(x \mid ax^2 + e\right)$.

Die Funktionswerte von g und f unterscheiden sich für alle $x \in \mathbb{R}$ um e, so dass gilt $f(x) = g(x) + e$. Der Graph von f geht aus dem Graphen von g durch eine Verschiebung um e in Richtung der y-Achse hervor (Abb. 4.7).

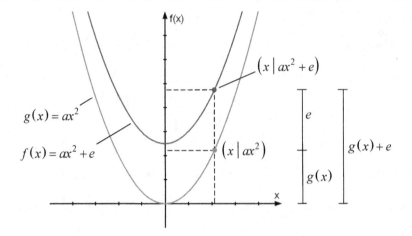

Abb. 4.7 Verschiebung einer Parabel in *y*-Richtung

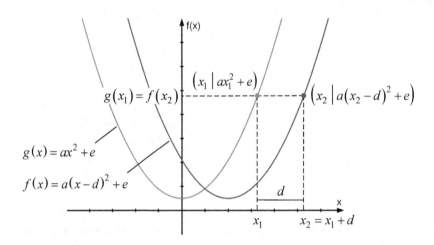

Abb. 4.8 Verschiebung einer Parabel in *x*-Richtung

▪ Der Graph der Funktion g mit der Gleichung $g(x) = ax^2 + e$ besteht aus allen Punkten $(x \mid ax^2 + e)$ und der Graph der Funktion f mit der Gleichung

$$f(x) = a(x-d)^2 + e$$

besteht aus allen Punkten $(x \mid a(x-d)^2 + e)$.

Wenn g an der Stelle x_1 den Funktionswert $g(x_1)$ besitzt, dann nimmt f an der Stelle $x_2 = x_1 + d$ denselben Wert an. Folglich gilt $f(x+d) = g(x)$ für alle $x \in \mathbb{R}$ und der Graph von f geht aus dem Graphen von g durch eine Verschiebung um d in Richtung der x-Achse hervor (Abb. 4.8).

Abb. 4.9 Anwendung der Schablone für die Normalparabel zum Zeichnen der Graphen anderer quadratischer Funktionen

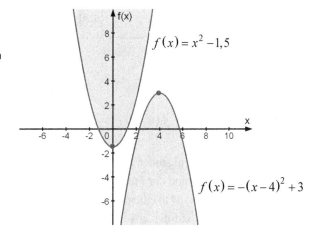

$$f(x) = x^2 - 1{,}5$$

$$f(x) = -(x-4)^2 + 3$$

Die beiden Koeffizienten d und e bewirken eine *Verschiebung* der Parabel relativ zur Normalparabel: um d in x-Richtung, um e in y-Richtung. Nur der Koeffizient a wirkt sich auf die Form der Parabel aus: Er bestimmt ihre *Öffnung*:

- Für $a > 0$ ist die Parabel nach oben geöffnet, für $a < 0$ nach unten.

- Für $|a| > 1$ ist die Parabel „schlanker" als die Normalparabel, die Öffnung ist geringer, ihr Graph verläuft steiler. Für $|a| < 1$ ist die Parabel „breiter" als die Normalparabel, die Öffnung ist größer, ihr Graph verläuft flacher.

Die Graphen aller Funktionen mit der Gleichung $f(x) = \pm(x-d)^2 + e$, also für $|a| = 1$, sind folglich kongruent (deckungsgleich) zur Normalparabel. Sie können deshalb mit derselben Schablone gezeichnet werden, die am Scheitel mit den Koordinaten $(d \mid e)$ angelegt wird (Abb. 4.9).

4.4 (Streng) monoton wachsend und fallend

Bei der Betrachtung einer Funktion f unter dem Kovariationsaspekt lautet eine der zentralen Fragen: Wie ändert sich $f(x)$, wenn x wächst? Um diese Frage zu beantworten, betrachtet man zwei Argumente x_1 und x_2 mit $x_2 > x_1$: Wenn $f(x_2) > f(x_1)$, dann wächst der Funktionswert von x_1 nach x_2, und wenn $f(x_2) < f(x_1)$, dann fällt der Funktionswert von x_1 nach x_2. Dies ist zunächst nur eine Aussage für den punktuellen Vergleich der beiden Wertepaare $(x_1 \mid f(x_1))$ und $(x_2 \mid f(x_2))$. Was zwischen x_1 und x_2 passiert, bleibt außer Acht – hier können unterschiedlichste Auf- und Abwärtsbewegungen des Funktionswerts stattfinden oder sogar Definitionslücken auftreten. Wenn in einem bestimmten Bereich ein ständiges, ein ununterbrochenes Wachsen oder Fallen vorliegt, dann

$]-\infty;b]$ $]a;b]$ $]a;\infty[$

Abb 4.10 Beispiele für Intervalle

muss $f(x_2) > f(x_1)$ oder $f(x_2) < f(x_1)$ für alle x_1 und x_2 mit $x_2 > x_1$ in diesem Bereich gelten.

Dieser Aspekt wird im Folgenden formalisiert, mit dem Ziel, das Verhalten von $f(x)$ in Abhängigkeit von x anhand der Funktionsgleichung nachweisen zu können. Hierzu werden die Eigenschaften von f in einem *Intervall* betrachtet (Abb. 4.10): Ein Intervall ist eine Teilmenge von $\mathbb{R}$, die auf der x-Achse als Strecke oder Halbgerade dargestellt werden kann. Ob die Endpunkte jeweils zum Intervall gehören, lässt sich der Bezeichnung entnehmen.

Definition 4.2 Eine Funktion f heißt

- auf einem Intervall $I \subset D$ *monoton wachsend*, wenn für alle $x_1, x_2 \in I$ mit $x_2 > x_1$ stets $f(x_2) \geq f(x_1)$ gilt,

- auf einem Intervall $I \subset D$ *streng monoton wachsend*, wenn für alle $x_1, x_2 \in I$ mit $x_2 > x_1$ stets $f(x_2) > f(x_1)$ gilt,

- auf einem Intervall $I \subset D$ *monoton fallend*, wenn für alle $x_1, x_2 \in I$ mit $x_2 > x_1$ stets $f(x_2) \leq f(x_1)$ gilt,

- auf einem Intervall $I \subset D$ *streng monoton fallend*, wenn für alle $x_1, x_2 \in I$ mit $x_2 > x_1$ stets $f(x_2) < f(x_1)$ gilt.

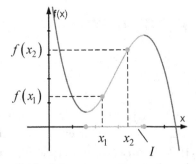

f ist in I streng monoton wachsend

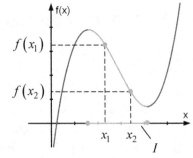

f ist in I streng monoton fallend

Abb. 4.11 Graph einer Funktion, die streng monoton wachsend (links) bw. fallend (rechts) ist

Die Formulierung „streng monoton wachsend" bedeutet, dass die Funktion im Intervall I unaufhörlich wächst – es gibt keine Unterbrechung des Wachstums, also keine Stelle im Intervall I, an der sie nicht wächst (Abb. 4.11). Die Eigenschaft „monoton wachsend" ist schwächer. Sie besagt lediglich, dass sich das Wachstum nicht umkehrt. Eine auf einem Intervall I monoton wachsende Funktion fällt niemals, kann jedoch durchaus in einem Teilintervall von I konstant sein.

Um zu prüfen, ob eine Funktion streng monoton wachsend oder fallend ist, betrachtet man das Vorzeichen der Differenz $f(x_2) - f(x_1)$. Gilt etwa $f(x_2) - f(x_1) < 0$ für alle $x_1, x_2 \in I$ mit $x_2 > x_1$ gilt, dann folgt $f(x_2) < f(x_1)$, und f ist in I streng monoton fallend. In allen anderen Fällen geht man entsprechend vor.

Satz 4.5 Eine lineare Funktion f mit der Gleichung $f(x) = ax + b$ mit $a, b \in \mathbb{R}$ ist

■ für $a < 0$ in $\mathbb{R}$ streng monoton fallend,

■ für $a = 0$ in $\mathbb{R}$ sowohl monoton wachsend als auch monoton fallend,

■ für $a > 0$ in $\mathbb{R}$ streng monoton wachsend.

Beweis: Für $x_1, x_2 \in \mathbb{R}$ mit $x_2 > x_1$ gilt:

$$f(x_2) - f(x_1) = (ax_2 + b) - (ax_1 + b) = ax_2 - ax_1 = a\underbrace{(x_2 - x_1)}_{> 0} \begin{cases} < 0 & \text{für } a < 0 \\ = 0 & \text{für } a = 0 \\ > 0 & \text{für } a > 0 \end{cases}$$

Die Differenz $ax_2 - ax_1$ wird durch das Ausklammern von a in ein Produkt umgeformt, dessen Vorzeichen sich gut ablesen lässt. Nach Definition 4.2 folgt hieraus Satz 4.5. Insbesondere gilt: Eine konstante Funktion ist in $\mathbb{R}$ sowohl monoton wachsend als auch monoton fallend, es gibt jedoch kein Intervall, in dem sie streng monoton wachsend oder streng monoton fallend ist. ◀

Satz 4.6 Eine quadratische Funktion f mit der Gleichung $f(x) = a(x - d)^2 + e$ mit $a, d, e \in \mathbb{R}$, $a \neq 0$, ist

■ für $a > 0$ in $]-\infty; d]$ streng monoton fallend und in $[d; +\infty[$ streng monoton wachsend,

■ für $a < 0$ in $]-\infty; d]$ streng monoton wachsend und in $[d; +\infty[$ streng monoton fallend.

Beweis: Zu überprüfen ist das Vorzeichen der Differenz $f(x_2) - f(x_1)$ für $x_1, x_2 \in \mathbb{R}$ mit $x_2 > x_1$. Hierzu wird diese Differenz entsprechend der dritten binomischen Formel faktorisiert:

$$
\begin{aligned}
f(x_2) - f(x_1) &= \left(a(x_2 - d)^2 + e\right) - \left(a(x_1 - d)^2 + e\right) = \\
&= a\left((x_2 - d)^2 - (x_1 - d)^2\right) = \\
&= a\left((x_2 - d) + (x_1 - d)\right)\left((x_2 - d) - (x_1 - d)\right) = \\
&= a\left((x_2 - d) + (x_1 - d)\right)\underbrace{(x_2 - x_1)}_{> 0}
\end{aligned}
$$

Für das Vorzeichen des Terms in der ersten Klammer gilt:

$$
(x_2 - d) + (x_1 - d) \begin{cases} < 0 & \text{für } x_1, x_2 \in\,]-\infty; d] \\ > 0 & \text{für } x_1, x_2 \in [d; +\infty[\end{cases}
$$

Wegen $x_2 > x_1$ kann $x_1 = x_2 = d$ nicht eintreten und es gilt stets $(x_2 - d) + (x_1 - d) \neq 0$. Zusammen mit den Fallunterscheidungen bezüglich a folgt hieraus der Satz. ◄

In Satz 4.6 mag auf den ersten Blick erstaunen, dass eine Funktion in $]-\infty; d]$ streng monoton wachsend und in $[d; +\infty[$ streng monoton fallend ist, wo doch beide Intervalle den Wert d gemeinsam haben. Sofort taucht die Frage auf: Was passiert an dieser Stelle? Ist die Funktion in $x = d$ sowohl streng monoton fallend als auch streng monoton wachsend? Nein: Streng monoton fallend und wachsend sind Eigenschaften einer Funktion, die sich nicht auf eine einzelne Stelle beziehen, sondern auf ein ganzes Intervall. Hier kommt wieder der Kovariationsaspekt einer Funktion ins Spiel: Ob $f(x)$ wächst oder fällt, wenn x wächst, lässt sich nicht anhand eines einzelnen Wertepaares erkennen – dies wäre eine Beschränkung auf den Zuordnungsaspekt. Vielmehr ist ein größerer Bereich ins Auge zu fassen.

Gleichwohl zeigt sich im nächsten Abschnitt, dass die Stellen, an denen die Monotonie einer Funktion „umschlägt", eine besondere Bedeutung besitzen.

4.5 Globale und lokale Extrema

Für welche Argumente nimmt eine Funktion einen Extremwert (einen größten oder kleinsten Wert) an? Gibt es überhaupt eine solche Stelle? Die Betrachtung von Extremwertproblemen in Abschnitt 2.2 belegt die Relevanz dieser Fragen. Deshalb werden im Folgenden Kriterien hergeleitet, um sie anhand der Funktionsgleichung beantworten zu können.

In Bezug auf Extrema ist zu unterscheiden zwischen

▪ einem *globalen Extremum*, das sich auf alle Funktionswerte (den gesamten Wertebereich von *f*) bezieht,

▪ einem *lokalen Extremum*, das sich gegenüber den Funktionswerten in seiner Umgebung auszeichnet, wobei nicht ausgeschlossen ist, dass es außerhalb der Umgebung noch größere oder noch kleinere Funktionswerte geben kann. Diese anschauliche Beschreibung wird in den Definitionen 4.5 und 4.6 noch präziser gefasst.

Zunächst werden globale Extrema betrachtet: Ob an einer Stelle $x_0 \in D$ ein globales Extremum vorliegt, ergibt sich aus dem Vergleich von $f(x_0)$ mit allen anderen vorkommenden Funktionswerten. Ein globales Maximum ist der größte und ein globales Minimum der kleinste aller Funktionswerte.

Definition 4.3 Für eine Funktion *f* und $x_0 \in D$ heißt ein Funktionswert $f(x_0)$

▪ ein *globales Maximum*, wenn $f(x_0) \geq f(x)$ für alle $x \in D$,

▪ ein *globales Minimum*, wenn $f(x_0) \leq f(x)$ für alle $x \in D$.

Jede Funktion kann höchstens ein globales Maximum und höchstens ein globales Minimum besitzen, dieses jedoch an mehreren Stellen annehmen. Eine Funktion muss aber keine globalen Extrema annehmen. Speziell für eine quadratische Funktion gilt:

Satz 4.7 Eine quadratische Funktion *f* mit der Gleichung $f(x) = a(x-d)^2 + e$ mit $a, d, e \in \mathbb{R}$ besitzt in $x_0 = d$

▪ für $a > 0$ ein globales Minimum,

▪ für $a < 0$ ein globales Maximum.

Beweis: Für alle $x \in D = \mathbb{R}$ gilt:

$$f(x) = a\underbrace{\underbrace{(x-d)^2}_{\geq 0} + e}_{\geq 0} \geq e \text{ für } a > 0 \text{ sowie } f(x) = a\underbrace{\underbrace{(x-d)^2}_{\geq 0} + e}_{\leq 0} \leq e \text{ für } a < 0$$

Mit $f(d) = e$ folgt daraus die Behauptung. ◂

Um die Frage nach dem Zusammenhang zwischen der Existenz globaler Extrema und dem Wertebereich einer Funktion klären zu können, wird zunächst in Definition 4.4 eine Teilmenge M von $\mathbb{R}$ betrachtet, und anschließend in Satz 4.8 der Wertebereich einer reellen Funktion.

Definition 4.4 Eine nichtleere Menge $M \subset \mathbb{R}$ heißt

■ *nach oben beschränkt*, wenn es ein $r_0 \in \mathbb{R}$ gibt, so dass $r \leq r_0$ für alle $r \in M$,

■ *nach unten beschränkt*, wenn es ein $r_0 \in \mathbb{R}$ gibt, so dass $r \geq r_0$ für alle $r \in M$.

Für den Wertebereich einer Funktion bedeutet dies:

Satz 4.8 Für den Wertebereich W einer Funktion f gilt:

■ Wenn f ein globales Maximum besitzt, dann ist W nach oben beschränkt.

■ Wenn f ein globales Minimum besitzt, dann ist W nach unten beschränkt.

Beweis: Wenn eine Funktion f in $x_0 \in D$ ein globales Maximum annimmt, dann gilt $f(x_0) \geq f(x)$ für alle $x \in D$, und W ist nach oben beschränkt. Wenn eine Funktion f in $x_0 \in D$ ein globales Minimum annimmt, dann gilt $f(x_0) \leq f(x)$ für alle $x \in D$, und W ist nach unten beschränkt. ◄

Die Umkehrung von Satz 4.8 gilt jedoch nicht, wie Beispiel 4.7 belegt.

Beispiel 4.7

In Abbildung 4.12 ist der Graph einer Funktion f dargestellt, deren Wertebereich $W = \,]{-}1;1[$ nach oben und unten beschränkt ist, da $-1 < f(x) < 1$ für alle $x \in \mathbb{R}$. Jedoch besitzt die Funktion keine globalen Extrema, da es keinen größten bzw. kleinsten Funktionswert gibt.

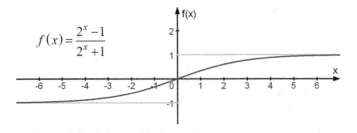

$$f(x) = \frac{2^x - 1}{2^x + 1}$$

Abb. 4.12 Graph einer Funktion, die nach oben und unten beschränkt ist, jedoch keine globalen Extrema besitzt

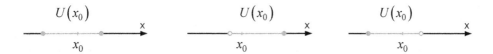

Abb. 4.13 Beispiele für Umgebungen

Die Definition lokaler Extrema erfolgt in ähnlicher Weise wie die globaler Extrema: Ob an einer Stelle $x_0 \in D$ ein lokales Extremum vorliegt, ergibt sich aus dem Vergleich von $f(x_0)$ mit den benachbarten Funktionswerten. Ein lokales Maximum ist der größte und ein lokales Minimum der kleinste Funktionswert, jeweils bezogen auf einen Bereich um x_0. Dieser Ansatz muss nur noch exakt formuliert werden. Zunächst gilt es, den Bereich um x_0 genauer zu fassen.

Definition 4.5 Für ein $x_0 \in \mathbb{R}$ heißt ein Intervall $U(x_0)$ eine *Umgebung* von x_0, wenn x_0 im Inneren des Intervalls liegt, also kein Randpunkt des Intervalls ist.

Hierbei ist nicht entscheidend, ob dieses Intervall offen oder geschlossen ist; es muss auch nicht symmetrisch um x_0 sein (Abb. 4.13).

Definition 4.6 Für eine Funktion f und $x_0 \in D$ heißt ein Funktionswert $f(x_0)$

■ ein *lokales Maximum*, wenn es eine Umgebung $U(x_0) \subset D$ so gibt, dass $f(x_0) \geq f(x)$ für alle $x \in U(x_0)$,

■ ein *lokales Minimum*, wenn es eine Umgebung $U(x_0) \subset D$ so gibt, dass $f(x_0) \leq f(x)$ für alle $x \in U(x_0)$.

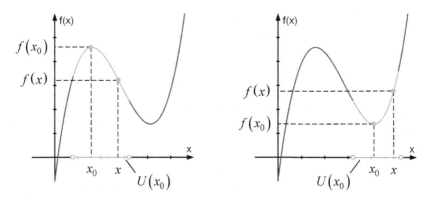

Abb. 4.14 Lokales Maximum (links) und lokales Minimum (rechts) einer Funktion

Definition 4.6 besagt: An einer Stelle x_0 liegt ein lokales Maximum vor, wenn es in einer Umgebung von x_0 keinen Funktionswert gibt, der größer als $f(x_0)$ ist, und ein lokales Minimum, wenn es in einer Umgebung von x_0 keinen Funktionswert gibt, der kleiner als $f(x_0)$ ist (Abb. 4.14). In Bezug auf den Punkt $(x_0 \mid f(x_0))$ spricht man dann auch von einem Hochpunkt bzw. Tiefpunkt des Funktionsgraphen.

Für lokale Maxima und Minima lassen sich folgende Eigenschaften festhalten:

▪ Jedes globale Extremum ist stets auch ein lokales Extremum, während die Umkehrung nicht gilt (s. die Funktionsgraphen in Abb. 4.14).

▪ Ein lokales Extremum kann nur an einer Stelle x_0 angenommen werden, die im Inneren des Definitionsbereichs D liegt, da nach Definition 4.6 eine Umgebung $U(x_0) \subset D$ existieren muss, was für ein x_0 am Rand von D nicht gegeben ist.

▪ Die Existenz eines lokalen Extremums ist eine Eigenschaft einer Funktion an einer Stelle x_0, während streng monoton wachsend bzw. fallend eine Eingeschaft in einem Intervall ist. Auch das Auftreten einer Nullstelle ist eine Eigenschaft einer Funktion an einer Stelle x_0. Anders als eine Nullstelle lässt sich ein lokales Extremum jedoch nur durch den Vergleich des Funktionswerts an der betreffenden Stelle x_0 mit den Funktionswerten in einer Umgebung von x_0 ermitteln.

Beispiel 4.8

Die Betragsfunktion mit der Gleichung $f(x) = |x|$ besitzt in $x_0 = 0$ mit $f(0) = 0$ ein globales Minimum, denn es gilt $f(0) \le f(x)$ für alle $x \in \mathbb{R}$. Dieses globale Minimum ist zugleich ein lokales Minimum. Es handelt sich dabei um ein isoliertes lokales Minimum, da $f(0) < f(x)$ für alle $x \in U(0) \backslash \{0\}$ erfüllt ist; es tritt also kein „Plateau" des Funktionsgraphen auf (s. Graph der Betragsfunktion in Abb. 4.1).

Beispiel 4.9

Eine konstante Funktion mit der Gleichung $f(x) = b$, $b \in \mathbb{R}$, deren Graph eine horizontale Gerade ist, besitzt in allen $x \in \mathbb{R}$ ein lokales Maximum, ein lokales Minimum, ein absolutes Maximum und ein absolutes Minimum.

Wie kann man nun konkret nachweisen, dass eine Funktion f an einer Stelle $x_0 \in D$ ein lokales Maximum oder Minimum besitzt? Hierzu wird ein Zusammenhang zwischen den Monotonieeigenschaften einer Funktion und der Existenz lokaler Extrema hergestellt: Die Funktion f hat an der Stelle x_0 ein lokales Maximum, wenn f links von x_0 monoton wachsend und rechts davon monoton fallend ist, und sie hat an der Stelle x_0 ein lokales Minimum, wenn f links von x_0 monoton fallend und rechts davon monoton wachsend ist (Abb. 4.15).

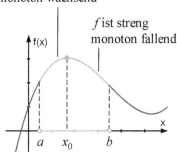

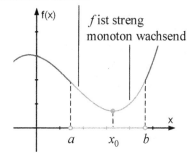

Abb. 4.15 Lokales Maximum (links) und lokales Minimum (rechts)

Dieser anschaulich formulierte Zusammenhang wird zu einem Kriterium für die Existenz lokaler Extrema präzisiert. Hierbei gilt es vor allem, die Angaben „links von" und „rechts von" mit Hilfe der Intervallschreibweise exakter zu fassen. Es genügt hierbei, wenn die Existenz eines solchen Intervalls nachgewiesen werden kann; wie groß dieses Intervall ist, spielt keine Rolle.

Satz 4.9 Eine Funktion f besitzt an der Stelle $x_0 \in D$

- ein lokales Maximum, wenn es um x_0 ein Intervall $]a;b[\subset D$ so gibt, dass f in $]a;x_0]$ monoton wachsend und in $[x_0;b[$ monoton fallend ist,
- ein lokales Minimum, wenn es um x_0 ein Intervall $]a;b[\subset D$ so gibt, dass f in $]a;x_0]$ monoton fallend und in $[x_0;b[$ monoton wachsend ist.

Beweis: Betrachtet wird eine Funktion f, für die es eine Umgebung $]a;b[\subset D$ so gibt, dass f in $]a;x_0]$ streng monoton wachsend und in $[x_0;b[$ streng monoton fallend ist. Zu prüfen ist das Verhalten von f in beiden Teilintervallen:

- Für alle $x \in]a;x_0[$ gilt $x < x_0$. Da f in $]a;x_0]$ streng monoton wachsend ist, folgt hieraus sofort $f(x) < f(x_0)$ für alle $x \in]a;x_0[$.
- Für alle $x \in]x_0;b[$ gilt $x_0 < x$. Da f in $[x_0;b[$ streng monoton fallend ist, folgt hieraus sofort $f(x_0) > f(x)$ für alle $x \in]x_0;b[$.

Zusammen bedeutet dies: $f(x_0) > f(x)$ für alle $x \in]a;b[\setminus \{x_0\}$. Da das Intervall $]a;b[$ eine Umgebung $U(x_0)$ ist, besitzt f in x_0 nach Definition 4.6 ein lokales Maximum. Das Kriterium für ein lokales Minimum kann analog bewiesen werden. ◂

Für quadratische Funktionen gilt:

Satz 4.10 Eine quadratische Funktion f mit der Gleichung $f(x) = a(x-d)^2 + e$ mit $a, d, e \in \mathbb{R}$ und $a \neq 0$ besitzt in $x_0 = d$ für $a > 0$ ein lokales und globales Minimum und für $a < 0$ ein lokales und globales Maximum.

Beweis: Die Funktion f ist nach Satz 4.6 für $a > 0$ in $]-\infty; d]$ streng monoton fallend und in $[d; +\infty[$ streng monoton wachsend. Deshalb nimmt sie nach Satz 4.9 in $x_0 = d$ ein lokales Minimum an. Für $a < 0$ verläuft die Argumentation analog. (Natürlich folgt der Satz auch unmittelbar aus Satz 4.7, da jedes absolute Extremum stets auch ein lokales ist.) ◂

Im Folgenden erweist es sich gelegentlich auch als nützlich, eine Aussage darüber treffen zu können, wann eine Funktion keine lokalen Extrema besitzt.

Satz 4.11 Wenn eine Funktion f in einem Intervall $I \subset D$ streng monoton wachsend oder fallend ist, dann nimmt sie in I keine lokalen Extrema an.

Beweis: Wenn eine Funktion f in einem Intervall $I \subset D$ streng monoton wachsend ist, dann gilt $f(x_2) > f(x_1)$ für alle $x_1, x_2 \in I$ mit $x_2 > x_1$. Folglich gibt es zu keinem $x_0 \in I$ eine Umgebung $U(x_0)$ so, dass $f(x_0) \geq f(x)$ beziehungsweise $f(x_0) \leq f(x)$ für alle $x \in U(x_0)$ gilt, und f nimmt in I weder ein lokales Maximum noch ein lokales Minimum an. Wenn eine Funktion f in einem Intervall $I \subset D$ streng monoton fallend ist, verläuft die Argumentation analog. ◂

Beispiel 4.10

Eine lineare Funktion mit der Gleichung $f(x) = ax + b$, $a, b \in \mathbb{R}$, besitzt für $a \neq 0$ nach Satz 4.11 keine lokalen Extrema, da f nach Satz 4.5 in $\mathbb{R}$ streng monoton wachsend oder fallend ist, abhängig vom Vorzeichen von a.

Der Nachweis lokaler Extrema gelingt wesentlich einfacher im Kalkül der Analysis über die erste und zweite Ableitung von f an der Stelle x_0 (s. Abschn. 10.3).

Aufgaben

Aufgabe 4.1

▨ Die Lösungsformel für die Gleichung $ax^2 + bx + c = 0$ mit $a, b, c \in \mathbb{R}$, $a \neq 0$, wird in Abschnitt 4.1 über das Nullwerden eines Produkts hergeleitet. Ermitteln Sie die Lösung der Gleichung $ax^2 + bx + c = 0$ mit $a, b, c \in \mathbb{R}$, $a \neq 0$, über das beidseitige Wurzelziehen.

▨ Ermitteln Sie die Lösung der Gleichung $x^2 + px + q = 0$ mit $p, q \in \mathbb{R}$ sowohl über das Nullwerden eines Produkts als auch über das beidseitige Wurzelziehen.

Aufgabe 4.2

Die zwei Lösungen einer quadratischen Gleichung $x^2 + px + q = 0$ mit $p, q \in \mathbb{R}$ sind (sofern sie existieren) von folgender Form:

$$x_1 = -\frac{p}{2} + \sqrt{\frac{p^2}{4} - q} \quad \text{und} \quad x_2 = -\frac{p}{2} - \sqrt{\frac{p^2}{4} - q}$$

▨ Zeigen Sie: Es gilt stets $x_1 + x_2 = -p$ und $x_1 \cdot x_2 = q$. Aus der Summe und dem Produkt beider Lösungen erhält man also die Koeffizienten der Gleichung. Dieser Sachverhalt wird als *Satz von Vieta* bezeichnet.

▨ Geben Sie mehrere quadratische Gleichungen an, die folgende Lösungen besitzen:

▨ $x_1 = 2$, $x_2 = -5$ ▨ $x_1 = \frac{2}{3}$, $x_2 = 0$ ▨ $x_1 = x_2 = -3$

▨ Umgekehrt lässt sich aus den Beziehungen $x_1 + x_2 = -p$ und $x_1 \cdot x_2 = q$ in einfachen Fällen durch Probieren die Lösung einer quadratischen Gleichung finden. Belegen Sie dies am Beispiel folgender Gleichungen:

▨ $x^2 + 5x - 6 = 0$ ▨ $x^2 + x - 6 = 0$ ▨ $x^2 + 2,5x - 1,5 = 0$

▨ $x^2 + 0,1x - 0,56 = 0$ ▨ $x^2 - x + \frac{1}{4} = 0$ ▨ $x^2 - \frac{3}{4}x + \frac{1}{8} = 0$

Aufgabe 4.3

Zeigen Sie, dass die Sätze 4.2 und 4.3 äquivalent sind.

▨ Erste Möglichkeit: Sie können die in Abschnitt 4.2 hergeleiteten Beziehungen

$$d = -\frac{b}{2a} \quad \text{und} \quad e = -\frac{b^2}{4a} + c$$

nutzen.

■ Als zweite Möglichkeit können Sie die quadratische Gleichung $a(x-d)^2 + e = 0$ mit $a, d, e \in \mathbb{R}$, $a \neq 0$, nach den beiden bekannten Verfahren (Nullwerden eines Produkts und beidseitiges Wurzelziehen) lösen.

Aufgabe 4.4

Eine quadratische Funktion mit der Gleichung $f(x) = a(x-d)^2 + e$ mit $a, d, e \in \mathbb{R}$, $a \neq 0$, hat genau dann zwei verschiedene Nullstellen, wenn folgende Bedingung erfüllt ist:

$$\frac{e}{a} < 0$$

■ Begründen Sie: Diese Bedingung ist gleichbedeutend damit, dass e und a unterschiedliche Vorzeichen besitzen.

■ Interpretieren Sie diese Bedingung für die Existenz von Nullstellen in Bezug auf den Funktionsgraphen. Erläutern Sie ferner, dass d keinen Einfluss auf die Existenz und die Anzahl von Nullstellen besitzt.

Aufgabe 4.5

In welchen Bereichen ist die Funktion f mit der Gleichung $f(x) = ax^2 + bx + c$ mit $a, b, c \in \mathbb{R}$, $a \neq 0$, streng monoton wachsend oder fallend? An welcher Stelle nimmt sie ein lokales Extremum an?

■ Sie können hierzu die Aussagen der Sätze 4.6 und 4.10 mit Hilfe der Beziehungen $b = -2ad$ und $c = ad^2 + e$ umformen.

■ Oder Sie übertragen die Überlegungen in den Beweisen der Sätze 4.6 und 4.10 auf die Funktionsgleichung $f(x) = ax^2 + bx + c$.

Aufgabe 4.6

Die Normalparabel mit der Gleichung $f(x) = x^2$ und die Winkelhalbierende im ersten und dritten Quadranten mit der Gleichung $g(x) = x$ besitzen die beiden Schnittpunkte $(0 \mid 0)$ und $(1 \mid 1)$. Wenn nun die Parabel immer flacher und die Gerade immer steiler wird, schneiden sie sich dann immer noch in zwei Punkten (Abb. 4.16)?

Allgemein formuliert: In wie vielen Punkten schneiden sich die Parabel mit der Gleichung $f(x) = ax^2$ mit $a \in \mathbb{R}_{>0}$ und die Gerade mit der Gleichung $g(x) = mx$ mit $m \in \mathbb{R}_{>0}$? Wie lässt sich das Ergebnis in Bezug auf die Graphen anschaulich deuten?

Abb. 4.16 Anzahl der Schnittpunkte einer Parabel, deren Scheitel im Ursprung liegt, und einer Ursprungsgeraden

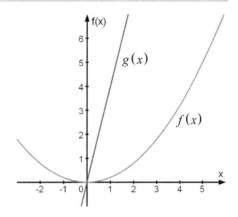

Aufgabe 4.7

Stellen Sie die Graphen der quadratischen Funktionen in einer Freihandskizze dar. Begründen Sie, wie die Graphen geometrisch auseinander hervorgehen. Anschließend können Sie Ihre Skizze mit einer CAS-Darstellung überprüfen.

▪ $f_1(x) = x^2 - 3$, $f_2(x) = (x-3)^2$ und $f_3(x) = (x-3)^2 - 1$

▪ $f_1(x) = 0,5x^2$, $f_2(x) = (0,5x)^2$, $f_3(x) = (0,5x-1)^2$ und $f_4(x) = 0,5(0,5x-1)^2$

▪ $f_1(x) = -x^2$, $f_2(x) = -(x-1)^2$, $f_2(x) = -(x+1)^2$ und $f_4(x) = -(x-1)^2 + 1$

Aufgabe 4.8

Der Graph der Funktion f mit der Gleichung $f(x) = (x-4)^2 - 1$ ist in Abbildung 4.17 dargestellt. Geben Sie jeweils die neue Funktionsgleichung an, wenn der Graph von f

▪ um 3 nach rechts und um 5 nach oben verschoben wird,

▪ an der x-Achse gespiegelt wird,

▪ an der Geraden mit der Gleichung $y = 5$ gespiegelt wird,

▪ an der y-Achse gespiegelt wird,

▪ an der Geraden mit der Gleichung $x = 5$ gespiegelt wird,

▪ am Koordinatenursprung gespiegelt wird,

▪ am Punkt $(-4 \mid 2)$ gespiegelt wird,

▪ an der Winkelhalbierenden mit der Gleichung $g(x) = x$ gespiegelt wird.

Abb. 4.17 Wie wirken sich Veränderungen
am Graphen auf die Funktionsgleichung aus?

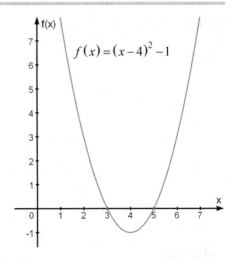

$$f(x) = (x-4)^2 - 1$$

Aufgabe 4.9

Bei folgenden quadratischen Funktionen kann man – ohne die Klammern aufzulösen
– sofort zwei Punkte ablesen, die zur Parabelachse symmetrisch liegen, und auf diese
Weise den Scheitel der Parabel bestimmen:

■ $f(x) = (x-1)(x-5)$ ■ $f(x) = -\frac{2}{3}(x+2)(x-4)$

■ $f(x) = (x+1)(x-3)+5$ ■ $f(x) = (4+2x)\left(3+\frac{1}{2}x\right)$

5 Potenzfunktionen

In Kapitel 5 werden – nach einer kurzen Darstellung der wichtigsten Regeln für das Rechnen mit Potenzen (Abschn. 5.1) – schwerpunktmäßig die Potenzfunktionen behandelt. Da ihre Eigenschaften abhängig sind vom Zahlbereich, aus dem der Exponent stammt, geschieht dies in drei Schritten: für positive ganzzahlige Exponenten (Abschn. 5.2), für Stammbrüche als Exponenten (Wurzelfunktionen, Abschn. 5.4), für negative ganzzahlige Exponenten (Abschn. 5.6). Zwei Einschübe beziehen sich auf die Symmetrie von Funktionsgraphen (Abschn. 5.3) und die Frage nach der Existenz und den Eigenschaften der Umkehrfunktion zu einer gegebenen Funktion (Abschn. 5.5).

Die Bezeichnung als Potenzfunktionen wird hierbei sehr weit gefasst: Es werden alle reellen Zahlen (ausgenommen 0) als Exponenten zugelassen. Dies ist in der Hochschulmathematik aufgrund gemeinsamer Eigenschaften (Ableitungsregel, Taylor-Entwicklung) und vereinheitlichender Sichtweisen verbreitet (vgl. Königsberger 2013; Forster 2016; Storch & Wiebe 2017), gegebenenfalls mit einer Einschränkung der Definitionsmenge auf $\mathbb{R}_{>0}$. In der Schulmathemathematik hingegen werden als Potenzfunktionen meist nur solche mit natürlichen Zahlen als Exponenten eingeordnet, während Funktionen, deren Term eine Potenz mit negativen ganzzahligen Exponenten ist, als rationale Funktionen betrachtet werden, ebenfalls aufgrund gemeinsamer Eigenschaften (wie der Existenz von Definitionslücken oder senkrechten und waagerechten Asymptoten).

5.1 Rechnen mit Potenzen

Vor der Behandlung der Potenzfunktionen stehen einige Überlegungen zu deren Termen: Wie lassen sich Potenzen definieren und welche Regeln gelten für das Rechnen mit Potenzen?

Den Ausgangspunkt bildet das Potenzieren als wiederholtes Multiplizieren. Man definiert:

$$a^n = \underbrace{a \cdot \ldots \cdot a}_{n\text{-mal}} \text{ für } a \in \mathbb{R} \text{ und } n \in \mathbb{N}$$

© Springer-Verlag GmbH Deutschland, ein Teil von Springer Nature 2019
G. Wittmann, *Elementare Funktionen und ihre Anwendungen*, Mathematik
Primarstufe und Sekundarstufe I + II, https://doi.org/10.1007/978-3-662-58060-8_5

Der Term a^n wird als *Potenz* bezeichnet, a als *Basis* und n als *Exponent*. Auf dieser Grundlage lassen sich die wichtigsten Regeln für das Rechnen mit Potenzen herleiten:

$$a^m \cdot a^n = \underbrace{a \cdot \ldots \cdot a}_{m\text{-mal}} \underbrace{a \cdot \ldots \cdot a}_{n\text{-mal}} = \underbrace{a \cdot \ldots \cdot a}_{(m+n)\text{-mal}} = a^{m+n} \text{ für } a \in \mathbb{R} \text{ und } m, n \in \mathbb{N}$$

$$\left(a^n\right)^m = \underbrace{\underbrace{a \cdot \ldots \cdot a}_{n\text{-mal}} \cdot \ldots \cdot \underbrace{a \cdot \ldots \cdot a}_{n\text{-mal}}}_{m\text{-mal}} = \underbrace{a \cdot \ldots \cdot a}_{(m \cdot n)\text{-mal}} = a^{m \cdot n} \text{ für } a \in \mathbb{R} \text{ und } m, n \in \mathbb{N}$$

$$(a \cdot b)^n = \underbrace{(a \cdot b) \ldots \cdot (a \cdot b)}_{n\text{-mal}} = \underbrace{a \cdot \ldots \cdot a}_{n\text{-mal}} \underbrace{b \cdot \ldots \cdot b}_{n\text{-mal}} = a^n \cdot b^n \text{ für } a, b \in \mathbb{R} \text{ und } n \in \mathbb{N}$$

Anschließend wird der Gültigkeitsbereich für den Exponenten schrittweise so erweitert, dass die bisherigen Rechengesetze erhalten bleiben. Zunächst werden auch ganzzahlige negative Exponenten zugelassen:

$$a^{-n} = \frac{1}{a^n} \text{ für } a \in \mathbb{R} \backslash \{0\} \text{ und } n \in \mathbb{N}$$

Hinzu kommt die Festlegung $a^0 = 1$ für $a \in \mathbb{R} \backslash \{0\}$. Die neuen Definitionen sind mit den bisherigen Rechenregeln verträglich. Zum Beispiel gilt:

$$a^n \cdot a^{-n} = a^{n+(-n)} = a^0 = 1 \text{ für } a \in \mathbb{R} \backslash \{0\} \text{ und } n \in \mathbb{N}$$

Ferner kann in der Regel

$$a^m : a^n = a^{m-n} \text{ für } a \in \mathbb{R} \backslash \{0\} \text{ und } m, n \in \mathbb{N}$$

auf die Voraussetzung $m > n$ verzichtet werden.

Für $a \in \mathbb{R}_{\geq 0}$ und $n \in \mathbb{N}$ wird mit $\sqrt[n]{a}$ die nichtnegative Lösung der Gleichung $x^n - a = 0$ bezeichnet. Die Festsetzung $a^{\frac{1}{n}} = \sqrt[n]{a}$ für $a \in \mathbb{R}_{\geq 0}$ und $n \in \mathbb{N}$ ist sinnvoll, da sie wegen

$$\left(a^{\frac{1}{n}}\right)^n = a^{n \cdot \frac{1}{n}} = a^1 = a$$

die bisherigen Regeln für das Rechnen mit Potenzen erfüllt. Hiermit können auch Stammbrüche als Exponenten zugelassen werden. Definiert man weiter

$$a^{\frac{m}{n}} = \sqrt[n]{a^m} \text{ für } a \in \mathbb{R}_{\geq 0} \text{ und } m, n \in \mathbb{N},$$

so gilt unter Anwendung der bekannten Rechenregeln

$$a^{-\frac{m}{n}} = \left(a^{\frac{m}{n}}\right)^{-1} = \left(\sqrt[n]{a^m}\right)^{-1} = \frac{1}{\sqrt[n]{a^m}} \text{ für } a \in \mathbb{R}_{>0} \text{ und } m, n \in \mathbb{N}.$$

Damit sind Potenzen a^r für alle rationalen Exponenten $r \in \mathbb{Q}$ definiert; die mögliche Basis hängt vom jeweiligen Exponenten ab. (Prinzipiell kann man den Bereich, dem die

Exponenten entstammen, auch auf $\mathbb{R}$ erweitern, allerdings ist dies nicht mehr auf elementare Weise möglich.)

Die Regeln für das Rechnen mit Potenzen werden abschließend ohne Beweis zusammengefasst.

Satz 5.1 Für $a, b \in \mathbb{R}_{\geq 0}$ und $r, s \in \mathbb{Q}$ gilt:

■ $a^r \cdot a^s = a^{r+s}$ ■ $a^r : a^s = a^{r-s}$ für $a \neq 0$

■ $\left(a^r\right)^s = a^{s \cdot r}$

■ $(a \cdot b)^r = a^r \cdot b^r$ ■ $(a : b)^r = a^r : b^r$ für $b \neq 0$

Ferner wird eine später – im Zuge der Beweise für die Sätze 5.3 und 6.5 – benötigte Termumformung bereitgestellt: Jede Differenz der Form $a^n - b^n$ kann als ein Produkt mit dem Faktor $a - b$ geschrieben werden.

Satz 5.2 Für $a, b \in \mathbb{R}$ und $n \in \mathbb{N}$ gilt:

$$a^n - b^n = (a - b)\left(a^{n-1} + a^{n-2}b + a^{n-3}b^2 + \ldots + a^2 b^{n-3} + ab^{n-2} + b^{n-1}\right)$$

Beweis: Dass diese Faktorisierung möglich ist, lässt sich „rückwärts" durch das Ausmultiplizieren des Produkts auf der rechten Seite zeigen:

$$(a - b)\left(a^{n-1} + a^{n-2}b + a^{n-3}b^2 + \ldots + a^2 b^{n-3} + ab^{n-2} + b^{n-1}\right) =$$

$$= a^n + a^{n-1}b + a^{n-2}b^2 + \ldots + a^3 b^{n-3} + a^2 b^{n-2} + ab^{n-1} -$$

$$- a^{n-1}b - a^{n-2}b^2 - a^{n-3}b^3 - \ldots - a^2 b^{n-2} - ab^{n-1} - b^n =$$

$$= a^n - b^n$$

Die Teilterme $a^{n-1}b$, $a^{n-2}b^2$, ..., $a^2 b^{n-2}$, ab^{n-1} treten im ausmultiplizierten Term stets zweimal auf, einmal mit einem positiven und einmal mit einem negativen Vorzeichen, so dass sie letztlich wegfallen und nur noch $a^n - b^n$ übrig bleibt. ◂

Die bekannte dritte binomische Formel $a^2 - b^2 = (a + b)(a - b)$ ist ein Sonderfall von Satz 5.2 für $n = 2$.

5.2 Positive ganzzahlige Exponenten

Der Term einer Potenzfunktion ist eine Potenz, wobei die Basis das Argument der Funktion bildet, während der Exponent konstant bleibt.

> **Definition 5.1** Eine Funktion f mit der Gleichung $f(x) = x^r$ mit $r \in \mathbb{Q}$ heißt *Potenzfunktion*.

Als erstes werden Potenzfunktionen mit der Gleichung $f(x) = x^n$ mit $n \in \mathbb{N}$ betrachtet. Die proportionale Funktion mit der Gleichung $f(x) = x$ und die quadratische Funktion mit der Gleichung $f(x) = x^2$ sind bereits bekannte Vertreter dieser Kategorie für $n = 1$ und $n = 2$.

Für die Funktionen mit der Gleichung $f(x) = x^n$ mit $n \in \mathbb{N}$ gilt offensichtlich $D = \mathbb{R}$. Und weiter:

> **Satz 5.3** Die Funktion f mit der Gleichung $f(x) = x^n$ mit $n \in \mathbb{N}$ ist
>
> ■ für gerade n in $\mathbb{R}_{\leq 0}$ streng monoton fallend und in $\mathbb{R}_{\geq 0}$ streng monoton wachsend,
>
> ■ für ungerade n in $\mathbb{R}$ streng monoton wachsend.

Beweis: Es ist zu prüfen, welches Vorzeichen die Differenz $f(x_2) - f(x_1)$ zu zwei Argumenten $x_1, x_2 \in \mathbb{R}$ mit $x_2 > x_1$ besitzt. Hierfür wird die Differenz $x_2^n - x_1^n$ entsprechend Satz 5.2 in ein Produkt umgewandelt:

$$f(x_2) - f(x_1) = x_2^n - x_1^n = \underbrace{(x_2 - x_1)}_{> 0}\left(x_2^{n-1} + x_2^{n-2}x_1 + x_2^{n-3}x_1^2 + \ldots + x_2^2 x_1^{n-3} + x_2 x_1^{n-2} + x_1^{n-1}\right)$$

Der erste Faktor $x_2 - x_1$ ist stets positiv, da $x_2 > x_1$ laut Voraussetzung. Es bleibt also das Vorzeichen des zweiten Faktors zu prüfen: Bei den n Summanden x_2^{n-1}, $x_2^{n-2}x_1$, $x_2^{n-3}x_1^2$, …, $x_2^2 x_1^{n-3}$, $x_2 x_1^{n-2}$, x_1^{n-1} handelt es sich jeweils um ein Produkt aus $n-1$ Faktoren x_1 oder x_2. Im Weiteren ist entscheidend, ob n gerade oder ungerade ist:

■ Wenn n gerade ist, dann ist $n-1$ ungerade und eine Fallunterscheidung nötig: Für $x_1, x_2 \geq 0$ ist jeder der n Summanden ≥ 0. Wegen $x_2 > x_1 \geq 0$ gilt zudem $x_2^{n-1} > 0$, und deshalb ist die gesamte Summe > 0. Für $x_1, x_2 \leq 0$ ist dementsprechend die gesamte Summe < 0. Zusammenfassend gilt:

$$f(x_2) - f(x_1) \begin{cases} > 0 & \text{für } x_1, x_2 \in \mathbb{R}_{\geq 0} \\ < 0 & \text{für } x_1, x_2 \in \mathbb{R}_{\leq 0} \end{cases}$$

Also ist f in $\mathbb{R}_{\leq 0}$ streng monoton fallend und in $\mathbb{R}_{\geq 0}$ streng monoton wachsend.

▨ Wenn n ungerade ist, dann ist $n-1$ gerade. Sowohl für $x_1, x_2 \geq 0$ als auch für $x_1, x_2 \leq 0$ ist jeder der n Summanden ≥ 0. Wegen $x_2 > x_1$ gilt zudem stets $x_2^{n-1} > 0$, und deshalb ist die gesamte Summe > 0 und auch $f(x_2) - f(x_1) > 0$. Folglich ist f in $\mathbb{R}_{\leq 0}$ und in $\mathbb{R}_{\geq 0}$ streng monoton wachsend. Da stets $f(x_2) - f(x_1) > 0$, sofern x_1 und x_2 unterschiedliche Vorzeichen besitzen, ist f in $\mathbb{R}$ streng monoton wachsend. ◄

Weiter folgt für gerade n nach Satz 4.9 und für ungerade n nach Satz 4.11:

Satz 5.4 Die Funktion f mit der Gleichung $f(x) = x^n$ mit $n \in \mathbb{N}$

▨ nimmt für gerade n an der Stelle $x = 0$ ein lokales Minimum an,

▨ besitzt für ungerade n kein lokales Extremum.

Abb. 5.1 Potenzfunktionen mit positiven ganzzahligen Exponenten

$$f(x) = x^2$$

$$f(x) = x^4$$

$$f(x) = x^3$$

$$f(x) = x^5$$

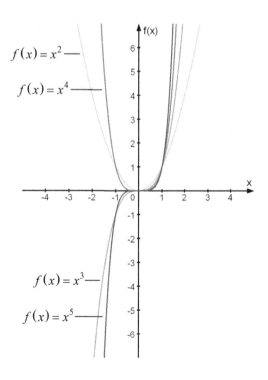

Auch wenn die beiden Punkte $(0\,|\,0)$ und $(1\,|\,1)$ für alle $n \in \mathbb{N}$ zum Graphen einer Potenzfunktion mit der Gleichung $f(x) = x^n$ gehören (Abb. 5.1), sind wesentliche Eigenschaften abhängig davon, ob n gerade oder ungerade ist (vgl. Satz 5.3 und 5.4).

- Für gerade n gilt $W = \mathbb{R}_{\geq 0}$. Da f in $\mathbb{R}_{\leq 0}$ streng monoton fallend und in $\mathbb{R}_{\geq 0}$ streng monoton wachsend ist, stellt das lokale Minimum bei $x = 0$ zugleich ein absolutes Minimum dar, und W ist durch $f(0) = 0$ nach unten beschränkt. Der Graph von f ist symmetrisch zur y-Achse.

- Für ungerade n gilt $W = \mathbb{R}$. Der Graph von f ist punktsymmetrisch zum Koordinatenursprung.

Aufschlussreich ist es, für $x \in \mathbb{R}_{>0}$ die Graphen zweier Funktionen f und g mit den Gleichungen $f(x) = x^n$ und $g(x) = x^m$ mit $n > m$ zu betrachten. Wegen $n > m$ gibt es ein $k \in \mathbb{N}$ so, dass $n = m + k$. Aufgrund von $x \in \mathbb{R}_{>0}$ gilt stets $x^m > 0$ und entscheidend für das Vorzeichen des Produkts $x^m(x^k - 1)$ ist ausschließlich der Faktor $x^k - 1$:

$$f(x) - g(x) = x^n - x^m = x^{m+k} - x^m = x^m(x^k - 1) \begin{cases} < 0 & \text{für } 0 < x < 1 \\ > 0 & \text{für } x > 1 \end{cases}$$

Dies bedeutet (Abb. 5.2): Für $0 < x < 1$ nimmt die Potenzfunktion mit dem größeren Exponenten kleinere Werte an. Ihr Graph verläuft unterhalb des Graphen der Potenzfunktion mit dem kleineren Exponenten. Für $x > 1$ nimmt die Potenzfunktion mit dem größeren Exponenten größere Werte an. Ihr Graph verläuft oberhalb des Graphen der Potenzfunktion mit dem kleineren Exponenten.

Mit den nötigen Fallunterscheidungen für gerade und ungerade n lassen sich diese Überlegungen auch auf $x \in \mathbb{R}_{<0}$ übertragen.

Abb. 5.2 Vergleich der Graphen von Potenzfunktionen für verschiedene Exponenten

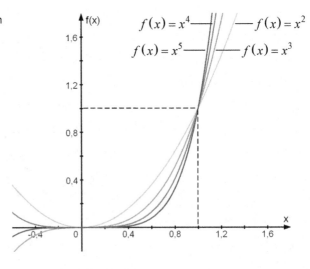

Im Folgenden wird der Kovariationsaspekt betrachtet.

Satz 5.5 Für eine Potenzfunktion f mit der Gleichung $f(x) = x^n$ mit $n \in \mathbb{N}$ gilt: $f(rx) = r^n \cdot f(x)$ für alle $r \in \mathbb{R}$ und $x \in \mathbb{R}$.

Beweis: $f(rx) = (rx)^n = r^n x^n = r^n \cdot f(x)$ für alle $r \in \mathbb{R}$ und $x \in \mathbb{R}$. ◂

Eine Ver-r-fachung des Arguments bewirkt stets eine Ver-r^n-fachung des Funktionswerts. Oder: Dem r-fachen Argument wird der r^n-fache Funktionswert zugeordnet. Satz 5.5 ist damit eine Verallgemeinerung von Satz 4.4, wo dies für $n = 2$ formuliert wird.

Beispiel 5.1

Die Oberflächenformeln regelmäßiger Körper lassen sich als Potenzfunktionen vom Grad 2 deuten und die Volumenformeln als Potenzfunktionen vom Grad 3 (Tab. 5.1): Wird bei einem Würfel die Kantenlänge ver-n-facht, dann wird das Volumen n^3-mal so groß – in einen Dezimeterwürfel passen $10 \cdot 10 \cdot 10 = 1000$ Zentimeterwürfel. Mit einem geeigneten Modell lässt sich der Umrechnungsfaktor $10^3 = 1000$ zwischen benachbarten Volumeneinheiten erklären (Abb. 5.3).

Körper	Oberfläche	Volumen
Würfel (Kantenlänge a)	$O(a) = 6a^2$	$V(a) = a^3$
Tetraeder (Kantenlänge a)	$O(a) = \sqrt{3}\,a^2$	$V(a) = \frac{1}{12}\sqrt{2}\,a^3$
Oktaeder (Kantenlänge a)	$O(a) = 2\sqrt{3}\,a^2$	$V(a) = \frac{1}{3}\sqrt{2}\,a^3$
Kugel (Radius r)	$O(r) = 4\pi r^2$	$V(r) = \frac{4}{3}\pi r^3$

Tab. 5.1 Formeln für Oberfläche und Volumen regelmäßiger Körper

Abb. 5.3 Auslegen eines Dezimeterwürfels mit Zentimeterwürfeln

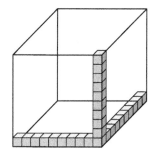
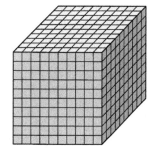

5.3 Symmetrie von Funktionsgraphen

Die Symmetrie eines Funktionsgraphen lässt sich nicht nur aufgrund des visuellen Eindrucks feststellen, sondern auch anhand der zugehörigen Gleichung nachweisen. In diesem Abschnitt werden entsprechende Kriterien hergeleitet.

> **Satz 5.6** Der Graph einer Funktion f mit Definitionsbereich D ist
>
> ■ symmetrisch zur y-Achse genau dann, wenn für alle $x \in D$ auch $-x \in D$ und $f(-x) = f(x)$ gilt.
>
> ■ punktsymmetrisch zum Koordinatenursprung genau dann, wenn für alle $x \in D$ auch $-x \in D$ und $f(-x) = -f(x)$ gilt.

Beweis:

■ Der Graph von f ist symmetrisch zur y-Achse genau dann, wenn für jeden Punkt $(x \mid f(x))$ auch der Punkt $(-x \mid f(x))$ zum Graphen gehört. Dies ist gleichbedeutend mit $f(-x) = f(x)$ für alle $x \in D$ (Abb. 5.4).

■ Der Graph von f ist punktsymmetrisch zum Koordinatenursprung genau dann, wenn für jeden Punkt $(x \mid f(x))$ auch der Punkt $(-x \mid f(-x))$ zum Graphen gehört. Dies ist gleichbedeutend mit $f(-x) = -f(x)$ für alle $x \in D$ (Abb. 5.5). ◂

Für Potenzfunktionen f mit der Gleichung $f(x) = x^n$ mit $n \in \mathbb{N}$ gilt:

$$f(-x) = (-x)^n = \begin{cases} x^n = f(x) & \text{für gerade } n \\ -x^n = -f(x) & \text{für ungerade } n \end{cases}$$

Der zugehörige Graph ist für gerade n symmetrisch zur y-Achse und für ungerade n punktsymmetrisch zum Koordinatenursprung.

Abb. 5.4 Symmetrie eines Funktionsgraphen bezüglich der y-Achse

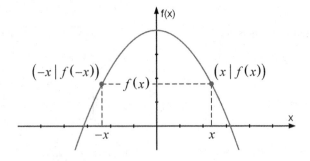

Abb. 5.5 Punktsymmetrie eines
Funktionsgraphen bezüglich des
Koordinatenursprungs

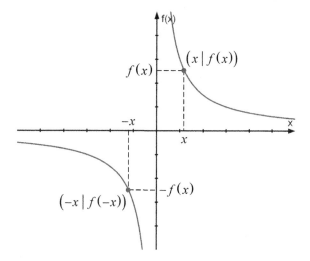

Nun werden die Symmetrie zu beliebigen Geraden und die Punktsymmetrie zu beliebigen
Punkten betrachtet.

Satz 5.7 Der Graph einer Funktion f mit Definitionsbereich D ist

▪ symmetrisch zur Geraden mit der Gleichung $x = x_0$ genau dann, wenn für alle
$x \in D$ auch $2x_0 - x \in D$ und $f(2x_0 - x) = f(x)$ gilt,

▪ punktsymmetrisch zum Punkt $(x_0 \mid y_0)$ genau dann, wenn für alle $x \in D$ auch
$2x_0 - x \in D$ und $f(2x_0 - x) = 2y_0 - f(x)$ gilt.

Beweis:

▪ Die Punkte $(x \mid f(x))$ und $(2x_0 - x \mid f(x))$ haben jeweils den Abstand $x - x_0$ zur
Geraden mit der Gleichung $x = x_0$, liegen also symmetrisch bezüglich dieser (Abb.
5.6). Deshalb ist der Graph von f symmetrisch zur Geraden mit der Gleichung $x = x_0$
genau dann, wenn für jeden Punkt $(x \mid f(x))$ auch der Punkt $(2x_0 - x \mid f(x))$ zum
Graphen gehört oder $f(2x_0 - x) = f(x)$ für alle $x \in D$.

▪ Die Punkte $(x \mid f(x))$ und $(2x_0 - x \mid 2y_0 - f(x))$ haben jeweils den Abstand $x - x_0$
zur Geraden mit der Gleichung $x = x_0$ und den Abstand $f(x) - y_0$ zur Geraden mit
der Gleichung $y = y_0$ (Abb. 5.7), sind also punktsymmetrisch bezüglich $(x_0 \mid y_0)$.
Der Graph von f ist deshalb symmetrisch bezüglich dieses Punktes genau dann, wenn
für jeden Punkt $(x \mid f(x))$ auch der Punkt $(2x_0 - x \mid 2y_0 - f(x))$ zum Graphen gehört, gleichbedeutend mit $f(2x_0 - x) = 2y_0 - f(x)$ für alle $x \in D$. ◂

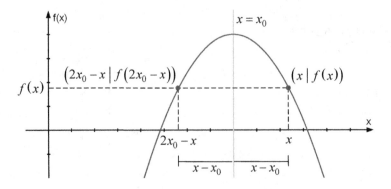

Abb. 5.6 Symmetrie eines Funktionsgraphen bezüglich einer beliebigen Achse

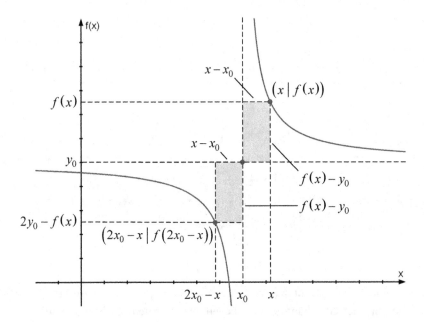

Abb. 5.7 Symmetrie eines Funktionsgraphen bezüglich eines beliebigen Punktes

Für die bekannten linearen und quadratischen Funktionen folgt aus Satz 5.7:

■ Der Graph einer Funktion f mit der Gleichung $f(x) = ax + b$ ist punktsymmetrisch bezüglich jedes Punktes der Geraden, und er ist für $a = 0$ darüber hinaus symmetrisch zu jeder Parallelen zur y-Achse (s. Aufg. 5.1).

■ Der Graph einer Funktion f mit der Gleichung $f(x) = a(x - d)^2 + e$ ist symmetrisch zur Geraden mit der Gleichung $x = d$, denn für alle $x \in \mathbb{R}$ gilt:

$$f(2d - x) = a((2d - x) - d)^2 + e = a(d - x)^2 + e = a(x - d)^2 + e = f(x)$$

Insbesondere ist er symmetrisch zur y-Achse genau dann, wenn $d = 0$ gilt. Dies korrespondiert damit, dass der Koeffizient d die Verschiebung des Graphen von f in x-Richtung angibt (s. Abschn. 4.3).

▨ Der Graph einer Funktion f mit der Gleichung $f(x) = ax^2 + bx + c$ ist symmetrisch zur y-Achse genau dann, wenn $b = 0$ gilt (s. Aufg. 5.1).

Auch für die im Weiteren behandelten Funktionen spielt die Symmetrie eine wichtige Rolle. Im Vorgriff auf Abschnitt 7.1 wird die rationale Funktion f mit der Gleichung

$$f(x) = \frac{1}{(x-a)^n} + b \ \text{ mit } a, b \in \mathbb{R}$$

betrachtet. Ihr Graph ist für gerade n achsensymmetrisch zur Geraden $x = a$ und für ungerade n punktsymmetrisch zum Punkt $(a \mid b)$.

5.4 Wurzelfunktionen

Im nächsten Schritt werden Potenzfunktionen mit der Gleichung $f(x) = x^{\frac{1}{n}}$ mit $n \in \mathbb{N}$, $n \geq 2$, betrachtet. Für den Exponenten gilt dann:

$$0 < \frac{1}{n} < 1 \ \text{ für } n \in \mathbb{N}, \ n \geq 2$$

Wegen $x^{\frac{1}{n}} = \sqrt[n]{x}$ kann der Funktionsterm als n-te Wurzel geschrieben werden, was dieser Kategorie von Funktionen ihren Namen gibt.

Definition 5.2 Eine Funktion f mit der Gleichung $f(x) = \sqrt[n]{x}$ mit $n \in \mathbb{N}$, $n \geq 2$, heißt *Wurzelfunktion*.

Die Wurzelfunktionen besitzen den maximalen Definitionsbereich $D = \mathbb{R}_{\geq 0}$. Für gerade n ist klar, dass beispielsweise $\sqrt{-2}$ nicht sinnvoll definiert werden kann, da die Gleichung $x^2 = -2$ keine Lösung in $\mathbb{R}$ besitzt (s. Abschn. 4.1). Für ungerade n hingegen erscheint auf den ersten Blick eine Definition in $\mathbb{R}$ ohne Einschränkung möglich, da $\sqrt[3]{-8} = -2$ wegen $(-2)^3 = -8$ nahe liegend ist. Allerdings führt dies zu Widersprüchen:

$$-2 = \sqrt[3]{-8} = (-8)^{\frac{1}{3}} = (-8)^{\frac{2}{6}} = \left((-8)^2\right)^{\frac{1}{6}} = \left(8^2\right)^{\frac{1}{6}} = 8^{\frac{2}{6}} = 8^{\frac{1}{3}} = \sqrt[3]{8} = 2$$

Aus diesem Grund beschränkt man sich generell auf $D = \mathbb{R}_{\geq 0}$.

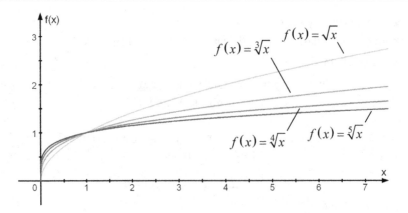

Abb. 5.8 Graphen von Wurzelfunktionen

Satz 5.8 Die Wurzelfunktion f mit der Gleichung $f(x) = \sqrt[n]{x}$ mit $n \in \mathbb{N}$, $n \geq 2$, ist in $D = \mathbb{R}_{\geq 0}$ streng monoton wachsend.

Beweis: Für $x_1, x_2 \in D = \mathbb{R}_{\geq 0}$ und $x_2 > x_1$ wird der Quotient aus $f(x_2)$ und $f(x_1)$ betrachtet. Es ist zu zeigen, dass er stets > 1 ist.

$$\frac{f(x_2)}{f(x_1)} = \frac{\sqrt[n]{x_2}}{\sqrt[n]{x_1}} = \sqrt[n]{\frac{x_2}{x_1}} > 1 \text{, da } \frac{x_2}{x_1} > 1 \text{ für alle } x_1, x_2 \in \mathbb{R}_{>0} \text{ mit } x_2 > x_1.$$

Für $x_1 = 0$ gilt $f(x_1) = 0$ und weiter $f(x_2) > f(x_1)$. Deshalb ist f in $\mathbb{R}_{\geq 0}$ streng monoton wachsend. ◄

Die Wurzelfunktion mit der Gleichung $f(x) = \sqrt[n]{x}$ mit $n \in \mathbb{N}$, $n \geq 2$, nimmt am Rand des Definitionsbereichs bei $x = 0$ ein absolutes Minimum an; es handelt sich hierbei um ein Randextremum. Nach oben ist ihr Wertebereich nicht beschränkt, also gilt $W = \mathbb{R}_{\geq 0}$. Wegen $f(1) = \sqrt[n]{1} = 1$ sind die Wertepaare $(0 \,|\, 0)$ und $(1 \,|\, 1)$ allen Graphen gemeinsam (Abb. 5.8).

Betrachtet man Wurzelfunktionen unter dem Kovariationsaspekt, so zeigt sich, dass dem r-fachen Argument stets der $\sqrt[n]{r}$-fache Funktionswert zugeordnet wird (Abb. 5.9).

Satz 5.9 Für eine Wurzelfunktion f mit der Gleichung $f(x) = \sqrt[n]{x}$ mit $n \in \mathbb{N}$, $n \geq 2$, gilt: $f(rx) = \sqrt[n]{r} \cdot f(x)$ für alle $r \in \mathbb{R}_{\geq 0}$ und $x \in \mathbb{R}_{\geq 0}$.

Beweis: $f(rx) = \sqrt[n]{rx} = \sqrt[n]{r}\sqrt[n]{x} = \sqrt[n]{r} \cdot f(x)$ für alle $r \in \mathbb{R}_{\geq 0}$ und $x \in \mathbb{R}_{\geq 0}$. ◄

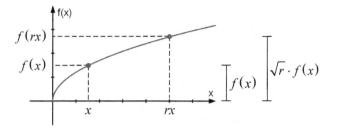

Abb. 5.9 Kovariationsaspekt einer Wurzelfunktion (Veranschaulichung von Satz 5.9)

Beispiel 5.2

Beim freien Fall (unter Vernachlässigung des Luftwiderstandes) wird die Geschwindigkeit v (in m/s) eines Körpers nach der Fallhöhe h (in m) durch die Gleichung

$$v(h) = \sqrt{2gh} = \sqrt{2g}\sqrt{h} \text{ mit der Fallbeschleunigung } g = 9{,}81\,\frac{m}{s^2}$$

beschrieben, wobei der Term $\sqrt{2g}$ konstant ist. Die Wertetabelle (Tab. 5.2) zeigt: Eine Verdreifachung von h zieht eine Ver-$\sqrt{3}$-fachung von v nach sich und eine Verhundertfachung von h eine Verzehnfachung von v. Noch plastischer, wenngleich als physikalisches Modell stark vereinfacht: Springt man im Freibad vom 10-m-Brett anstelle vom 3-m-Brett, dann wächst die Fallhöhe um den Faktor 3,3, die Eintauchgeschwindigkeit in das Wasser jedoch nur um den Faktor 1,8.

h (in m)	v (in m/s)
0	0,00
1	4,43
2	6,26
3	7,67
10	14,01
300	76,72

Tab. 5.2 Fallhöhe und Endgeschwindigkeit beim freien Fall

5.5 Funktion und Umkehrfunktion

Betrachtet man funktionale Zusammenhänge zwischen zwei Größen (Abschn. 1.1), so ist nicht schon a priori festgelegt, welche der beiden Größen als abhängige und welche als unabhängige behandelt wird. Vielmehr hängt dies vom Untersuchungsinteresse ab. Ebenso entspringt bei Zuordnungen von einer Menge nach einer anderen Menge die Richtung der Zuordnung häufig einem Kontext (Abschn. 1.2), und es gibt Situationen, in denen auch die umgekehrte Zuordnung sinnvoll ist.

Beispiel 5.3

Der beim Einkaufen in der Metzgerei ausgedruckte Bon (Abb. 1.5) stellt einen Zusammenhang zwischen dem Gewicht (in kg) und dem Preis (in €) her. Hierbei kann der Preis in Abhängigkeit vom Gewicht, aber auch das Gewicht in Abhängigkeit vom Preis betrachtet werden (Tab. 5.3). Die Zuordnungen Gewicht ↦ Preis und Preis ↦ Gewicht sind beide eindeutig.

Beispiel 5.4

In einer Tiefgarage zahlt man für das Parken 1,50 € je angefangene Stunde. Dann ist zwar die Zuordnung Parkzeit ↦ Parkgebühr eindeutig, nicht jedoch die umgekehrte Zuordnung Parkgebühr ↦ Parkzeit, wie Abbildung 5.10 illustriert.

Gewicht (in kg)	0,1	0,2	0,3	0,4	0,5	0,6
Preis (in €)	1,49	2,98	4,47	5,96	7,45	8,94

Gewicht ↦ Preis   Preis ↦ Gewicht

Tab. 5.3 Eine Zuordnung kann in beiden Richtungen gelesen werden

Abb. 5.10 Zuordnung (links) und Umkehrzuordnung (rechts) für Parkzeit und Parkgebühr

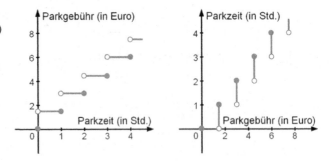

Teileranzahl	n
1	1
2	2, 3, 5, 7, 11, 13, 17, ...
3	4, 9, 25, 49, 121, 169, 289, ...
4	6, 8, 10, 14, 15, 21, 22, 26, 33, 35, ...
5	16, 81, 625, 2401, 28561, ...

Tab. 5.4 Teileranzahl und zugehörige natürliche Zahlen

Beispiel 5.5

Jeder Zahl $n \in \mathbb{N}$ wird die Anzahl ihrer Teiler zugeordnet (Tab. 1.1). Umgekehrt kann auch jeder Teileranzahl eine passende Zahl $n \in \mathbb{N}$ zugeordnet werden (Tab. 5.4). Diese Zuordnung ist allerdings nicht eindeutig: Der Teileranzahl 3 beispielsweise werden alle Zahlen n zugeordnet, die als Quadrat einer Primzahl dargestellt werden können.

Beispiel 5.6

Jedem Punkt der Ebene mit den Koordinaten $(x \mid y)$ wird mittels $d = \sqrt{x^2 + y^2}$ sein Abstand zum Koordinatenursprung zugeordnet (Abb. 5.11 links). Diese Zuordnung ist eindeutig. Umgekehrt können jedem $d \in \mathbb{R}_{\geq 0}$ alle Punkte zugeordnet werden, die den Abstand d vom Koordinatenursprung besitzen: Sie bilden einen Kreis mit Radius d um den Koordinatenursprung als Mittelpunkt (Abb. 5.11 rechts). Diese Zuordnung ist nicht eindeutig – jedem $d \in \mathbb{R}_{\geq 0}$ werden unendlich viele Punkte zugeordnet.

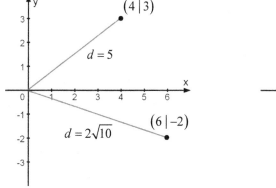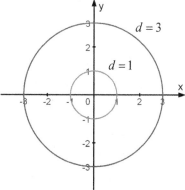

Abb 5.11 Punkte der Ebene und ihr Abstand zum Koordinatenursprung

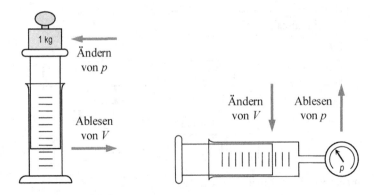

Abb. 5.12 Versuch von Boyle-Mariotte in zwei möglichen Anordnungen

---

Beispiel 5.7

Ein naturwissenschaftlicher Messversuch stellt einen funktionalen Zusammenhang zweier Größen her: Eine Größe wird gezielt verändert und die zweite Größe jeweils abgelesen. Im Versuch von Boyle-Mariotte wird der Zusammenhang zwischen dem Druck p und dem Volumen V eines Gases ermittelt. In Lehrbüchern zur Experimentalphysik finden sich zwei unterschiedliche Versuchsanordnungen: Es kann der Druck p durch das Auflegen von Gewichtsstücken schrittweise erhöht und der jeweils zugehörige Wert für das Volumen V an der Skala des Glaszylinders abgelesen werden (Abb. 5.12 links). Es ist aber auch möglich, das Volumen V durch das Einschieben des Stempels in den Glaszylinder schrittweise zu verringern und den zugehörigen Wert für den Druck p mit einem Manometer zu messen (Abb. 5.12 rechts). Im ersten Fall wird V in Abhängigkeit von p erfasst, im zweiten Fall p in Abhängigkeit von V.

Die Beispiele zeigen: In einigen Fällen ist die Umkehrung einer Zuordnung eindeutig, in anderen Fällen nicht. Im Folgenden wird deshalb der Frage nachgegangen, unter welcher

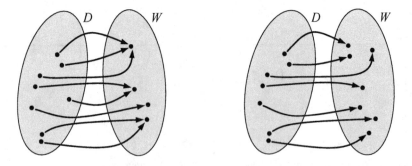

Abb. 5.13 Funktion (links) und umkehrbar eindeutige Funktion (rechts)

Bedingung zu einer Funktion (als einer speziellen Zuordnung) eine Umkehrfunktion existiert und welche Eigenschaften diese besitzt. Zwar ist eine Funktion stets eindeutig in dem
Sinne, dass jedem Argument genau ein Funktionswert zugeordnet wird; allerdings kann
ein Funktionswert mehreren Argumenten zugeordnet werden (Abb. 5.13 links). Deshalb
ist die Umkehrung der Zuordnung bei einer Funktion nur dann wieder eine Funktion, wenn
es zu jedem Funktionswert genau ein Argument gibt (Abb. 5.13 rechts). Dies veranlasst
folgende Definition:

> **Definition 5.3**   Eine Funktion f mit Definitionsbereich D und Wertebereich W
> heißt *umkehrbar eindeutig*, wenn es zu jedem $y \in W$ genau ein $x \in D$ gibt mit
> $y = f(x)$.

Wenn eine Funktion f mit Definitionsbereich D und Wertebereich W umkehrbar eindeutig
ist, wird durch die Umkehrzuordnung jedem $y \in W$ offensichtlich genau ein $x \in D$ mit
$y = f(x)$ zugeordnet. Dies bedeutet:

> **Satz 5.10**   Wenn eine Funktion f mit Definitionsbereich D und Wertebereich W
> umkehrbar eindeutig ist, dann ist die Umkehrzuordnung wiederum eine Funktion.

Deshalb ist folgende Definition sinnvoll:

> **Definition 5.4**   Wenn die Funktion $f : D_f \to W_f$ umkehrbar eindeutig ist, dann
> heißt die Funktion $g : W_f \to D_f$, die jedem $y \in W_f$ das entsprechende $x \in D_f$ mit
> $y = f(x)$ zuordnet, eine *Umkehrfunktion von f*.

Unmittelbar aus der Definition des Begriffs Umkehrfunktion folgt:

> **Satz 5.11**   Für eine Funktion f mit Definitionsbereich D_f und Wertebereich W_f,
> die in D_f umkehrbar eindeutig ist, gilt:
> - Wenn die Funktion g mit Definitionsbereich D_g und Wertebereich W_g eine
>   Umkehrfunktion von f ist, dann ist $D_g = W_f$ und $W_g = D_f$.
> - Wenn die Funktion g eine Umkehrfunktion der Funktion f ist, dann ist auch f
>   eine Umkehrfunktion von g.

Abb. 5.14 Die Menge aller Funktionswerte mit Argumenten aus einem Intervall I

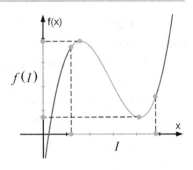

Der folgende Satz gibt ein hilfreiches Kriterium, ob eine Funktion umkehrbar eindeutig ist. Hierfür wird mit $f(I) = \{f(x) \text{ mit } x \in I\} \subset W_f$ die Menge aller Funktionswerte mit Argumenten aus einem Intervall $I \subset D_f$ bezeichnet (Abb. 5.14).

Satz 5.12 Wenn eine Funktion f in einem Intervall $I \subset D$ streng monoton wachsend oder fallend ist, dann ist sie in I umkehrbar eindeutig.

Beweis: Wenn f in I streng monoton wachsend ist, dann gilt für $x_1, x_2 \in I$ mit $x_2 > x_1$ definitionsgemäß stets $f(x_2) > f(x_1)$. Folglich gibt es kein $y \in f(I)$ mit der Eigenschaft $y = f(x_1) = f(x_2)$ für $x_1, x_2 \in I$ mit $x_1 \neq x_2$. Zu jedem $y \in f(I)$ existiert deshalb genau ein $x \in I$ mit $y = f(x)$. Wenn f in I streng monoton fallend ist, verläuft die Argumentation analog. ◂

In den Sätzen 4.5 und 4.6 sowie 5.3 und 5.8 wird für die bislang bekannten Funktionen ausgesagt, in welchen Intervallen sie streng monoton wachsend oder streng monoton fallend sind. Satz 5.12 erlaubt hieraus den direkten Schluss, in welchen Intervallen diese Funktionen umkehrbar eindeutig sind:

▨ Eine lineare Funktion f mit der Gleichung $f(x) = ax + b$ mit $a, b \in \mathbb{R}$ ist für $a \neq 0$ in $\mathbb{R}$ umkehrbar eindeutig und für $a = 0$ in keiner Teilmenge von $\mathbb{R}$ umkehrbar eindeutig.

▨ Eine quadratische Funktion f mit der Gleichung $f(x) = a(x - d)^2 + e$ mit $a, d, e \in \mathbb{R}$ und $a \neq 0$ ist in $]-\infty; d]$ und in $[d; +\infty[$ umkehrbar eindeutig.

▨ Eine Potenzfunktion f mit der Gleichung $f(x) = x^n$ mit $n \in \mathbb{N}$ ist für gerade n sowohl in $\mathbb{R}_{\leq 0}$ als auch in $\mathbb{R}_{\geq 0}$ umkehrbar eindeutig und für ungerade n in $\mathbb{R}$ umkehrbar eindeutig.

▨ Eine Wurzelfunktion mit der Gleichung $f(x) = \sqrt[n]{x}$ mit $n \in \mathbb{N}$, $n \geq 2$, ist in $\mathbb{R}_{\geq 0}$ umkehrbar eindeutig.

Wenn eine Funktion f in einem Intervall $I \subset D$ streng monoton wachsend beziehungsweise fallend ist, folgt daraus nicht nur nach Satz 5.12, dass f in I umkehrbar ist, sondern
nach Satz 5.13 sogar, dass auch die Umkehrfunktion g in $f(I)$ streng monoton wachsend
beziehungsweise fallend ist.

Satz 5.13   Für eine Funktion f und ihre Umkehrfunktion g gilt:

■ Wenn f in einem Intervall $I \subset D$ streng monoton wachsend ist, dann ist auch g
in $f(I)$ streng monoton wachsend.

■ Wenn f in einem Intervall $I \subset D$ streng monoton fallend ist, dann ist auch g in
$f(I)$ streng monoton fallend.

Beweis: Zuerst wird der Fall betrachtet, dass f in $f(I)$ streng monoton wachsend ist. Zu
zeigen ist: Für $x_1, x_2 \in f(I)$ mit $x_2 > x_1$ gilt stets $g(x_2) > g(x_1)$. Angenommen, es gäbe
$x_1, x_2 \in f(I)$ mit $x_2 > x_1$ so, dass $g(x_2) \le g(x_1)$. Da $g(x_1), g(x_2) \in I$, folgt weiter:

$$\underbrace{f(g(x_2))}_{=\, x_2} \le \underbrace{f(g(x_1))}_{=\, x_1}$$

Also gilt $x_2 \le x_1$ im Widerspruch zur Annahme. Folglich ist g in $f(I)$ streng monoton
wachsend. Wenn f in I streng monoton fallend ist, verläuft der Beweis entsprechend. ◄

Die Gleichung einer Umkehrfunktion kann man häufig durch das Auflösen der Funktionsgleichung für f nach x bestimmen.

■ Im Fall einer linearen Funktion mit der Gleichung $f(x) = ax + b$ erhält man

$$x = \frac{1}{a}\left(f(x) - b\right)$$

Abb. 5.15   Eine lineare Funktion
und ihre Umkehrfunktion

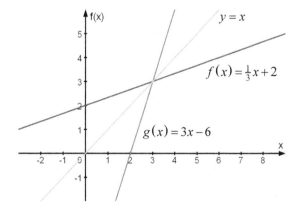

für $a \neq 0$. Üblicherweise werden noch die Variablen für das Argument und den Funktionswert vertauscht, um die Gleichung der Umkehrfunktion in der bekannten Form darstellen zu können. Bezeichnet man die Umkehrfunktion von f mit g, so gilt:

$$g(x) = \frac{1}{a}(x-b) = \frac{1}{a}x - \frac{b}{a}$$

Es handelt sich also ebenfalls um eine lineare Funktion (Abb. 5.15). Insbesondere ist die Funktion f mit der Gleichung $f(x) = x$ ihre eigene Umkehrfunktion.

■ Eine quadratische Funktion f mit der Gleichung $f(x) = a(x-d)^2 + e$ mit $a \neq 0$ ist abschnittsweise umkehrbar eindeutig. Das Auflösen der Funktionsgleichung nach x liefert zwei Teilterme:

$$f(x) = a(x-d)^2 + e$$

$$\frac{f(x)-e}{a} = (x-d)^2$$

$$\sqrt{\frac{f(x)-e}{a}} = |x-d|$$

$$x_1 = d + \sqrt{\frac{f(x)-e}{a}} \quad \text{und} \quad x_2 = d - \sqrt{\frac{f(x)-e}{a}}$$

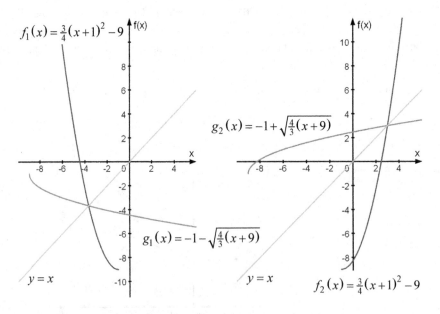

Abb. 5.16 Eine quadratische Funktion ist abschnittsweise umkehrbar eindeutig

Die vermeintliche Bedingung

$$\frac{f(x)-e}{a} \geq 0$$

für das beidseitige Wurzelziehen ist erfüllt, da aufgrund von Satz 4.7 im Fall $a > 0$ stets $f(x) \geq e$ und im Fall $a < 0$ stets $f(x) \leq e$ für alle $x \in \mathbb{R}$. Nach der Änderung der Bezeichnungen für Argument und Funktionswert erhält man die Gleichungen

$$f_1(x) = a(x-d)^2 + e \text{ mit } D_{f_1} = [d;\infty[\text{ und } W_{f_1} = [e;\infty[$$

$$g_1(x) = d + \sqrt{\frac{x-e}{a}} \text{ mit } D_{g_1} = [e;\infty[\text{ und } W_{g_1} = [d;\infty[$$

für den linken Ast des Funktionsgraphen (Abb. 5.16 links) und die Gleichungen

$$f_2(x) = a(x-d)^2 + e \text{ mit } D_{f_2} =]-\infty;d] \text{ und } W_{f_2} = [e;\infty[$$

$$g_2(x) = d - \sqrt{\frac{x-e}{a}} \text{ mit } D_{g_2} = [e;\infty[\text{ und } W_{g_2} =]-\infty;d]$$

für den rechten Ast des Funktionsgraphen (Abb. 5.16 rechts).

■ Für gerade n ist eine Potenzfunktion f mit der Gleichung $f(x) = x^n$ mit $n \in \mathbb{N}$ in $\mathbb{R}_{\leq 0}$ streng monoton fallend und in $\mathbb{R}_{\geq 0}$ streng monoton wachsend und deshalb abschnittsweise umkehrbar eindeutig. Man erhält die Gleichungen

$$f_1(x) = x^n \text{ mit } D_{f_1} = \mathbb{R}_{\leq 0} \text{ und } W_{f_1} = \mathbb{R}_{\geq 0}$$

$$g_1(x) = -\sqrt[n]{x} \text{ mit } D_{g_1} = \mathbb{R}_{\geq 0} \text{ und } W_{g_1} = \mathbb{R}_{\leq 0}$$

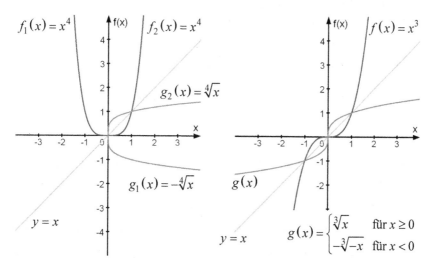

Abb. 5.17 Potenzfunktionen und ihre Umkehrfunktionen

für den linken Ast des Funktionsgraphen (Abb. 5.17 links) und die Gleichungen

$$f_2(x) = x^n \text{ mit } D_{f_2} = \mathbb{R}_{\geq 0} \text{ und } W_{f_2} = \mathbb{R}_{\geq 0}$$

$$g_2(x) = \sqrt[n]{x} \text{ mit } D_{g_2} = \mathbb{R}_{\geq 0} \text{ und } W_{g_1} = \mathbb{R}_{\geq 0}$$

für den rechten Ast des Funktionsgraphen (Abb. 5.17 rechts).

▨ Für ungerade n ist eine Potenzfunktion f mit der Gleichung $f(x) = x^n$ mit $n \in \mathbb{N}$ in $\mathbb{R}$ streng monoton wachsend und damit umkehrbar eindeutig. Weil die n-te Wurzel nur für positive Argumente definiert ist (s. Abschn. 5.4), wird die Umkehrfunktion abschnittsweise definiert:

$$g(x) = \begin{cases} \sqrt[n]{x} & \text{für } x \geq 0 \\ -\sqrt[n]{-x} & \text{für } x < 0 \end{cases}$$

Stellt man die Graphen einer Funktion und ihrer Umkehrfunktion im selben Koordinatensystem dar, so erkennt man (Abb. 5.18):

Satz 5.14 Wenn die Funktion g eine Umkehrfunktion der Funktion f ist, dann ist der Graph von f symmetrisch zum Graphen von g bezüglich der Geraden mit der Gleichung $y = x$.

Beweis: Für einen Punkt $(x \mid f(x))$ des Graphen von f erhält man nach der Spiegelung an der Geraden mit der Gleichung $y = x$ den Punkt $(f(x) \mid x)$. Zu zeigen ist, dass dieser zum Graphen von g gehört: Es gilt $f(x) \in D_g$, da $D_g = W_f$, und weiter $g(f(x)) = x$. Deshalb ist $(f(x) \mid x)$ ein Punkt des Graphen von g. Für einen Punkt $(x \mid g(x))$ des Graphen von g verläuft die Argumentation analog. Folglich sind die beiden Graphen symmetrisch bezüglich der Geraden mit der Gleichung $y = x$. ◀

Abb. 5.18 Graph von Funktion und Umkehrfunktion

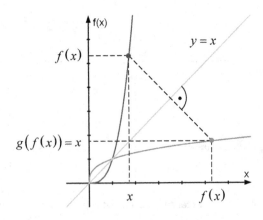

5.6 Negative ganzzahlige Exponenten

Nun werden Potenzfunktionen mit der Gleichung

$$f(x) = x^{-n} = \frac{1}{x^n} \text{ mit } n \in \mathbb{N}$$

betrachtet, also mit negativen ganzzahligen Exponenten. Es gilt $D = \mathbb{R} \setminus \{0\}$.

Satz 5.15 Die Funktion f mit der Gleichung $f(x) = x^{-n}$ mit $n \in \mathbb{N}$ ist

- für gerade n in $\mathbb{R}_{<0}$ streng monoton wachsend und in $\mathbb{R}_{>0}$ streng monoton fallend,

- für ungerade n in $\mathbb{R}_{<0}$ und in $\mathbb{R}_{>0}$ jeweils streng monoton fallend.

Beweis: Ist n gerade, dann gilt für $x_1, x_2 \in \mathbb{R}_{<0}$ mit $x_2 > x_1$ nach Satz 5.3 stets $x_2^n < x_1^n$ und weiter

$$\frac{1}{x_2^n} > \frac{1}{x_1^n} \text{ oder } f(x_2) > f(x_1).$$

Also ist f streng monoton wachsend. Die anderen Fälle ergeben sich analog. ◄

Aus Satz 5.15 folgt unter Anwendung von Satz 4.11 insbesondere, dass die Potenzfunktionen mit der Gleichung $f(x) = x^{-n}$ mit $n \in \mathbb{N}$ weder lokale noch globale Extrema besitzen. Bezüglich des Wertebereichs und der Symmetrieeigenschaften des Funktionsgraphen ist eine Fallunterscheidung notwendig (Abb. 5.19):

- Für gerade n gilt $W = \mathbb{R}_{>0}$. Der Graph von f ist symmetrisch zur y-Achse. Die Punkte $(1 \mid 1)$ und $(-1 \mid 1)$ gehören für alle geraden n zum Graphen von f.

- Für ungerade n gilt $W = \mathbb{R} \setminus \{0\}$. Der Graph von f ist punktsymmetrisch zu $(0 \mid 0)$. Die Punkte $(1 \mid 1)$ und $(-1 \mid -1)$ gehören für alle ungeraden n zum Graphen von f.

Die Graphen der Potenzfunktionen mit ganzzahligen negativen Exponenten zeigen eine weitere Gemeinsamkeit: Sie schmiegen sich für sehr große und sehr kleine Argumente an die x-Achse und für Argumente in der Nähe der Definitionslücke $x_0 = 0$ an die y-Achse an. Die x-Achse ist eine *waagerechte Asymptote* und die y-Achse ist eine *senkrechte Asymptote* der Potenzfunktionen mit negativen ganzzahligen Exponenten (Abb. 5.19).

Dieser Aspekt wird im Folgenden durch Beispiele konkretisiert.

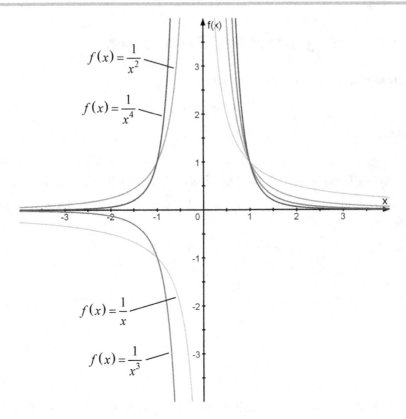

Abb. 5.19 Potenzfunktionen mit ganzzahligen negativen Exponenten

Beispiel 5.8

Am Beispiel der Funktion f mit der Gleichung $f(x) = x^{-3}$ kann man das Sich-An-schmiegen des Graphen an die x-Achse (Abb. 5.19) auch rechnerisch nachvollziehen (Tab. 5.5): Zu jeder beliebig kleinen Zahl $s \in \mathbb{R}_{>0}$ gibt es ein $x_0 \in \mathbb{R}_{>0}$ so, dass $f(x) < s$ für alle $x \geq x_0$. So ist beispielsweise $f(x) < 0,0001$ für alle $x \geq 21,54$. Um zu zeigen, dass dies nicht nur für die tabellierten Werte, sondern wirklich für jedes $s \in \mathbb{R}_{>0}$ gilt, wird die Bedingung $f(x) < s$ nach x aufgelöst:

$$x > \sqrt[3]{\frac{1}{s}}$$

Das bedeutet: Zu jeder beliebig kleinen Zahl $s \in \mathbb{R}_{>0}$ kann gemäß

$$x_0 = \sqrt[3]{\frac{1}{s}}$$

s	0,1	0,01	0,001	0,0001	0,00001
x_0	2,15	4,64	10,00	21,54	46,42

Tab. 5.5 Wertetabelle zur Annäherung des Funktionsgraphen an die x-Achse

ein $x_0 \in \mathbb{R}_{>0}$ so berechnet werden, dass $f(x) < s$ für alle x mit $x \geq x_0$. Hierbei geht ein, dass f in $\mathbb{R}_{>0}$ streng monoton fällt. Analog kann man dies für $\mathbb{R}_{<0}$ nachvollziehen (Aufg. 5.11).

Beispiel 5.9

Der Graph der Funktion f mit der Gleichung $f(x) = x^{-3}$ kommt auch der y-Achse beliebig nahe und schmiegt sich an diese an (Abb. 5.19). Die y-Achse ist eine senkrechte Asymptote von f. Wenn x von rechts der y-Achse beliebig nahe kommt, dann wächst $f(x)$ über alle Grenzen. Dies lässt sich auch rechnerisch nachvollziehen (Tab. 5.6): Zu jedem beliebig großen $s \in \mathbb{R}_{>0}$ gibt es ein $x_0 \in \mathbb{R}_{>0}$ so, dass $f(x) > s$ für alle $x_0 \in \mathbb{R}_{>0}$ mit $0 < x \leq x_0$. Gemäß der Beziehung

$$x_0 = \sqrt[3]{\frac{1}{s}}$$

kann aus der Funktionsgleichung zu jedem $s \in \mathbb{R}_{>0}$ ein passendes $x_0 \in \mathbb{R}_{>0}$ bestimmt werden. Analog kann man dies für $\mathbb{R}_{<0}$ nachvollziehen (Aufg. 5.12).

Formulierungen wie „je mehr sich x dem Wert 0 nähert, desto kleiner wird $f(x)$" oder „der Funktionsgraph kommt der y-Achse immer näher" genügen nicht, um den Begriff der Asymptote zu beschreiben. Deshalb werden Formulierungen wie „kommt beliebig nahe" oder „wächst über alle Grenzen" verwendet, die jedoch auch nicht immer alle Aspekte erfassen. Die Beispiele 5.10 und 5.11 verweisen in diesem Zusammenhang auf typische Fehlvorstellungen. Eine präzise Festlegung des Begriffs Asymptote ist hier nicht möglich (für eine ε-δ-Definition s. exemplarisch Forster 2016). Es bleibt bei der anschaulichen Vorstellung des Sich-Anschmiegens des Funktionsgraphen an die Asymptote.

s	10	100	1000	10000	100000
x_0	0,464	0,215	0,100	0,046	0,021

Tab. 5.6 Wertetabelle zur Annäherung des Funktionsgraphen an die y-Achse

Abb. 5.20 Waagerechte
Asymptoten

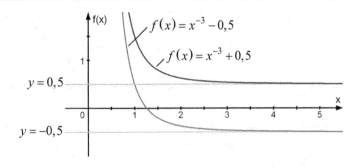

Beispiel 5.10

Der Graph der Funktion f mit der Gleichung $f(x) = x^{-3} + 0,5$ kommt zwar der x-Achse immer näher, weil f in $\mathbb{R}_{>0}$ streng monoton fallend ist, jedoch nicht beliebig nahe: Er schmiegt sich nicht an die x-Achse an. Zu $s = 0,4$ beispielsweise gibt es kein $x_0 \in \mathbb{R}_{>0}$ so, dass $f(x) < s$ für alle x mit $x \geq x_0$. Stattdessen ist die Gerade mit der Gleichung $y = 0,5$ eine waagerechte Asymptote von f (Abb. 5.20).

Auch der Graph der Funktion f mit der Gleichung $f(x) = x^{-3} - 0,5$ kommt der x-Achse beliebig nahe, er schneidet sie sogar in $x = 0,5^{-\frac{1}{3}} = \sqrt[3]{2} \approx 1,26$. Aber auch hier liegt kein Sich-Anschmiegen im Sinne einer Asymptote vor. Stattdessen ist die Gerade mit der Gleichung $y = -0,5$ eine waagerechte Asymptote von f (Abb. 5.20).

Die Vorstellungen eines Immer-näher-Kommens oder eines Beliebig-nahe-Kommens sind offenbar unzureichend, um den Begriff Asymptote zu definieren.

Beispiel 5.11

Für die Funktion f mit der Gleichung

$$f(x) = \frac{1}{x}\sin(2\pi x) + 1$$

ist die Gerade mit der Gleichung $y = 1$ eine horizontale Asymptote: Der Graph von f schmiegt sich an die Gerade an (Abb. 5.21). Jedoch haben der Graph von f und die Asymptote in $\mathbb{R}_{>0}$ unendlich viele Schnittpunkte, und zwar stets dann, wenn x ein Vielfaches von $0,5$ annimmt (zur Sinusfunktion s. Abschn. 9.3). Auch die Vorstellung eines kontinuierlichen Sich-immer-weiter-Annäherns im Sinne von „je größer x in $\mathbb{R}_{>0}$, desto geringer der Abstand des Funktionsgraphen zur Asymptote" trifft nicht zu, denn nach jedem Schnittpunkt wird der Abstand des Funktionsgraphen zur Asymptote wieder etwas größer. Das Sich-Anschmiegen muss vielmehr so gedeutet werden, dass für jeden noch so schmalen vorgegebenen Bereich um $y = 1$ ab einem bestimmten x_0

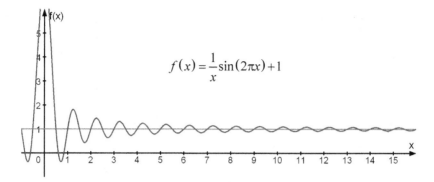

Abb. 5.21 Ein Funktionsgraph und die Asymptote können unendlich viele Schnittpunkte besitzen

alle weiteren Funktionswerte $f(x)$ mit $x \geq x_0$ innerhalb dieses Bereichs verbleiben. Oder stärker algebraisch formuliert: Für jedes noch so kleine $s \in \mathbb{R}_{>0}$ gibt es ein $x_0 \in \mathbb{R}_{>0}$ so, dass $1 - s \leq f(x) \leq 1 + s$ für alle x mit $x \geq x_0$.

Grundsätzlich können auch andere Funktionen als lineare (etwa quadratische Funktionen) als Asymptoten auftreten (Abschn. 7.2).

Im Folgenden werden die Potenzfunktionen f mit der Gleichung $f(x) = x^{-n}$, $n \in \mathbb{N}$, unter dem Kovariationsaspekt betrachtet.

Satz 5.16 Für eine Potenzfunktion f mit der Gleichung $f(x) = x^{-n}$ mit $n \in \mathbb{N}$ gilt: $f(rx) = r^{-n} \cdot f(x)$ für $r \in \mathbb{R} \setminus \{0\}$ und alle $x \in \mathbb{R} \setminus \{0\}$.

Beweis: Nach Satz 5.1 gilt $f(rx) = (rx)^{-n} = r^{-n}x^{-n} = r^{-n} \cdot f(x)$ für $r \in \mathbb{R} \setminus \{0\}$ und alle $x \in \mathbb{R} \setminus \{0\}$. ◄

Satz 5.16 besagt: Dem r-fachen Argument entspricht der $\dfrac{1}{r^n}$-fache Funktionswert.

Beispiel 5.12

Das Newtonsche Gravitationsgesetz lautet: Zwei kugelförmige Massen m_1 und m_2 mit dem Abstand r ziehen sich infolge der Gravitation an (Abb. 5.22). Für die Kraft F, die auf eine der Massen wirkt, gilt:

$$F(r) = \underbrace{G \cdot m_1 \cdot m_2}_{= \text{ konstant}} \cdot \frac{1}{r^2}$$

Abb. 5.22 Newtonsches Graviationsgesetz

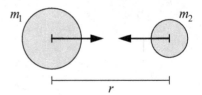

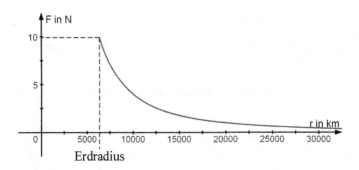

Erdradius

Abb. 5.23 Erdanziehungskraft auf einen Körper der Masse 1 kg

Hierbei betrachtet man F als Funktion von r und hält m_1 und m_2 konstant; ferner geht die Gravitationskonstante G ein. Die Kraft F (in N) auf einen Körper der Masse 1 kg im Abstand r vom Erdmittelpunkt ist in Abbildung 5.23 dargestellt. Unmittelbar an der Erdoberfläche wirkt – obiger Gleichung zufolge – auf einen Körper der Masse 1 kg die Kraft 9,81 N. Wenn die Entfernung vom Erdmittelpunkt n-mal so groß ist, dann ist die Kraft nur noch

$$\frac{1}{n^2}\text{-mal}$$

so groß. Sie wird mit zunehmendem Abstand immer geringer, ohne ganz zu verschwinden: Die r-Achse ist eine waagerechte Asymptote der Funktion F.

Beispiel 5.13

Das Coulombsche Gesetz aus der Elektrostatik besitzt dieselbe Struktur: Zwei punktförmige Ladungen Q_1 und Q_2 mit dem Abstand r ziehen sich an, wenn sie ungleichnamig sind, oder stoßen sich ab, wenn sie gleichnamig sind. Lässt man Q_1 und Q_2 konstant und betrachtet die Kraft F als Funktion des Abstandes r, dann gilt:

$$F(r) = \underbrace{\frac{Q_1 \cdot Q_2}{4 \cdot \pi \cdot \varepsilon_0}}_{= \text{konstant}} \cdot \frac{1}{r^2}$$

Hierbei geht noch die elektrische Feldkonstante ε_0 ein.

Im Folgenden wird noch eine für Anwendungen wichtige Kategorie von Funktionen betrachtet, die aus den Potenzfunktionen mit der Gleichung $f(x) = x^{-1}$ hervorgeht.

Definition 5.6 Die Funktion f mit der Gleichung

$$f(x) = \frac{a}{x} \text{ mit } a \in \mathbb{R} \setminus \{0\},$$

heißt *antiproportionale Funktion*.

Anstelle von antiproportional sagt man oft auch *indirekt proportional* oder *umgekehrt proportional*. Der Graph einer antiproportionalen Funktion ist eine *Hyperbel* (Abb. 5.19 für $a = 1$ sowie Abb. 5.24 und 5.25).

Satz 5.17 Für eine antiproportionale Funktion f mit der Gleichung

$$f(x) = \frac{a}{x} \text{ mit } a \in \mathbb{R} \setminus \{0\}$$

gilt: Alle Wertepaare $(x \mid f(x))$ sind produktgleich.

Beweis: Durch ein Umformen der Funktionsgleichung erhält man $x \cdot f(x) = a$. ◄

Das konstante Produkt $x \cdot f(x)$ besitzt häufig auch eine inhaltliche Bedeutung, wie Beispiele aus verschiedenen Anwendungsbereichen zeigen.

Beispiel 5.14

Benennt man bei einem Rechteck die Länge der beiden Seite mit x und y, dann gilt für alle inhaltsgleichen Rechtecke mit dem Flächeninhalt A:

$$A = xy \text{ oder } y(x) = \frac{A}{x}$$

Die jeweiligen Rechtecke können unmittelbar in den Funktionsgraphen eingezeichnet werden (Abb. 5.24 links).

Beispiel 5.15

Derzeit übliche Lastzüge können höchstens 38 so genannte Euro-Paletten transportieren, während neue – in der Erprobung befindliche – überlange Lastzüge Platz für bis zu 52 Euro-Paletten bieten. Für den Zusammenhang zwischen der Ladekapazität eines Lastzugs (in Euro-Paletten) und der Anzahl der durchzuführenden Fahrten gilt:

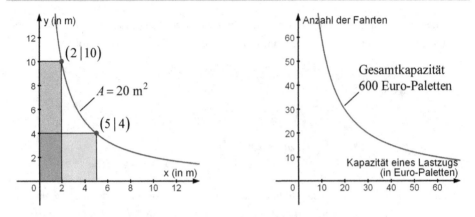

Abb. 5.24 Beispiele für indirekt proportionale Zusammenhänge

$$\text{Anzahl der Fahrten} = \frac{\text{benötigte Gesamtkapazität}}{\text{Kapazität eines Lastzugs}}$$

Der Einsatz überlanger Lastzüge kann die Zahl der Fahrten deutlich senken. In Abbildung 5.24 rechts ist dieser Zusammenhang kontinuierlich für eine Gesamtkapazität von 600 Euro-Paletten dargestellt, wobei in der Realität auftretende Rahmenbedingungen außer Acht gelassen werden.

Beispiel 5.16

Mit einem Versuchsaufbau nach Abbildung 5.12 kann bei einem Gas der Zusammenhang zwischen dem Druck p und dem Volumen V untersucht werden. Für ein ideales

Abb. 5.25 Volumen und Druck eines
idealen Gases bei konstanter Temperatur

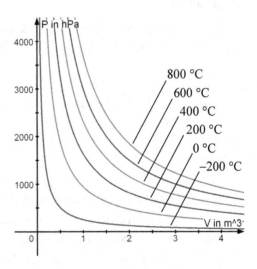

Gas gilt das Gesetz von Boyle-Mariotte: $p \cdot V = \text{konstant}$, wobei der Wert der Konstanten unter anderem von der Temperatur abhängt (Abb. 5.25). Bezeichnet man die Konstante mit K und löst man die Gleichung nach p bzw. V auf, so erhält man jeweils die Gleichung einer antiproportionalen Funktion:

$$p(V) = \frac{K}{V} \quad \text{und} \quad V(p) = \frac{K}{p}.$$

Während in obigen Beispielen eine antiproportionale Funktion als mathematisches Modell offensichtlich ist, liegen in der Praxis häufig nur Wertepaare vor, und es ist zu prüfen, ob die Modellierung durch eine antiproportionale Funktion adäquat ist. Wie kann man dies durchführen? Hierfür werden zwei Kriterien verwendet:

■ Es gibt ein $a \in \mathbb{R} \setminus \{0\}$ so, dass $x \cdot f(x) = a$ für alle $x \in \mathbb{R}$ gilt. In Worten: Alle Wertepaare $(x \mid f(x))$ sind produktgleich (ungleich 0). Man kann dann die Gleichung $x \cdot f(x) = a$ nach $f(x)$ auflösen und erhält die Gleichung einer antiproportionalen Funktion.

■ Dem r-fachen Argument entspricht der $\frac{1}{r}$-fache Funktionswert. Aus der Gleichung

$$f(rx) = \frac{1}{r} \cdot f(x) \quad \text{für } r \in \mathbb{R} \setminus \{0\} \text{ und } x \in \mathbb{R} \setminus \{0\}$$

gewinnt man durch Umformen

$$f(x) = f(x \cdot 1) = \frac{1}{x} \cdot \underbrace{f(1)}_{a} = \frac{a}{x} \text{ mit } a = f(1)$$

als eine mögliche Funktionsgleichung.

Abschließend erfolgt ein Ausblick auf Potenzfunktionen mit der Gleichung $f(x) = x^r$ mit $r \in \mathbb{Q}$. Diese Potenzfunktionen besitzen im Prinzip dieselben Eigenschaften wie die bisher behandelten. Ihre Graphen füllen die Lücken zwischen den bekannten Graphen (Abb. 5.26 zeigt dies für Exponenten r mit $0 < r \leq 1$).

Prinzipiell sind auch reelle Exponenten möglich. Allerdings müssen dann schon die Potenzen anders definiert werden und auch einige Beweise erfordern grundsätzlich andere Überlegungen.

Abb. 5.26 Graphen von
Potenzfunktionen mit
rationalen Exponenten

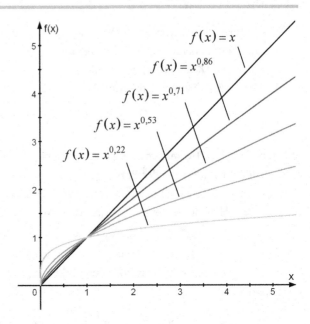

Aufgaben

Aufgabe 5.1

Beweisen Sie:

- Der Graph der Funktion f mit der Gleichung $f(x) = ax + b$ ist punktsymmetrisch bezüglich jedes Punktes der Geraden, und er ist für $a = 0$ achsensymmetrisch zu jeder Parallelen zur y-Achse.

- Der Graph der Funktion f mit der Gleichung $f(x) = ax^2 + bx + c$ ist symmetrisch zur y-Achse genau dann, wenn $b = 0$ gilt.

Aufgabe 5.2

- Untersuchen Sie den Graphen der Funktion f mit der Gleichung

$$f(x) = (x - a)^n + b \text{ mit } a, b \in \mathbb{R} \text{ und } n \in \mathbb{N}$$

auf Symmetrie. Führen Sie dabei eine Fallunterscheidung bezüglich n durch.

- Wie geht der Graph von f aus dem Graphen der Funktion g mit der Gleichung $g(x) = x^n$ hervor? Bestätigen Sie damit die Symmetrieeigenschaften.

◼ Behandeln Sie in analoger Weise die Funktionen f und g mit den Gleichungen

$$f(x) = (x-a)^{-n} + b \text{ und } g(x) = x^{-n} \text{ mit } a, b \in \mathbb{R} \text{ und } n \in \mathbb{N}.$$

Aufgabe 5.3

Stellen Sie die Graphen der durch Gleichungen gegebenen Funktionen in einer Freihandskizze dar. Begründen Sie, wie die Graphen geometrisch auseinander hervorgehen. Anschließend können Sie Ihre Skizze mit einer CAS-Darstellung überprüfen.

◼ $f_1(x) = x^3 - 2$, $f_2(x) = (x-2)^3$ und $f_3(x) = (x-2)^3 - 2$

◼ $f_1(x) = 2x^3$, $f_2(x) = (2x)^3$ und $f_3(x) = (2x-2)^3$

◼ $f_1(x) = -x^3$, $f_2(x) = -(x-2)^3$ und $f_3(x) = -(x-2)^3 - 2$

Aufgabe 5.4

Stellen Sie die Funktionsgraphen in einer Freihandskizze dar und begründen Sie, wie die Graphen geometrisch auseinander hervorgehen:

$$f_1(x) = \sqrt{x}, \ f_2(x) = \sqrt{x} + 2, \ f_3(x) = \sqrt{x+2}, \ f_4(x) = \sqrt{-x} \text{ und } f_5(x) = \sqrt{-x-2}$$

Anschließend können Sie Ihre Skizze mit einer CAS-Darstellung überprüfen.

Aufgabe 5.5

Skizzieren Sie die Graphen der Funktionen mit den Gleichungen

$$f_1(x) = x^3 \text{ und } f_2(x) = (x+2)^3 - 1.$$

Geben Sie jeweils die neuen Funktionsgleichungen an, wenn die Graphen

◼ um 3 nach rechts und um 5 nach oben verschoben werden,

◼ an der x-Achse gespiegelt werden,

◼ an der Geraden mit der Gleichung $y = 5$ gespiegelt werden,

◼ an der y-Achse gespiegelt werden,

◼ an der Geraden mit der Gleichung $x = 5$ gespiegelt werden,

◼ am Koordinatenursprung gespiegelt werden,

◼ am Punkt $(-4\,|\,2)$ gespiegelt werden,

◼ an der Winkelhalbierenden mit der Gleichung $g(x) = x$ gespiegelt werden.

Abb. 5.27 Figur aus Graphen
quadratischer Funktionen
und ihrer Umkehrfunktionen

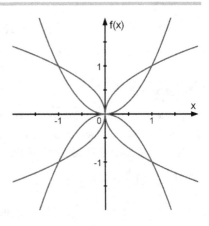

Aufgabe 5.6

Die „Blume" in Abbildung 5.27 besteht aus Graphen quadratischer Funktionen und
ihrer Umkehrfunktionen (nach Barzel et al. 2003).

▪ Welche quadratischen Funktionsterme benötigt man, um diese Figur darzustellen?
Geben Sie die Funktionsterme und den zugehörigen Definitionsbereich an.

▪ Konstruieren Sie eine ähnliche Figur mit Potenzfunktionen vom Grad 3 und ihren
Umkehrfunktionen.

Aufgabe 5.7

Ein Sektglas hat ein Volumen von ca. 0,1 l; eine Flasche Sekt (0,75 l) ergibt also 7 bis
8 Gläser. Auf Ihre Party kommen überraschenderweise mehr Gäste als geplant, und
der Sekt wird knapp. Sie überlegen: Wenn ich jedes Glas nur zur Hälfte fülle, für wie
viele Leute reicht dann eine Flasche Sekt?

▪ Modellieren Sie ein Sektglas näherungsweise als Kegel mit Radius r und Höhe h.
Stellen Sie eine Gleichung für das Volumen V des Glases auf.

▪ Betrachten Sie das Volumen $V(x)$ der Flüssigkeitsmenge im Glas in Abhängigkeit
von der Füllhöhe x. Vergleichen Sie $V\left(\frac{1}{2}h\right)$ und $V(h)$.

Aufgabe 5.8

Wie hängt bei einem Fadenpendel (Abb. 9.17) die Schwingungsdauer T von der Länge
l ab? Zur Beantwortung dieser Frage erfolgt eine deskriptive Modellierung im Anschluss an einen physikalischen Messversuch.

Bauen Sie ein solches Pendel aus einer dünnen, nicht dehnbaren Schnur und einem Gewichtsstück. Nehmen Sie eine Messreihe für die Schwingungsdauer T (in s) in Abhängigkeit von der Fadenlänge l (in m) auf. Tragen Sie die Wertepaare mit Hilfe einer Tabellenkalkulation graphisch auf. Zeigen Sie, indem Sie den Graphen einer Wurzelfunktion den Messpunkten anpassen: $T(l)$ kann durch die Gleichung $T(l) = K\sqrt{l}$ mit einer Konstanten K modelliert werden.

Hinweise zur Durchführung: Lenken Sie das Pendel immer nur wenig aus, da diese Modellierung nur für kleine Auslenkungen gilt. Sie verringern Messfehler bei der Erfassung von T, wenn Sie die Dauer für 10 Schwingungen messen und dann diesen Wert durch 10 dividieren.

Aufgabe 5.9

Für eine antiproportionale Funktion f mit der Gleichung

$$f(x) = \frac{a}{x} \text{ mit } a \in \mathbb{R} \setminus \{0\}$$

gilt: Die Funktion g mit der Gleichung

$$g(x) = \frac{1}{f(x)}$$

ist eine proportionale Funktion.

- Beweisen Sie diese Aussage.

- Formulieren Sie ein Kriterium, um zu prüfen, ob vorliegende Wertepaare adäquat durch eine antiproportionale Funktion modelliert werden können.

- Welchen Vorteil bietet dieses Kriterium? Wie kann man aus der graphischen Darstellung von g die Konstante a ablesen?

Aufgabe 5.10

Eine Funktion f ist in einem Intervall $I \subset D$ genau dann umkehrbar eindeutig, wenn jede Parallele zur x-Achse den Graphen von f in I in höchstens einem Punkt schneidet.

- Begründen Sie das Kriterium unter Rückgriff auf Definition 5.3.

- Geben Sie Beispiele und Gegenbeispiele gemäß diesem Kriterium an.

- Setzen Sie das Kriterium in Beziehung zu jenem in Satz 5.12.

Aufgabe 5.11

Die x-Achse ist eine waagerechte Asymptote der Funktion f mit der Gleichung

$$f(x) = \frac{1}{x^3}.$$

In Abschnitt 5.6 wird dies für die Annäherung in $\mathbb{R}_{>0}$ veranschaulicht; betrachten Sie nun die Annäherung in $\mathbb{R}_{<0}$.

■ Erstellen Sie eine Wertetabelle (analog zu Tab. 5.5).

■ Zeigen Sie durch Umformen der Funktionsgleichung: Zu jeder beliebig großen Zahl $s \in \mathbb{R}_{<0}$ gibt es ein $x_0 \in \mathbb{R}_{<0}$ so, dass $f(x) > s$ für alle $x \in \mathbb{R}_{<0}$ mit $x \leq x_0$.

Aufgabe 5.12

Die y-Achse ist eine senkrechte Asymptote der Funktion f mit der Gleichung

$$f(x) = \frac{1}{x^3}.$$

In Abschnitt 5.6 wird dies für die Annäherung in $\mathbb{R}_{>0}$ veranschaulicht; betrachten Sie nun die Annäherung in $\mathbb{R}_{<0}$.

■ Erstellen Sie eine Wertetabelle (analog zu Tab. 5.6).

■ Zeigen Sie durch Umformen der Funktionsgleichung: Zu jeder beliebig kleinen Zahl $s \in \mathbb{R}_{<0}$ gibt es ein $x_0 \in \mathbb{R}_{<0}$ so, dass $f(x) < s$ für alle $x \in \mathbb{R}_{<0}$ mit $x \geq x_0$.

Aufgabe 5.13

Betrachten Sie die Funktion f mit der Gleichung

$$f(x) = (x - a)^n + b \text{ mit } a, b \in \mathbb{R} \text{ und } n \in \mathbb{N}.$$

Zeigen Sie in Analogie zu Abschnitt 5.6 und den Aufgaben 5.10 und 5.11:

■ Die Gerade mit der Gleichung $y = b$ ist eine waagerechte Asymptote von f.

■ Die Gerade mit der Gleichung $x = a$ ist eine senkrechte Asymptote von f.

Unterscheiden Sie dabei jeweils, ob n gerade oder ungerade ist.

6 Polynomfunktionen

Im Anschluss an die Definition folgen erste Eigenschaften der Polynomfunktionen (Abschn. 6.1) und es wird die Anzahl der Nullstellen einer Polynomfunktion abgeschätzt, was auch eine Aussage über die Anzahl der Lösungen einer Gleichung vom Grad n erlaubt (Abschn. 6.2). Das Verfahren der Polynomdivision erweist sich unter anderem bei der Bestimmung der Nullstellen von Polynomen als hilfreich (Abschn. 6.3). Die Interpolation mit Polynomfunktionen zeigt abschließend die Bedeutung von Polynomfunktionen in der angewandten Mathematik auf (Abschn. 6.4).

6.1 Polynome und Polynomfunktionen

Zunächst werden Polynome, die Terme der Polynomfunktionen, näher betrachtet.

> **Definition 6.1** Ein Term der Form
> $$a_n x^n + a_{n-1} x^{n-1} + \ldots + a_1 x + a_0 \text{ mit } a_0, \ldots, a_n \in \mathbb{R}, \ n \in \mathbb{N} \text{ und } a_n \neq 0$$
> heißt ein *Polynom* und n heißt der *Grad* des Polynoms.

Ein Polynom vom Grad 2, also ein Term der Form $a_2 x^2 + a_1 x + a_0$, wird auch als Binom bezeichnet; die bekannten binomischen Formeln geben an, wie sich spezielle Binome faktorisieren (in ein Produkt umformen) lassen. Da das konstante Polynom a_0 auch in der Form $a_0 x^0$ geschrieben werden kann, wird ihm der Grad 0 zugewiesen.

> **Satz 6.1** Für Polynome $f(x)$ vom Grad n und $g(x)$ vom Grad m gilt:
> - Die Summe $f(x) + g(x)$ und die Differenz $f(x) - g(x)$ sind Polynome; ihr Grad ist kleiner oder gleich dem Maximum von m und n.
> - Das Produkt $f(x) \cdot g(x)$ ist ein Polynom vom Grad $m + n$.

© Springer-Verlag GmbH Deutschland, ein Teil von Springer Nature 2019
G. Wittmann, *Elementare Funktionen und ihre Anwendungen*, Mathematik Primarstufe und Sekundarstufe I + II, https://doi.org/10.1007/978-3-662-58060-8_6

Beweis: Wenn die beiden Polynome $f(x)$ und $g(x)$ die Form

$$f(x) = a_n x^n + \ldots + a_1 x + a_0 \ \text{ und } \ g(x) = b_m x^m + \ldots + b_1 x + b_0$$

haben, dann gilt für ihre Summe und Differenz:

$$f(x) \pm g(x) = \left(a_n x^n + \ldots + a_1 x + a_0 \right) \pm \left(b_m x^m + \ldots + b_1 x + b_0 \right)$$

Der Grad von $f(x) \pm g(x)$ ist kleiner als das Maximum von m und n, wenn $n = m$ und im Fall der Summe $a_n = -b_m$ sowie im Fall der Differenz $a_n = b_m$ gilt, und ansonsten gleich dem Maximum von m und n.

Das Produkt der beiden Polynome hat die Form

$$f(x) \cdot g(x) = \left(a_n x^n + \ldots + a_1 x + a_0 \right)\left(b_m x^m + \ldots + b_1 x + b_0 \right) =$$

$$= a_n b_m x^n x^m + \ldots + a_0 b_0 =$$

$$= a_n b_m x^{n+m} + \ldots + a_0 b_0$$

und ist stets vom Grad $m + n$. ◄

Polynome können also nach den üblichen Regeln für Terme addiert, subtrahiert, multipliziert und dividiert werden. Die Summe, die Differenz und das Produkt zweier Polynome sind stets wieder Polynome.

Definition 6.2 Eine Funktion f mit der Gleichung

$$f(x) = a_n x^n + \ldots + a_1 x + a_0 \ \text{ mit } \ a_0, \ldots, a_n \in \mathbb{R}, \ n \in \mathbb{N} \ \text{ und } \ a_n \neq 0$$

heißt eine *Polynomfunktion*. Der Koeffizient a_n heißt der *Leitkoeffizient* von f und n heißt der *Grad* von f.

Konstante Funktionen, lineare Funktionen, quadratische Funktionen und Potenzfunktionen mit positiven ganzzahligen Exponenten sind demnach spezielle Polynomfunktionen. Auch Funktionen, deren Term durch Ausmultiplizieren als Polynom dargestellt werden kann, wie die Funktion f mit der Gleichung

$$f(x) = \tfrac{1}{2} x^2 (x - 2) = \tfrac{1}{2} x^3 - x^2,$$

werden als Polynomfunktionen eingeordnet. Polynomfunktionen werden auch als ganzrationale Funktionen bezeichnet, als Sonderfälle rationaler Funktionen (Abschn. 7.1).

Satz 6.2   Der Graph einer Polynomfunktion

- ist symmetrisch bezüglich der y-Achse, wenn der Funktionsterm nur gerade Exponenten besitzt.

- ist punktsymmetrisch bezüglich des Koordinatenursprungs, wenn der Funktionsterm nur ungerade Exponenten besitzt.

Beweis: Über den Ansatz

$$f(-x) = a_n(-x)^n + a_{n-1}(-x)^{n-1} + \ldots + a_1(-x) + a_0$$

sieht man, dass $f(-x) = f(x)$ genau dann gilt, wenn alle Exponenten gerade sind, und $f(-x) = -f(x)$ genau dann, wenn alle Exponenten ungerade sind. Hieraus folgen nach Satz 5.6 die Symmetrieeigenschaften des Graphen. ◄

Für den maximalen Definitionsbereich einer Polynomfunktion gilt $D = \mathbb{R}$. Der Wertebereich hingegen ist nicht auf den ersten Blick ersichtlich. Da der Graph von f keine Sprünge aufweist, also „in einem Zug" gezeichnet werden kann, lautet die entscheidende Frage: Wie verhält sich $f(x)$, wenn x in $\mathbb{R}_{>0}$ immer weiter wächst beziehungsweise in $\mathbb{R}_{<0}$ immer weiter fällt? Zwei Beispiele helfen hier weiter.

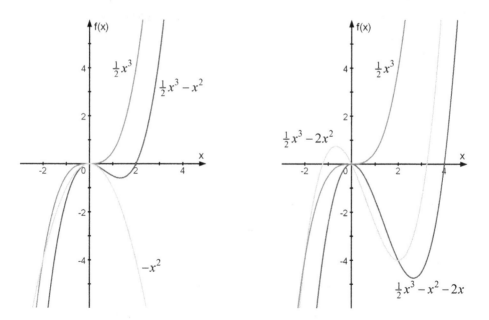

Abb. 6.1 Zum Wertebereich von Polynomfunktionen dritten Grades

Beispiel 6.1

Für die Funktion f mit der Gleichung

$$f(x) = \tfrac{1}{2}x^3 - x^2$$

gilt: Wenn x über alle Grenzen wächst, verhalten sich die beiden Teilterme unterschiedlich: $\tfrac{1}{2}x^3$ ist in $\mathbb{R}_{>0}$ streng monoton wachsend und wächst über alle Grenzen, $-x^2$ hingegen ist in $\mathbb{R}_{>0}$ streng monoton fallend und fällt unter alle Grenzen. Offenbar überwiegt in der Summe der Term $\tfrac{1}{2}x^3$, also der Term mit der höchsten Potenz (Abb. 6.1 links). Dies ändert sich weder durch die stärkere Gewichtung des Terms $-x^2$ mit dem Faktor 2 noch durch die Addition des linearen Terms $-2x$. Zusätzliche quadratische, lineare oder konstante Terme können das Verhalten von f zwar punktuell (in Bezug auf Nullstellen oder lokale Extrema) entscheidend beeinflussen, jedoch nicht, wenn es um die Frage geht, ob der Wertebereich beschränkt oder unbeschränkt ist (Abb. 6.1 rechts).

Beispiel 6.2

Die Funktion f mit der Gleichung

$$f(x) = \tfrac{1}{3}x^4 + x^3 - \tfrac{1}{3}x^2 - x$$

zeigt, dass die Terme x^3, $-\tfrac{1}{3}x^2$ und $-x$ zwar Einfluss auf die lokalen Extrema haben und deshalb auch auf die Lage und den Wert des absoluten Minimums, nicht jedoch darauf, ob ein absolutes Minimum existiert und ob der Wertebereich von f nach unten beschränkt ist. Hierfür ist nur der Term $\tfrac{1}{3}x^4$ von Bedeutung (Abb. 6.2).

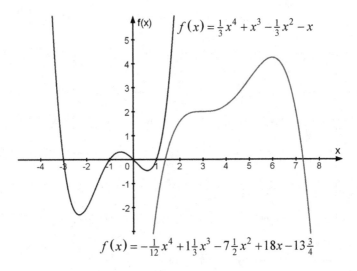

Abb. 6.2 Zum Wertebereich von Polynomfunktionen vierten Grades

Die Funktion f mit der Gleichung

$$f(x) = -\tfrac{1}{12}x^4 + 1\tfrac{1}{3}x^3 - 7\tfrac{1}{2}x^2 + 18x - 13\tfrac{3}{4}$$

ist ebenfalls vom Grad 4. Da ihr Leitkoeffizient $-\tfrac{1}{12}$ negativ ist, ist hier der Wertebereich nach oben beschränkt (Abb. 6.2).

Als Verallgemeinerung der beiden Beispiele lässt sich Satz 6.3 festhalten. Er wird durch die vorausgehenden Beispiele 6.1 und 6.2 anschaulich begründet. Auf einen formalen Beweis wird hier verzichtet, da er sehr aufwändig ist.

Satz 6.3 Für eine Polynomfunktion f mit dem Leitkoeffizienten a_n gilt:

- Für gerade n hängt der Wertebereich vom Vorzeichen von a_n ab: Wenn $a_n > 0$ gilt, ist er nach unten beschränkt durch ein absolutes Minimum und nach oben unbeschränkt; wenn $a_n < 0$ gilt, ist er nach oben beschränkt durch ein absolutes Maximum und nach unten unbeschränkt.

- Für ungerade n gilt für den Wertebereich $W = \mathbb{R}$.

6.2 Nullstellen

Eine lineare Funktion besitzt stets genau eine Nullstelle, eine quadratische Funktion besitzt höchstens zwei Nullstellen. Noch offen ist die Frage, ob eine allgemeine Aussage über die Anzahl der Nullstellen einer Polynomfunktion vom Grad n möglich ist. Die Antwort wird in mehreren Schritten hergeleitet und letztlich in Satz 6.6 gegeben.

Als eine unmittelbare Folgerung aus Satz 6.3 ergibt sich der nachfolgende Satz 6.4.

Satz 6.4 Wenn der Grad einer Polynomfunktion ungerade ist, besitzt sie mindestens eine Nullstelle.

Hierbei geht wieder das Argument ein, dass der Graph von f keine Sprünge macht, sondern in einem Zug durchgezeichnet werden kann. Für Polynomfunktionen, deren Grad gerade ist, lässt sich keine zu Satz 6.4 analoge Aussage treffen (s. Aufg. 6.3).

Ist eine Nullstelle x_0 einer Polynomfunktion bekannt, lässt sich stets der Faktor $x - x_0$ von der Funktionsgleichung abspalten:

Satz 6.5 Wenn die Polynomfunktion f vom Grad n, $n \geq 1$, eine Nullstelle $x_0 \in \mathbb{R}$ besitzt, dann lässt sich ihre Gleichung in ein Produkt der Form

$$f(x) = (x - x_0) \cdot g(x)$$

zerlegen, wobei $g(x)$ ein Polynom vom Grad $n-1$ ist.

Beweis: Für eine Nullstelle x_0 einer Funktion f gilt $f(x_0) = 0$ und damit:

$$f(x) = f(x) - 0 = f(x) - f(x_0) =$$

$$= \left(a_n x^n + a_{n-1} x^{n-1} + \ldots + a_1 x + a_0 \right) - \left(a_n x_0^n + a_{n-1} x_0^{n-1} + \ldots + a_1 x_0 + a_0 \right) =$$

$$= a_n \left(x^n - x_0^n \right) + a_{n-1} \left(x^{n-1} - x_0^{n-1} \right) + \ldots + a_1 \left(x - x_0 \right) =$$

$$= (x - x_0) \underbrace{\left(b_{n-1} x^{n-1} + \ldots + b_1 x + b_0 \right)}_{g(x)}$$

Entscheidend für den Übergang von der dritten zur vierten Zeile ist, dass jeder der Terme $x^n - x_0^n$, $x^{n-1} - x_0^{n-1}$, ... nach Satz 5.2 in ein Produkt mit dem Faktor $x - x_0$ umgeformt und dieser Faktor dann ausgeklammert werden kann. Das Polynom $g(x)$ vom Grad $n-1$ entsteht beim Ausklammern. Seine Koeffizienten $b_0, \ldots, b_{n-1}$ berechnen sich aus $a_0, \ldots, a_n$ und x_0; insbesondere gilt $b_{n-1} = a_n \neq 0$, wodurch sein Grad feststeht. Die weiteren Koeffizienten sind nicht so leicht zu ermitteln und auch nicht von Interesse. ◄

Faktorisiert man ein Polynom f vom Grad n, das eine Nullstelle besitzt, entsprechend Satz 6.5, so bleibt als zweiter Faktor ein Polynom $g(x)$ vom Grad $n-1$ übrig. Wenn die neue Polynomfunktion g nun eine weitere Nullstelle hat, so kann Satz 6.5 abermals angewendet werden, und man erhält ein Polynom vom Grad $n-2$. Dieses Verfahren lässt sich fortsetzen, bis ein Polynom übrig bleibt, das keine Nullstelle mehr besitzt: Wenn $x_1, \ldots, x_k$ die k verschiedenen Nullstellen einer Polynomfunktion f sind, dann erhält man stets eine Faktorisierung der Form

$$f(x) = (x - x_1)^{m_1} \cdot (x - x_2)^{m_2} \cdot \ldots \cdot (x - x_k)^{m_k} \cdot p(x),$$

wobei p eine Polynomfunktion vom Grad $n - m_1 - m_2 - \ldots - m_k$ ist, die keine Nullstelle mehr hat; es gilt also $p(x) \neq 0$ für alle $x \in \mathbb{R}$. Besitzt schon f keine Nullstelle, dann gilt $f(x) = p(x)$. Aus Satz 6.4 folgt unmittelbar, dass der Grad von p gerade ist, denn andernfalls hätte p eine Nullstelle in $\mathbb{R}$.

Die vollständige Faktorisierung einer Polynomfunktion veranlasst folgende Definition:

Definition 6.3 Wenn $x_1, \ldots, x_k \in \mathbb{R}$ die k verschiedenen Nullstellen einer Polynomfunktion f vom Grad n, $n \geq 1$, sind und

$$f(x) = (x - x_1)^{m_1} \cdot (x - x_2)^{m_2} \cdot \ldots \cdot (x - x_k)^{m_k} \cdot p(x),$$

eine vollständige Faktorisierung der Funktionsgleichung ist, dann heißt der Exponent m_i die *Vielfachheit* der Nullstelle x_i.

Oft sagt man auch kurz, dass x_i eine m_i-fache Nullstelle von f ist.

Die Faktorisierung der Funktionsgleichung in der Form

$$f(x) = (x - x_1)^{m_1} \cdot (x - x_2)^{m_2} \cdot \ldots \cdot (x - x_k)^{m_k} \cdot p(x)$$

ist eindeutig bis auf die Reihenfolge der Faktoren, was hier nicht bewiesen wird; sie ist
insbesondere unabhängig davon, mit welcher Nullstelle das Verfahren nach Satz 6.5 be-
gonnen wird. Deshalb lässt sich nun die eingangs gestellte Frage nach der Anzahl der
Nullstellen einer Polynomfunktion vom Grad n beantworten:

Satz 6.6 Eine Polynomfunktion vom Grad n, $n \geq 1$, hat in $\mathbb{R}$ höchstens n Nullstellen.

Beispiel 6.3

Eine Polynomfunktion vom Grad 3 besitzt in $\mathbb{R}$ höchstens drei Nullstellen. Berücksichtigt man die Vielfachheit der Nullstellen, können vier Fälle auftreten. (Es gibt
keine Polynomfunktion vom Grad 3, die genau eine doppelte Nullstelle besitzt.)

- Die Funktion f mit der Gleichung

$$f(x) = \tfrac{1}{2}x^3 - 2x^2 + \tfrac{1}{2}x - 2 = \tfrac{1}{2}(x - 4)(x^2 + 1)$$

  hat nur die einfache Nullstelle 4, da $x^2 + 1 \geq 1$ für alle $x \in \mathbb{R}$ (Abb. 6.3).

- Die Funktion f mit der Gleichung

$$f(x) = \tfrac{1}{5}x^3 - 2\tfrac{2}{5}x + 3\tfrac{1}{5} = \tfrac{1}{5}(x - 2)^2(x + 4)$$

  hat die doppelte Nullstelle 2 und die einfache Nullstelle −4 (Abb. 6.3).

- Die Funktion f mit der Gleichung

$$f(x) = \tfrac{1}{5}x^3 + \tfrac{1}{5}x^2 - 3\tfrac{1}{5}x - 3\tfrac{1}{5} = \tfrac{1}{5}(x - 4)(x + 1)(x + 4)$$

  hat die drei einfachen Nullstellen 4, −1 und −4 (Abb. 6.4).

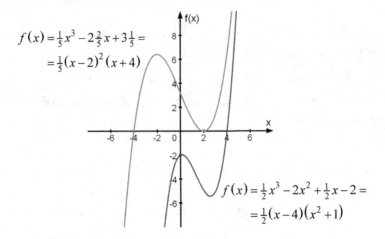

$$f(x) = \tfrac{1}{5}x^3 - 2\tfrac{2}{5}x + 3\tfrac{1}{5} =$$
$$= \tfrac{1}{5}(x-2)^2(x+4)$$

$$f(x) = \tfrac{1}{2}x^3 - 2x^2 + \tfrac{1}{2}x - 2 =$$
$$= \tfrac{1}{2}(x-4)(x^2+1)$$

Abb. 6.3 Nullstellen einer Polynomfunktion vom Grad 3

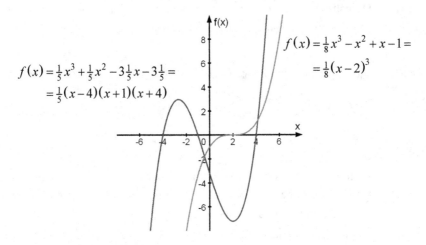

$$f(x) = \tfrac{1}{5}x^3 + \tfrac{1}{5}x^2 - 3\tfrac{1}{5}x - 3\tfrac{1}{5} =$$
$$= \tfrac{1}{5}(x-4)(x+1)(x+4)$$

$$f(x) = \tfrac{1}{8}x^3 - x^2 + x - 1 =$$
$$= \tfrac{1}{8}(x-2)^3$$

Abb. 6.4 Nullstellen einer Polynomfunktion vom Grad 3

■ Die Funktion *f* mit der Gleichung

$$f(x) = \tfrac{1}{8}x^3 - x^2 + x - 1 = \tfrac{1}{8}(x-2)^3$$

hat die dreifache Nullstelle 2 (Abb. 6.4).

Von der Vielfachheit einer Nullstelle kann in bestimmten Fällen direkt auf die Existenz lokaler Extrema geschlossen werden:

Satz 6.7 Eine Polynomfunktion f mit einer Nullstelle x_0 der Vielfachheit m besitzt in x_0 genau dann ein lokales Extremum, wenn m gerade ist.

Beweis: Durch mehrfache Anwendung des Verfahrens nach Satz 6.5 wird f so faktorisiert, dass $f(x) = (x - x_0)^m \cdot g(x)$ mit $g(x_0) \neq 0$. Deshalb gibt es eine Umgebung $U(x_0)$, in der $g(x)$ für alle $x \in U(x_0)$ dasselbe Vorzeichen besitzt; hierbei geht ein, dass der Graph einer Polynomfunktion ohne Unterbrechung in einem Stück gezeichnet werden kann. Weiter gilt:

- Wenn m gerade ist, dann hat $(x - x_0)^m$ für alle $x \in U(x_0) \setminus \{x_0\}$ dasselbe Vorzeichen und auch $f(x)$ nimmt für alle $x \in U(x_0) \setminus \{x_0\}$ dasselbe Vorzeichen an. Dann ist entweder $f(x_0) < f(x)$ oder $f(x_0) > f(x)$ für alle $x \in U(x_0) \setminus \{x_0\}$, und f besitzt in x_0 entweder ein lokales Maximum oder ein lokales Minimum.

- Wenn m ungerade ist, dann tritt bei $(x - x_0)^m$ und damit auch bei $f(x)$ ein Vorzeichenwechsel in x_0 auf. Deshalb kann selbst in einer äußerst kleinen Umgebung $U(x_0)$ weder $f(x_0) < f(x)$ noch $f(x_0) > f(x)$ für alle $x \in U(x_0) \setminus \{x_0\}$ erfüllt sein, und f besitzt in x_0 kein lokales Extremum.

Also tritt in x_0 genau dann ein lokales Extremum auf, wenn m gerade ist. ◄

Beispiel 6.4

Die Polynomfunktion f mit der Gleichung

$$f(x) = \tfrac{1}{4}x^7 - 5x^6 + 41\tfrac{1}{4}x^5 - 181\tfrac{1}{2}x^4 + 459x^3 - 666x^2 + 512x - 160 =$$
$$= \tfrac{1}{4}(x-1)(x-2)^3(x-4)^2(x-5)$$

besitzt die einfache Nullstelle $x_1 = 1$, die dreifache Nullstelle $x_2 = 2$, die zweifache Nullstelle $x_3 = 4$ und die einfache Nullstelle $x_4 = 5$. Da die Anzahl der Nullstellen unter Berücksichtigung der Vielfachheiten gleich dem Grad von f ist, sind dies alle Nullstellen von f. Allein aus den Nullstellen lassen sich folgende Eigenschaften erschließen (Abb. 6.5):

- In $x_3 = 4$ nimmt f ein lokales Extremum an.

- In $x_1 = 1$, $x_2 = 2$ und $x_4 = 5$ findet ein Vorzeichenwechsel von $f(x)$ statt.

- Zwischen diesen Nullstellen, in den Intervallen $]1;2[$, $]2;4[$ und $]4;5[$ liegt jeweils (mindestens ein) lokales Extremum vor.

Zieht man noch $f(0) = -160$ hinzu, lassen sich Bereiche im Koordinatensystem markieren, in denen der Graph von f nicht verlaufen kann (in Abb. 6.5 grau dargestellt), und die lokalen Extrema können als Maxima oder Minima eingeordnet werden. Mit

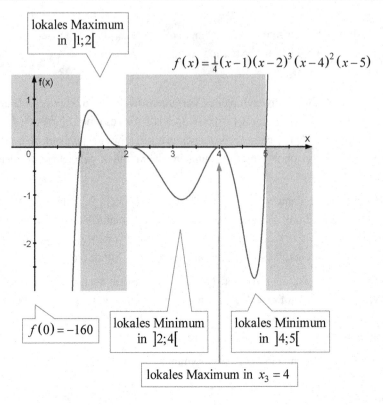

lokales Maximum
in $]1;2[$

$$f(x) = \tfrac{1}{4}(x-1)(x-2)^3 (x-4)^2 (x-5)$$

$f(0) = -160$

lokales Minimum
in $]2;4[$

lokales Minimum
in $]4;5[$

lokales Maximum in $x_3 = 4$

Abb. 6.5 Verlauf des Graphen einer Polynomfunktion vom Grad 7

den zur Verfügung stehenden Mitteln kann allerdings nicht überprüft werden, ob dies bereits alle lokalen Extrema sind oder ob noch weitere existieren.

Die in Satz 6.6 formulierte Aussage über die Anzahl der Nullstellen einer Polynomfunktion erlaubt einen Schluss auf die Anzahl der Lösungen einer Gleichung n-ten Grades. Da in Satz 6.8 gleiche Lösungen nicht mehrfach gezählt werden, ist seine Aussage schwächer als jene von Satz 6.6.

Satz 6.8 Die Gleichung n-ten Grades

$$a_n x^n + \ldots + a_1 x + a_0 = 0 \ \text{ mit } n \in \mathbb{N}, \ a_0, \ldots, a_n \in \mathbb{R}, \ a_n \neq 0,$$

besitzt in $\mathbb{R}$ höchstens n verschiedene Lösungen.

6.3 Polynomdivision

Nach Satz 6.5 kann ein Polynom f, das eine Nullstelle x_0 besitzt, stets in ein Produkt der Form $f(x) = (x - x_0)^m \cdot g(x)$ zerlegt werden. Allerdings wird in Satz 6.5 nur ausgesagt, dass eine solche Faktorisierung prinzipiell möglich ist, nicht jedoch, wie der Faktor $g(x)$ ermittelt werden kann. Dies wird im Folgenden gezeigt.

> **Definition 6.4** Wenn es zu zwei Polynomen $f(x)$ und $g(x)$ ein Polynom $q(x)$ so gibt, dass $f(x) = q(x) \cdot g(x)$, dann nennt man $g(x)$ einen *Teiler* von $f(x)$ und umgekehrt $f(x)$ ein *Vielfaches* von $g(x)$.

Es lassen sich genau zwei Fälle unterscheiden:

- Ist $g(x)$ ein Teiler von $f(x)$, dann kann statt des Produkts $f(x) = q(x) \cdot g(x)$ auch der Quotient $f(x) : g(x) = q(x)$ geschrieben werden. Mit anderen Worten: Die Division von $f(x)$ durch $g(x)$ geht auf, es bleibt kein Rest.

- Ist $g(x)$ hingegen kein Teiler von $f(x)$, dann geht die Division nicht auf. Es bleibt ein Rest. Man erhält eine Zerlegung der Form

$$f(x) = q(x) \cdot g(x) + r(x)$$

mit einem Polynom $r(x)$, dessen Grad kleiner als der Grad von $g(x)$ ist. In diesem Fall kann die Division mit Rest in der Form

$$f(x) : g(x) = q(x) + r(x) : g(x)$$

dargestellt werden.

Die Überprüfung, ob $g(x)$ ein Teiler von $f(x)$ ist, kann mittels *Polynomdivision* erfolgen. Dabei handelt es sich um die Übertragung des bekannten Divisionsalgorithmus auf Polynome.

Mit Hilfe der Polynomdivision lässt sich darüber hinaus jedes Polynom f vollständig faktorisieren: Eine Nullstelle x_0 kann durch Lösungsformeln, durch Probieren oder durch Näherungsverfahren (wie die Regula falsi in Abschn. 3.5) ermittelt werden. Sobald eine erste Nullstelle x_0 bekannt ist, lässt sich der Term $x - x_0$ abspalten: Die Polynomdivision $f(x) : (x - x_0)$ liefert ein Polynom vom Grad $n - 1$. Nun kann man eine Nullstelle dieses Polynoms vom Grad $n - 1$ suchen und abermals eine Polynomdivision durchführen, und so weiter, bis ein Polynom übrig bleibt, das keine Nullstellen mehr besitzt.

Beispiel 6.5

Ist $g(x) = 3x^2 + 1$ ein Teiler von $f(x) = 12x^5 - 6x^4 + x^3 + 7x^2 - x + 3$? Der Divisionsalgorithmus verläuft wie folgt:

$$
\begin{array}{l}
\left(12x^5 - 6x^4 + x^3 + 7x^2 - x + 3\right) : \left(3x^2 + 1\right) = 4x^3 - 2x^2 - x + 3 \\
\underline{-\left(12x^5 \qquad + 4x^3\right)} \\
\qquad -6x^4 - 3x^3 + 7x^2 \\
\qquad \underline{-\left(-6x^4 \qquad -2x^2\right)} \\
\qquad\qquad -3x^3 + 9x^2 - x \\
\qquad\qquad \underline{-\left(-3x^3 \qquad -x\right)} \\
\qquad\qquad\qquad 9x^2 \quad + 3 \\
\qquad\qquad\qquad \underline{-\left(9x^2 \quad + 3\right)} \\
\qquad\qquad\qquad\qquad 0
\end{array}
$$

Folglich gilt

$$
\underbrace{\left(12x^5 - 6x^4 + x^3 + 7x^2 - x + 3\right)}_{f(x)} : \underbrace{\left(3x^2 + 1\right)}_{g(x)} = \underbrace{4x^3 - 2x^2 - x + 3}_{q(x)}
$$

oder in multiplikativer Schreibweise

$$
\underbrace{12x^5 - 6x^4 + x^3 + 7x^2 - x + 3}_{f(x)} = \underbrace{\left(4x^3 - 2x^2 - x + 1\right)}_{q(x)} \cdot \underbrace{\left(3x^2 + 3\right)}_{g(x)}.
$$

Also ist $g(x)$ ein Teiler von $f(x)$.

Beispiel 6.6

Ist $g(x) = -5x^2 + 2x - 4$ ein Teiler von $f(x) = -5x^3 + 17x^2 - 8x + 13$? Der Divisionsalgorithmus verläuft wie folgt:

$$
\begin{array}{l}
\left(-5x^3 + 17x^2 - 8x + 13\right) : \left(-5x^2 + 2x - 4\right) = x - 3 \\
\underline{-\left(-5x^3 + 2x^2 - 4x\right)} \\
\qquad 15x^2 - 4x + 13 \\
\qquad \underline{-\left(15x^2 - 6x + 12\right)} \\
\qquad\qquad 2x + 1
\end{array}
$$

Es bleibt ein Rest, die Division geht nicht auf. Folglich gilt

$$
\underbrace{\left(-5x^3 + 17x^2 - 8x + 13\right)}_{f(x)} : \underbrace{\left(-5x^2 + 2x - 4\right)}_{g(x)} = \underbrace{(x - 3)}_{q(x)} + \underbrace{(2x + 1)}_{r(x)} : \underbrace{\left(-5x^2 + 2x - 4\right)}_{g(x)}
$$

oder in multiplikativer Darstellung

$$\underbrace{-5x^3 + 17x^2 - 8x + 13}_{f(x)} = \underbrace{(x-3)}_{q(x)} \cdot \underbrace{(-5x^2 + 2x - 4)}_{g(x)} + \underbrace{(2x+1)}_{r(x)}.$$

6.4 Interpolation mit Polynomfunktionen

Die Gleichung $f(x) = a_n x^n + a_{n-1} x^{n-1} + \ldots + a_1 x + a_0$ einer Polynomfunktion vom Grad n wird durch die $n+1$ Koeffizienten $a_0, \ldots, a_n \in \mathbb{R}$ festgelegt. Um die Gleichung einer solchen Funktion aufzustellen, sind also $n+1$ Koeffizienten zu bestimmen.

Bei der mathematischen Modellierung kann dies genutzt werden, um auf der Basis von $n+1$ Wertepaaren $(x_i \mid f(x_i))$, $1 \le i \le n+1$, die Gleichung einer Polynomfunktion f zu ermitteln, deren Graph die $n+1$ Punkte $(x_i \mid f(x_i))$ genau trifft und den funktionalen Zusammenhang zwischen diesen Punkten interpoliert, also näherungsweise beschreibt.

Der Interpolation mit Polynomfunktionen liegt folgender Ansatz zugrunde: Jedes Wertepaar $(x_i \mid f(x_i))$ muss die Funktionsgleichung erfüllen:

$$a_n x_i^n + a_{n-1} x_i^{n-1} + \ldots + a_2 x_i^2 + a_1 x_i + a_i = f(x_i), \ 1 \le i \le n+1$$

Aus $n+1$ Wertepaaren gewinnt man ein lineares Gleichungssystem mit $n+1$ Gleichungen für die $n+1$ Unbekannten $a_0, \ldots, a_n$. Seine Lösung liefert die Koeffizienten einer Polynomfunktion, deren Grad $\le n$ ist. Rückblickend lässt sich die in Abschnitt 3.4 beschriebene lineare Interpolation als Spezialfall einer Interpolation mit Polynomfunktionen einordnen: Zwei Wertepaare bestimmen die Gleichung einer linearen Funktion, also einer Polynomfunktion vom Grad 1.

Innerhalb welcher Grenzen die Interpolation dem zu modellierenden Sachverhalt angemessen ist, muss im Einzelfall entschieden werden, wie die beiden nachfolgenden Beispiele zeigen. Häufig ist schon eine Interpolation kritisch oder nicht zulässig, und in besonderem Maße gilt dies für eine Extrapolation über die gegebenen Punkte hinaus.

Beispiel 6.7

Gesucht ist eine Polynomfunktion, deren Graph die vier Punkte $(1 \mid 3,5)$, $(2 \mid 0)$, $(4 \mid -1)$ und $(5 \mid 4,5)$ interpoliert. Das lineare Gleichungssystem

$$\begin{array}{rcrcrcrcr}
a_3 & + & a_2 & + & a_1 & + & a_0 & = & 3{,}5 \\
8a_3 & + & 4a_2 & + & 2a_1 & + & a_0 & = & 0 \\
64a_3 & + & 16a_2 & + & 4a_1 & + & a_0 & = & -1 \\
125a_3 & + & 25a_2 & + & 5a_1 & + & a_0 & = & 4{,}5
\end{array}$$

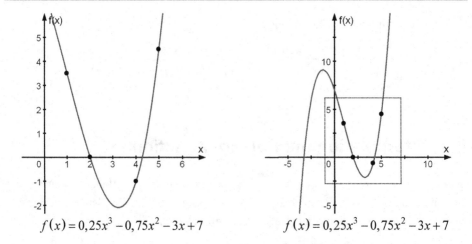

$$f(x) = 0,25x^3 - 0,75x^2 - 3x + 7 \qquad f(x) = 0,25x^3 - 0,75x^2 - 3x + 7$$

Abb. 6.6 Die Interpolation von vier Punkten liefert eine Polynomfunktion vom Grad 3

führt auf die Funktionsgleichung $f(x) = 0,25x^3 - 0,75x^2 - 3x + 7$, erwartungsgemäß vom Grad 3. Ihr Graph interpoliert die vier gegebenen Punkte (Abb. 6.6 links). Schon diese kleinräumige Betrachtung wirft die Frage auf, ob der gekrümmte Verlauf des Graphen zwischen den Punkten $(2\,|\,0)$ und $(4\,|\,-1)$ eine tragfähige Interpolation darstellt. Beim Auszoomen (Abb. 6.6 rechts; die Markierung zeigt den Ausschnitt von Abb. 6.6 links) tritt noch deutlicher der typische Verlauf des Graphen einer Polynomfunktion vom Grad 3 zutage. Es bleibt zu prüfen, ob diese Modellierung dem zugrunde liegenden Sachverhalt gerecht wird.

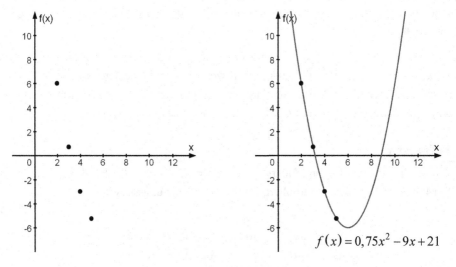

$$f(x) = 0,75x^2 - 9x + 21$$

Abb. 6.7 Die Interpolation von vier Punkten kann auch eine quadratische Funktion liefern

Beispiel 6.8

Aus den vier Punkten $(2\,|\,6)$, $(3\,|\,0{,}75)$, $(4\,|\,{-}3)$ und $(5\,|\,{-}5{,}25)$ kann, so die Erwartung, die Gleichung einer Funktion 3. Grades ermittelt werden (Abb. 6.7 links). Das lineare Gleichungssystem

$$
\begin{aligned}
8a_3 + 4a_2 + 2a_1 + a_0 &= 6 \\
27a_3 + 9a_2 + 3a_1 + a_0 &= 0{,}75 \\
64a_3 + 16a_2 + 4a_1 + a_0 &= -3 \\
125a_3 + 25a_2 + 5a_1 + a_0 &= -5{,}25
\end{aligned}
$$

ergibt $a_3 = 0$ und liefert deshalb mit $f(x) = 0{,}75x^2 - 9x + 21$ die Gleichung einer quadratischen Funktion: Alle vier Punkte gehören zu einer Parabel (Abb. 6.7 rechts).

Aufgaben

Aufgabe 6.1

▦ Veranschaulichen Sie die Aussage von Satz 6.3 zum Wertebereich von Polynomfunktionen am Beispiel der nachfolgend gegebenen Funktionen. Zeichnen Sie die zugehörigen Graphen mit Hilfe eines CAS.

▦ $f(x) = -\frac{1}{5}x^3$ ▦ $f(x) = -\frac{1}{5}x^3 - 4$

▦ $f(x) = -\frac{1}{5}x^3 - x$ ▦ $f(x) = -\frac{1}{5}x^3 + x$

▦ $f(x) = -\frac{1}{5}x^3 + 3x$ ▦ $f(x) = -\frac{1}{5}x^3 - x^2$

▦ Bestimmen Sie den Leitkoeffizienten der Funktion f und leiten Sie nach Satz 6.3 entsprechende Folgerungen ab. Gehen Sie hierbei geschickt vor und vermeiden Sie ein vollständiges Ausmultiplizieren des Funktionsterms.

▦ $f(x) = 4 - 3x^3 + x^2 - x$ ▦ $f(x) = 2(1 - x)(x^2 - 1)$

▦ $f(x) = (2x^2 + 1)(4 - x) - 3x^2$ ▦ $f(x) = -\frac{1}{3}x(x - 2)^3$

Aufgabe 6.2

Für eine Polynomfunktion f mit der Gleichung

$$f(x) = a_n x^n + \ldots + a_1 x + a_0 \text{ mit } a_0, \ldots, a_n \in \mathbb{R}, \ n \in \mathbb{N} \text{ und } a_n \neq 0$$

ist in Abbildung 6.8 in vier Fällen das Verhalten des Graphen dargestellt, wenn x in $\mathbb{R}_{>0}$ über alle Grenzen wächst beziehungsweise in $\mathbb{R}_{<0}$ unter alle Grenzen fällt.

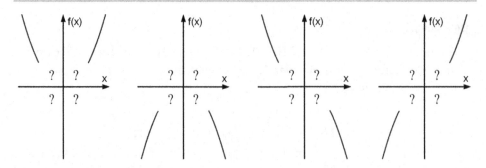

Abb. 6.8 Graphen von Polynomfunktionen und ihr Leitkoeffizient

- Welche Folgerungen können Sie daraus jeweils für den Grad n der Polynomfunktion und den Leitkoeffizienten a_n ziehen? Geben Sie Gleichungen von Funktionen an, die diese Bedingungen erfüllen.

- Welche weiteren Eigenschaften können Sie der Funktionsgleichung entnehmen? Zeichnen Sie die zugehörigen Graphen mit Hilfe eines CAS und vergleichen Sie.

Aufgabe 6.3

- Bestimmen Sie die Gleichungen verschiedener Polynomfunktionen, die genau folgende Nullstellen besitzen:

  - 3   - 3 und $\sqrt{5}$ - 0, 2 und -2

- Bestimmen Sie – unter Berücksichtigung der Vielfachheit der Nullstellen – die Gleichungen von Polynomfunktionen

  - vom Grad 3, die genau 0, 1, 2, 3 Nullstellen besitzen;

  - vom Grad 4, die genau 0, 1, 2, 3, 4 Nullstellen besitzen.

Welche weiteren Eigenschaften besitzen die von Ihnen angegeben Polynomfunktionen? Gehen Sie hierbei wie in Abbildung 6.5 vor.

Aufgabe 6.4

Betrachten Sie eine Polynomfunktion f vom Grad n, $n \geq 1$, mit den k verschiedenen Nullstellen $x_1, \ldots, x_k \in \mathbb{R}$ der Vielfachheit $m_1, \ldots, m_k$ und der vollständigen Faktorisierung

$$f(x) = (x - x_1)^{m_1} \cdot (x - x_2)^{m_2} \cdot \ldots \cdot (x - x_k)^{m_k} \cdot p(x).$$

Was können Sie über den Grad des Polynoms $p(x)$ aussagen?

7 Rationale Funktionen

Die Behandlung rationaler Funktionen führt wesentliche bei den Potenzfunktionen in Kapitel 5 und bei den Polynomfunktionen in Kapitel 6 angestellte Überlegungen zusammen und vertieft sie. Im Anschluss an die Definition und die Herleitung von ersten Eigenschaften (Abschn. 7.1) wird das asymptotische Verhalten untersucht (Abschn. 7.2).

7.1 Definition und Eigenschaften

Eine rationale Zahl ist ein Quotient zweier ganzer Zahlen, wobei der Nenner $\neq 0$ ist. Analog hierzu ist der Term einer rationalen Funktion ein Quotient zweier Polynome, wobei das Nennerpolynom ungleich dem Nullpolynom ist (jedoch einzelne Nullstellen besitzen kann).

> **Definition 7.1** Eine Funktion f mit der Gleichung
> $$f(x) = \frac{p(x)}{q(x)},$$
> wobei $p(x)$ und $q(x)$ mit $q(x) \neq 0$ Polynome sind, heißt *rationale Funktion*.

Die Potenzfunktionen mit der Gleichung $f(x) = x^{-n}$ mit $n \in \mathbb{N}$ sind spezielle rationale Funktionen mit dem Zählerpolynom $p(x) = 1$ und dem Nennerpolynom $q(x) = x^n$. Die Polynomfunktionen sind spezielle rationale Funktionen mit dem Nennerpolynom $q(x) = 1$ und werden deshalb oft auch als ganzrationale Funktionen bezeichnet.

> **Satz 7.1** Für den maximalen Definitionsbereich D einer rationalen Funktion f gilt $D = \mathbb{R} \setminus \{x_1, \ldots, x_k\}$, wobei $x_1, \ldots, x_k$ die k verschiedenen Nullstellen des Nennerpolynoms sind.

© Springer-Verlag GmbH Deutschland, ein Teil von Springer Nature 2019
G. Wittmann, *Elementare Funktionen und ihre Anwendungen*, Mathematik
Primarstufe und Sekundarstufe I + II, https://doi.org/10.1007/978-3-662-58060-8_7

Der maximale Definitionsbereich einer rationalen Funktion wird lediglich durch die Nullstellen des Nennerpolynoms eingeschränkt.

Satz 7.2   Die Nullstellen einer rationalen Funktion f sind alle Nullstellen des Zählerpolynoms, die in D liegen.

Beweis: Für $x_0 \in D$ gilt $f(x_0) = 0$ genau dann, wenn $p(x_0) = 0$. ◄

Die Symmetrie des Graphen einer rationalen Funktion ist zumindest in einigen Fällen auf Anhieb zu erkennen (für einen Beweis von Satz 7.3 s. Aufg. 7.2).

Satz 7.3   Der Graph einer rationalen Funktion ist

- symmetrisch zur y-Achse, wenn sowohl das Zähler- als auch das Nennerpolynom nur gerade oder nur ungerade Exponenten besitzen,

- punktsymmetrisch in Bezug auf den Koordinatenursprung, wenn das Zählerpolynom nur gerade und das Nennerpolynom nur ungerade Exponenten besitzt (oder umgekehrt).

Wie verhält sich f in der Umgebung einer Definitionslücke, einer Stelle $x_0 \in \mathbb{R}$, an der f nicht definiert ist? Bei der Untersuchung dieser Frage wird stets davon ausgegangen, dass das Zählerpolynom $p(x)$ und das Nennerpolynom $q(x)$ keine gemeinsamen Nullstellen besitzen. Dies stellt jedoch keine Einschränkung dar, da andernfalls die Gleichung von f durch eine Faktorisierung von Zähler und Nenner gemäß Satz 6.5 gekürzt werden kann, wobei allerdings der Definitionsbereich größer wird.

Definition 7.2   Für eine rationale Funktion f mit der Gleichung

$$f(x) = \frac{p(x)}{q(x)}$$

heißt $x_0 \in \mathbb{R}$ eine *Polstelle* von f, wenn $q(x_0) = 0$ und $p(x_0) \neq 0$.

An einer Polstelle nähert sich der Graph von f der Geraden mit der Gleichung $x = x_0$, ohne sie zu berühren, da f in x_0 nicht definiert ist. Diese Gerade ist eine senkrechte Asymptote von f.

Wenn sich an einer solchen Polstelle x dem Wert $x_0 \in \mathbb{R}$ annähert, dann wächst $f(x)$ über alle Grenzen oder fällt unter alle Grenzen. Einen entscheidenden Einfluss besitzt hierbei die Vielfachheit der Nullstelle x_0 des Nennerpolynoms.

Satz 7.4 Für eine rationale Funktion f, deren Nennerpolynom eine Nullstelle x_0 der Vielfachheit m besitzt, besitzt $f(x_0)$ in einer Umgebung $U(x_0)$ links und rechts von x_0

- dasselbe Vorzeichen, wenn m gerade ist,
- unterschiedliche Vorzeichen, wenn m ungerade ist.

Beweis: Wenn x_0 eine m-fache Nullstelle des Nennerpolynoms $q(x)$ ist, existiert nach Satz 6.5 eine Faktorisierung $q(x) = (x - x_0)^m \cdot g(x)$ mit $g(x_0) \neq 0$. Dementsprechend lässt sich auch f umformen:

$$f(x) = \frac{p(x)}{q(x)} = \frac{1}{(x - x_0)^m} \cdot \frac{p(x)}{g(x)} \, .$$

Da sowohl $p(x_0) \neq 0$ als auch $g(x_0) \neq 0$, gibt es eine Umgebung $U(x_0)$, in welcher der Quotient

$$\frac{p(x)}{g(x)}$$

sein Vorzeichen nicht ändert. Das Vorzeichen von $f(x)$ in $U(x_0)$ hängt also nur vom Term

$$\frac{1}{(x - x_0)^m}$$

ab, der sein Vorzeichen in x_0 genau dann ändert, wenn m ungerade ist. ◄

Beispiel 7.1

Die beiden möglichen Fälle in Satz 7.4 treten bei der Funktion f mit der Gleichung

$$f(x) = \frac{x + 1}{x^3 + 4x^2 - 3x - 18} = \frac{x + 1}{(x - 2)(x + 3)^2}$$

auf: Das Nennerpolynom besitzt die Nullstelle $x_1 = -3$ der Vielfachheit 2 und die Nullstelle $x_2 = 2$ der Vielfachheit 1. Deshalb ist $D = \mathbb{R} \setminus \{-3; 2\}$ der maximale Definitionsbereich von f. Die Geraden mit den Gleichungen $x = -3$ und $x = 2$ sind senkrechte Asymptoten von f. Bei $x_1 = -3$ findet kein Vorzeichenwechsel von $f(x)$ statt, bei $x_2 = 2$ hingegen schon (Abb. 7.1).

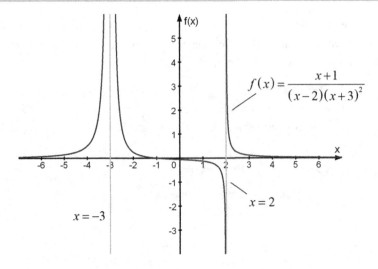

$$f(x) = \frac{x+1}{(x-2)(x+3)^2}$$

$x = 2$

$x = -3$

Abb. 7.1 Polstellen und senkrechte Asymptoten

7.2 Asymptoten

Wie verläuft der Graph einer rationalen Funktion, wenn x in $\mathbb{R}_{>0}$ immer weiter wächst (über alle Grenzen wächst) beziehungsweise in $\mathbb{R}_{<0}$ immer weiter fällt (unter alle Grenzen fällt)? Die Situation ist unübersichtlich: Zähler und Nenner des Funktionsterms sind Polynome, die dann jeweils über alle Grenzen wachsen oder unter alle Grenzen fallen (siehe Abschn. 6.1). Auch die Abbildungen 7.1 bis 7.5 zeigen ein breites Spektrum von Varianten. Deshalb ist eine Fallunterscheidung in Bezug auf den Grad n des Zählerpolynoms und den Grad m des Nennerpolynoms hilfreich, um die Situation zu strukturieren. Es werden die beiden Fälle $n < m$ und $n \geq m$ unterschieden.

1. Fall: Für $n < m$ kann man jeweils x^m ausklammern. Für sehr große x in $\mathbb{R}_{>0}$ und sehr kleine x in $\mathbb{R}_{<0}$ darf man $x \neq 0$ annehmen, da die Anzahl der Nullstellen endlich ist und man sich deshalb weit jenseits aller Nullstellen befindet. Anschließend wird gekürzt. Wegen $n < m$ gilt stets $m - n > 0$.

$$f(x) = \frac{p(x)}{q(x)} = \frac{a_n x^n + a_{n-1} x^{n-1} + \ldots + a_1 x + a_0}{b_m x^m + b_{m-1} x^{m-1} + \ldots + b_1 x + b_0} =$$

$$= \frac{x^m \left(\dfrac{a_n}{x^{m-n}} + \dfrac{a_{n-1}}{x^{m-n+1}} + \ldots + \dfrac{a_1}{x^{m-1}} + \dfrac{a_0}{x^m} \right)}{x^m \left(b_m + \dfrac{b_{m-1}}{x} + \ldots + \dfrac{b_1}{x^{m-1}} + \dfrac{b_0}{x^m} \right)} = \frac{\dfrac{a_n}{x^{m-n}} + \dfrac{a_{n-1}}{x^{m-n+1}} + \ldots + \dfrac{a_1}{x^{m-1}} + \dfrac{a_0}{x^m}}{b_m + \dfrac{b_{m-1}}{x} + \ldots + \dfrac{b_1}{x^{m-1}} + \dfrac{b_0}{x^m}}$$

Nun wird der umgeformte Funktionsterm unter dem Kovariationsaspekt betrachtet: Was passiert, wenn x in $\mathbb{R}_{>0}$ immer weiter wächst? Dann nähert sich der Wert der Terme

$$\frac{a_n}{x^{m-n}}, \frac{a_{n-1}}{x^{m-n+1}}, \ldots, \frac{a_1}{x^{m+1}}, \frac{a_0}{x^m} \text{ und } \frac{b_{m-1}}{x}, \ldots, \frac{b_1}{x^{m-1}}, \frac{b_0}{x^m}$$

immer mehr 0, da es sich um die Terme von Potenzfunktionen handelt (s. Abschn. 5.2). Deshalb unterscheidet sich der Wert des Zählerpolynoms

$$p(x) = \frac{a_n}{x^{m-n}} + \frac{a_{n-1}}{x^{m-n-1}} + \ldots + \frac{a_1}{x^{m+1}} + \frac{a_0}{x^m}$$

immer weniger von 0 und der Wert des Nennerpolynoms

$$q(x) = b_m + \frac{b_{m-1}}{x} + \ldots + \frac{b_1}{x^{m-1}} + \frac{b_0}{x^m}$$

immer weniger von b_m. Der gesamte Funktionsterm als Quotient aus $p(x)$ und $q(x)$ wiederum nähert sich immer mehr dem Wert 0. Folglich kommt der Graph von f der x-Achse beliebig nahe, und die x-Achse bildet eine waagerechte Asymptote von f. Analoge Überlegungen gelten in $\mathbb{R}_{<0}$.

2. Fall: Für $n \geq m$ lässt sich der Quotient aus dem Zählerpolynom $p(x)$ vom Grad n und dem Nennerpolynom $q(x)$ vom Grad m als Division dieser Polynome auffassen, wobei im Allgemeinen ein Rest $r(x)$ bleibt:

$$f(x) = \frac{p(x)}{q(x)} = p(x) : q(x) = g(x) + r(x) : q(x) = g(x) + \frac{r(x)}{q(x)}$$

Dabei ist $g(x)$ ein Polynom vom Grad $n - m$ und $r(x)$ ein Polynom von einem Grad kleiner als m. Der Quotient

$$\frac{r(x)}{q(x)}$$

ist der Term einer rationalen Funktion, deren Zählerpolynom einen kleineren Grad besitzt als das Nennerpolynom. Hiermit wird der zweite Fall auf den ersten zurückgeführt: Wenn x in $\mathbb{R}_{>0}$ über alle Grenzen wächst oder in $\mathbb{R}_{<0}$ unter alle Grenzen fällt, nähert sich der Wert dieses Quotienten immer mehr 0 an, und folglich unterscheidet sich $f(x)$ immer weniger von $g(x)$. Die Polynomfunktion g kann als Näherung für die rationale Funktion f betrachtet werden:

$$f(x) = \frac{p(x)}{q(x)} = g(x) + \frac{r(x)}{q(x)} \approx g(x)$$

Ist insbesondere der Grad des Zählerpolynoms um 1 größer als der Grad des Nennerpolynoms, gilt also $n - m = 1$, dann ist g vom Grad 1 und eine schiefe Asymptote von f.

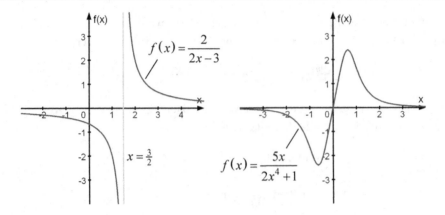

Abb. 7.2 Graphen rationaler Funktionen mit der x-Achse als waagerechter Asymptote

Beispiel 7.2

Die schon in Beispiel 7.1 betrachtete Funktion f mit der Gleichung

$$f(x) = \frac{x+1}{x^3 + 4x^2 - 3x - 18}$$

besitzt die x-Achse als waagerechte Asymptote (Abb. 7.1).

Beispiel 7.3

Auch für die beiden Funktionen mit den Gleichungen

$$f(x) = \frac{2}{2x-3} = \frac{x \cdot \dfrac{2}{x}}{x\left(2 - \dfrac{3}{x}\right)} \quad \text{und} \quad f(x) = \frac{5x}{2x^4 + 1} = \frac{x^4 \cdot \dfrac{5}{x^3}}{x^4\left(2 + \dfrac{1}{x^4}\right)} = \frac{\dfrac{5}{x^3}}{2 + \dfrac{1}{x^4}}$$

stellt die x-Achse jeweils eine waagerechte Asymptote dar (Abb. 7.2).

Beispiel 7.4

Sowohl für die Funktion f mit der Gleichung

$$f(x) = \frac{4x^3 + 1}{-2x^3} = (4x^3 + 1):(-2x^3) = \underbrace{-2}_{g(x)} + \frac{1}{-2x^3}$$

als auch für die Funktion f mit der Gleichung

$$f(x) = \frac{-2x^4 + x^2}{x^4 + x^2} = (-2x^4 + x^2):(x^4 + x^2) = \underbrace{-2}_{g(x)} + \frac{3x^2}{x^4 + x^2}$$

liefert die Polynomdivision $g(x) = -2$ als waagerechte Asymptote von f (Abb. 7.3).

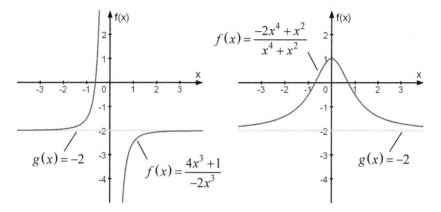

Abb. 7.3 Graphen rationaler Funktionen mit waagerechten Asymptoten

Beispiel 7.5

Für die Funktion f mit der Gleichung

$$f(x) = \frac{3x^3 - 4x^2 - 6x + 13}{4x^2 - 8} = \underbrace{\frac{3}{4}x - 1}_{g(x)} + \frac{5}{4x^2 - 8}$$

liefert die Polynomdivision $g(x) = \frac{3}{4}x - 1$ als schiefe Asymptote von f (Abb. 7.4).

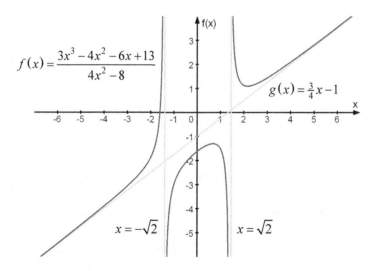

Abb. 7.4 Graph einer rationalen Funktion mit einer schiefen Asymptote

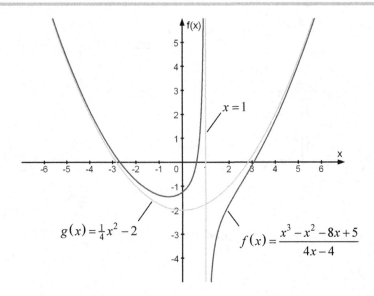

Abb. 7.5 Annäherung des Funktionsgraphen an eine Parabel

Beispiel 7.6

Bei der Funktion f mit der Gleichung

$$f(x) = \frac{x^3 - x^2 - 8x + 5}{4x - 4} = \underbrace{\tfrac{1}{4}x^2 - 2}_{g(x)} - \frac{3}{4x - 4}$$

gilt $m = n + 2$ für den Grad n des Zählerpolynoms und den Grad m des Nennerpolynoms. Aus der Polynomdivision erhält man mit

$$g(x) = \tfrac{1}{4}x^2 - 2$$

die Gleichung einer quadratischen Funktion. Der Graph von f schmiegt sich an die zugehörige Parabel, wenn x in $\mathbb{R}_{>0}$ über alle Grenzen wächst oder in $\mathbb{R}_{<0}$ unter alle Grenzen fällt (Abb. 7.5). Die Idee der Asymptote ist also nicht an lineare Funktionen gebunden, sondern lässt sich auf beliebige Funktionen erweitern.

Die Erfahrungen aus den vorangegegangen Beispielen werden in Satz 7.5 zusammengefasst. Die Bestimmung von Asymptoten – senkrechte, waagerechte, schiefe – ist eine zentrale Idee, um das Verhalten rationaler Funktionen und ihrer Graphen zu charakterisieren.

Satz 7.5 Für eine rationale Funktion f mit der Gleichung

$$f(x) = \frac{a_n x^n + a_{n-1} x^{n-1} + \ldots + a_1 x + a_0}{b_m x^m + b_{m-1} x^{m-1} + \ldots + b_1 x + b_0}$$

gilt:

- Für $n < m$ ist die x-Achse eine waagerechte Asymptote von f.

- Für $n = m$ ist die konstante Funktion mit der Gleichung

$$g(x) = \frac{a_n}{b_m}$$

  eine waagerechte Asymptote von f.

- Für $n > m$ gibt es eine Polynomfunktion vom Grad $n - m$, die eine Asymptote von f darstellt.

Ein Beweis von Satz 7.5 ist hier nicht möglich. Lediglich für $n = m$ lässt sich mittels Polynomdivision zeigen, dass $g(x)$ die besagte Form besitzt (Aufg. 7.5).

Aufgaben

Aufgabe 7.1

Stellen Sie die Funktionsgraphen in einer Freihandskizze dar. Überprüfen Sie anschließend Ihre Skizze mit einer CAS-Darstellung.

- $f_1(x) = \dfrac{1}{x^2}$, $f_2(x) = \dfrac{1}{x^2 + 4}$, $f_3(x) = \dfrac{1}{x^2 - 4}$, $f_4(x) = \dfrac{1}{(x+4)^2}$,

  $f_5(x) = \dfrac{1}{(x-4)^2}$

- $f_1(x) = \dfrac{1}{x^3}$, $f_2(x) = \dfrac{1}{x^3} - 2$, $f_3(x) = \dfrac{1}{(x-2)^3}$ und $f_4(x) = \dfrac{1}{x^3 - 2}$

Aufgabe 7.2

Beweisen Sie Satz 7.3 über die Symmetrie des Graphen einer rationalen Funktion f. Formen Sie den Funktionsterm für $f(-x)$ so um, dass Sie eine der Gleichungen

$$f(-x) = f(x) \text{ oder } f(-x) = -f(x)$$

erhalten.

Aufgabe 7.3

Zeichnen Sie die Graphen der Funktionen f und g mit den Gleichungen

$$f(x) = \frac{x^2 - 3x - 18}{x - 6} \quad \text{und} \quad g(x) = \frac{x^3 + 4x^2 - x - 4}{x^2 - 1}$$

unter Verwendung eines CAS. Erklären Sie das Phänomen. Bestimmen Sie dazu die Definitionslücken und untersuchen Sie, wie sich das Zählerpolynom dort verhält. Konstruieren Sie weitere Beispiele.

Aufgabe 7.4

Für eine rationale Funktion f, deren Zählerpolynom eine Nullstelle $x_0 \in D$ der Vielfachheit m besitzt, gilt: f besitzt in x_0 genau dann ein lokales Extremum, wenn m gerade ist.

▪ Konstruieren Sie Beispiele, die diese Aussage veranschaulichen.

▪ Beweisen Sie die Aussage. Den Ausgangspunkt bildet die nach Satz 6.5 existierende Faktorisierung

$$p(x) = (x - x_0)^m \cdot g(x) \quad \text{mit} \quad g(x_0) \neq 0$$

des Zählerpolynoms $p(x)$. Gehen Sie im Weiteren in ähnlicher Weise wie beim Beweis zu Satz 7.4 vor.

Aufgabe 7.5

Zeigen Sie, dass für $n = m$ die in Satz 7.5 genannte Funktion g die Gleichung

$$g(x) = \frac{a_n}{b_m}$$

besitzt. Arbeiten Sie zuerst mit Zahlenbeispielen und führen Sie dann die Polynomdivision allgemein so weit durch, bis Sie die Aussage bestätigen können.

Aufgabe 7.6

Wenn der Graph einer rationalen Funktion symmetrisch ist, dann muss dies auch für seine Asymptoten gelten. Bestätigen Sie diese Aussage anhand von Beispielen. Unterscheiden Sie dabei zwischen waagerechten, senkrechten und schiefen Asymptoten einerseits sowie der Symmetrie zur y-Achse und der Punktsymmetrie zum Koordinatenursprung andererseits.

8 Exponentialfunktionen und Logarithmusfunktionen

Auch die Exponentialfunktionen erweisen sich als universelle mathematische Modelle zur Beschreibung von Vorgängen aus verschiedenen Anwendungsbereichen. Zunächst werden die Exponentialfunktionen und ihre Eigenschaften behandelt sowie zentrale Anwendungen vorgestellt (Abschn. 8.1). Nach einer kurzen Darstellung der wichtigsten Regeln für das Rechnen mit Logarithmen (Abschn. 8.2) werden dann die Logarithmusfunktionen als Umkehrfunktionen der Exponentialfunktionen betrachtet (Abschn. 8.3).

8.1 Exponentialfunktionen

Der Term einer Exponentialfunktion ist eine Potenz. Anders als bei den Potenzfunktionen ist hier aber die Basis konstant und der Exponent bildet das Argument der Funktion. Hierbei wird vorausgesetzt, dass eine Potenz auch für reelle Exponenten definiert werden kann, was in diesem Buch nicht weiter begründet wird, da es nicht mehr auf elementare Weise möglich ist (s. Abschn. 5.1).

> **Definition 8.1** Eine Funktion f mit der Gleichung $f(x) = a^x$ mit $a \in \mathbb{R}_{>0} \setminus \{1\}$ heißt *Exponentialfunktion* und a heißt *Basis* der Exponentialfunktion.

Die Basis $a = 1$ wird ausgeschlossen, da sie wegen $1^x = 1$ für alle $x \in \mathbb{R}$ auf eine konstante Funktion mit völlig anderen Eigenschaften führt. Einige Eigenschaften der Exponentialfunktionen, die für alle Basen $a \in \mathbb{R}_{>0} \setminus \{1\}$ gelten, lassen sich sofort ablesen:

- Laut Voraussetzung ist $a \in \mathbb{R}_{>0} \setminus \{1\}$ und deshalb a^x für beliebige Exponenten definiert. Folglich gilt für eine Exponentialfunktion immer $D = \mathbb{R}$.

© Springer-Verlag GmbH Deutschland, ein Teil von Springer Nature 2019
G. Wittmann, *Elementare Funktionen und ihre Anwendungen*, Mathematik
Primarstufe und Sekundarstufe I + II, https://doi.org/10.1007/978-3-662-58060-8_8

■ Für Basen $a \in \mathbb{R}_{>0} \setminus \{1\}$ gilt $a^x > 0$ für alle $x \in \mathbb{R}$. Daraus folgt, dass eine Exponentialfunktion keine Nullstellen besitzt und $W \subset \mathbb{R}_{>0}$ gilt. Später wird einsichtig, dass sogar $W = \mathbb{R}_{>0}$ gilt.

■ Für alle Basen $a \in \mathbb{R}_{>0} \setminus \{1\}$ gilt $f(0) = a^0 = 1$ und $f(1) = a^1 = a$. Die Graphen aller Exponentialfunktionen verlaufen deshalb durch die Punkte $(0\,|\,1)$ und $(1\,|\,a)$.

Um weitere Eigenschaften zu erschließen, ist die Fallunterscheidung $0 < a < 1$ und $a > 1$ notwendig.

Satz 8.1   Die Exponentialfunktion f mit der Gleichung $f(x) = a^x$, $a \in \mathbb{R}_{>0} \setminus \{1\}$, ist

■ für $0 < a < 1$ in $\mathbb{R}$ streng monoton fallend,

■ für $a > 1$ in $\mathbb{R}$ streng monoton wachsend.

Beweis: Für $x_1, x_2 \in \mathbb{R}$ mit $x_2 > x_1$ wird der Quotient aus $f(x_2)$ und $f(x_1)$ gebildet und geprüft, ob er größer oder kleiner als 1 ist.

$$\frac{f(x_2)}{f(x_1)} = \frac{a^{x_2}}{a^{x_1}} = a^{x_2 - x_1}$$

Nun sind zwei Fälle zu unterscheiden:

■ Für $0 < a < 1$ gilt auch $0 < a^{x_2 - x_1} < 1$, und f ist in $\mathbb{R}$ streng monoton fallend.

■ Für $a > 1$ gilt auch $a^{x_2 - x_1} > 1$, und f ist in $\mathbb{R}$ streng monoton wachsend. ◄

Aus Satz 8.1 folgt mit Satz 4.11, dass eine Exponentialfunktion keine lokalen Extrema besitzt, und mit Satz 5.12, dass sie in $\mathbb{R}$ umkehrbar eindeutig ist.

Die Graphen verlaufen für $0 < a < 1$ und $a > 1$ grundsätzlich unterschiedlich (Abb. 8.1 und 8.2). In beiden Fällen ist die x-Achse eine waagerechte Asymptote von f, jedoch jeweils in einem anderen Bereich:

■ Für $0 < a < 1$ schmiegt sich der Graph von f in $\mathbb{R}_{>0}$ an die x-Achse an, wenn x immer größer wird und über alle Grenzen wächst.

■ Für $a > 1$ schmiegt sich der Graph von f in $\mathbb{R}_{<0}$ an die x-Achse an, wenn x immer kleiner wird und unter alle Grenzen fällt.

Da ein exponentielles Wachstum ein universelles Modell ist, das in verschiedenen Anwendungskontexten auftreten kann, wird es im Folgenden genauer untersucht. Es kann über Satz 8.1 hinaus weiter charakterisiert werden.

Abb. 8.1 Graphen von
Exponentialfunktionen
(Basis zwischen 0 und 1)

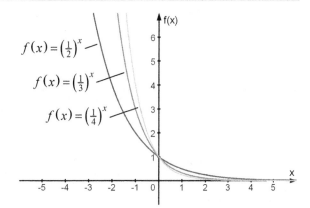

Abb. 8.2 Graphen von
Exponentialfunktionen
(Basis größer als 1)

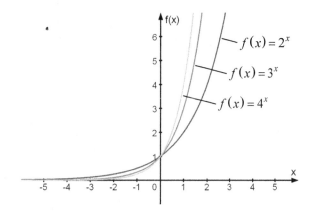

Für $x_1, x_2 \in \mathbb{R}$ mit $x_2 > x_1$ ist $\Delta x = x_2 - x_1$. Es gilt:

$$\Delta f(x) = f(x_2) - f(x_1) = f(x_1 + \Delta x) - f(x_1) = a^{x_1 + \Delta x} - a^{x_1} = a^{x_1} a^{\Delta x} - a^{x_1} = (a^{\Delta x} - 1) a^{x_1} =$$

$$= (a^{\Delta x} - 1) \cdot f(x_1)$$

Die Änderung $\Delta f(x)$ des Funktionswerts ist proportional zum jeweiligen Ausgangswert $f(x_1)$ mit dem Proportionalitätsfaktor $a^{\Delta x} - 1$.

▨ Für $0 < a < 1$ gilt: Je kleiner $f(x_1)$, desto kleiner auch $\Delta f(x)$. Deshalb ist f zwar streng monoton fallend, die Abnahme wird jedoch ständig geringer (Abb. 8.1).

▨ Für $a > 1$ gilt: Je kleiner $f(x_1)$, desto größer auch $\Delta f(x)$. Deshalb ist f nicht nur streng monoton wachsend, sondern das Wachstum nimmt sogar unaufhörlich zu (Abb. 8.2).

Der Wertebereich der Exponentialfunktion ist in beiden Fällen nicht nach oben beschränkt. Deshalb gilt nicht nur $W \subset \mathbb{R}_{<0}$, sondern sogar $W = \mathbb{R}_{>0}$.

x	-2	-1	0	1	2	3	4
10^x	0,01	0,1	1	10	100	1000	10000

Tab. 8.1 Exponentielles Wachstum (dargestellt an der Wertetabelle)

Abb. 8.3 Exponentielles Wachstum (dargestellt am Funktionsgraphen)

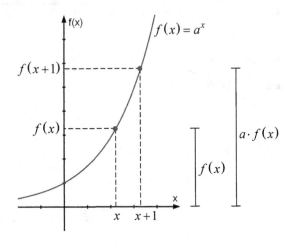

Die Basis a der Exponentialfunktion kann inhaltlich gedeutet werden: Eine Änderung von x um Δx zieht eine Änderung von $f(x)$ um den Faktor $a^{\Delta x}$ nach sich. Speziell für $\Delta x = 1$ gilt $f(x+1) = a \cdot f(x)$. In Worten: Wenn x um 1 erhöht wird, dann ändert sich $f(x)$ um den Faktor a. Eine Zunahme des Arguments um 1 bewirkt eine Ver-a-fachung des Funktionswerts (Tab. 8.1 und Abb. 8.3).

Aufschlussreich ist es, die Graphen zweier Exponentialfunktionen mit unterschiedlichen Basen unter die Lupe zu nehmen.

- Für die beiden Exponentialfunktionen f und g mit den Gleichungen $f(x) = a^x$ und $g(x) = b^x$ sowie $a > b$ gilt:

$$\frac{f(x)}{g(x)} = \frac{a^x}{b^x} = \left(\frac{a}{b}\right)^x \begin{cases} < 1 & \text{wenn } x < 0 \\ = 1 & \text{wenn } x = 0 \\ > 1 & \text{wenn } x > 0 \end{cases}$$

Die Graphen beider Funktionen schneiden sich im Punkt $(0\,|\,1)$, den die Graphen aller Exponentialfunktionen gemeinsam haben. Wenn $x < 0$ ist, dann verläuft der Graph

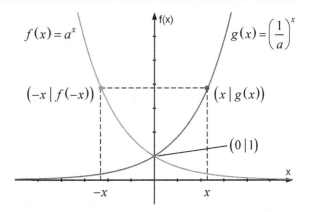

Abb. 8.4 Symmetrische Graphen, wenn die Basen Kehrbrüche sind

der Funktion mit der kleineren Basis oberhalb des Graphen der Funktion mit der größeren Basis; für $x > 0$ verhält es sich umgekehrt (Abb. 8.1 und 8.2).

⬜ Wenn die Basen zweier Exponentialfunktionen f und g Kehrwerte sind, wenn also die Funktionsgleichungen

$$f(x) = a^x \text{ und } g(x) = \left(\frac{1}{a}\right)^x,$$

lauten, dann gilt für alle $x \in \mathbb{R}$ die Beziehung

$$f(-x) = a^{-x} = \left(\frac{1}{a}\right)^x = g(x),$$

die besagt, dass der Graph von f achsensymmetrisch zum Graphen von g bezüglich der y-Achse ist (dargestellt für den Fall $a < 1$ in Abb. 8.4).

Bei der Beschreibung von Wachstumsprozessen in unterschiedlichsten Anwendungsbereichen treten häufig Funktionen f mit der Gleichung $f(x) = c \cdot a^x$ mit $c \in \mathbb{R} \setminus \{0\}$ auf. Wegen $f(0) = c$ kann c als Startwert oder Anfangswert eines exponentiellen Wachstums gedeutet werden.

Beispiel 8.1

Bei einer festverzinslichen Geldanlage (etwa einem Sparbrief) wird ein Anfangskapital K_0 zu einem jährlichen Zinssatz $i = p\%$ angelegt. Die anfallenden Zinsen werden am Ende des Jahres ebenfalls dem Sparkonto gutgeschrieben.

Wie groß ist (unter Berücksichtigung von Zinsen und Zinseszinsen) das Kapital K_n am Ende des n-ten Jahres?

$$K_1 = K_0 + i \cdot K_0 = (1+i) \cdot K_0$$

$$K_2 = K_1 + i \cdot K_1 = (1+i) \cdot K_1 = (1+i) \cdot \left((1+i) \cdot K_0 \right) = (1+i)^2 \cdot K_0$$

$$K_3 = K_2 + i \cdot K_2 = (1+i) \cdot K_2 = (1+i) \cdot \left((1+i)^2 \cdot K_0 \right) = (1+i)^3 \cdot K_0$$

$$K_4 = K_3 + i \cdot K_3 = (1+i) \cdot K_3 = (1+i) \cdot \left((1+i)^3 \cdot K_0 \right) = (1+i)^4 \cdot K_0$$

$$\vdots$$

$$K_n = K_{n-1} + i \cdot K_{n-1} = (1+i) \cdot K_{n-1} = (1+i) \cdot \left((1+i)^{n-1} \cdot K_0 \right) = (1+i)^n \cdot K_0$$

Im n-ten Jahr wächst das Kapital um $\Delta K = K_n - K_{n-1} = i \cdot K_{n-1}$. Dies sind die im n-ten Jahr anfallenden und am Ende des n-ten Jahres notierten Zinsen; ΔK, der Kapitalzuwachs im n-ten Jahr, ist proportional zu K_{n-1}, dem Kapital zu Beginn des n-ten Jahres; der Proportionalitätsfaktor i ist der Zinssatz $p\%$. Das Säulendiagramm in Abbildung 8.5 veranschaulicht für einen Anlagebetrag von 100 € und einen Zinssatz von 7,5% (also $p = 7,5$ oder $i = 0,075$), wie die Zinsen aufgrund des Zinseszinseffekts wachsen. Jede Säule besteht aus zwei Abschnitten: Das Kapital K_{n-1} zu Beginn des n-ten Jahres und die im n-ten Jahr anfallenden Zinsen $i \cdot K_{n-1}$ sind zusammen genau so groß wie das Kapital K_n am Ende des n-ten Jahres.

Die Kapitalentwicklung erfolgt exponentiell: $K(n) = K_0 \cdot (1+i)^n$ mit $n \in \mathbb{N}_0$, wobei $a = 1 + i = 1 + p\%$ den Faktor angibt, um den das Kapital in jedem Jahr wächst. Eine kontinuierliche Darstellung der Kapitalentwicklung wird nicht vorgenommen, da sie die unterjährige Verzinsung nicht adäquat modelliert und damit für nicht-ganzzahlige Argumente falsche Funktionswerte liefert.

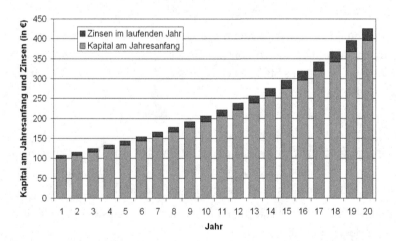

Abb. 8.5 Geldanlage mit Zinseszinseffekt

Beispiel 8.2

Eine Zellkultur in einer Petrischale wächst pro Zeiteinheit um 20%. Wie viele Zellen existieren bei einem Anfangsbestand n_0 zum Zeitpunkt t? Bezeichnet man die Anzahl der Zellen zum Zeitpunkt t mit n_t, so gilt:

$$n_1 = n_0 + 0,2 \cdot n_0 = 1,2 \cdot n_0$$
$$n_2 = n_1 + 0,2 \cdot n_1 = 1,2 \cdot n_1 = 1,2 \cdot \left(1,2 \cdot n_0\right) = 1,2^2 \cdot n_0$$
$$n_3 = n_2 + 0,2 \cdot n_2 = 1,2 \cdot n_2 = 1,2 \cdot \left(1,2^2 \cdot n_0\right) = 1,2^3 \cdot n_0$$
$$n_4 = n_3 + 0,2 \cdot n_3 = 1,2 \cdot n_3 = 1,2 \cdot \left(1,2^3 \cdot n_0\right) = 1,2^4 \cdot n_0$$
$$\vdots$$
$$n_t = n_{t-1} + 0,2 \cdot n_{t-1} = 1,2 \cdot n_{t-1} = 1,2 \cdot \left(1,2^{t-1} \cdot n_0\right) = 1,2^t \cdot n_0$$

Der Zuwachs an Zellen $\Delta n = n_t - n_{t-1}$ pro Zeiteinheit beträgt $0,2 \cdot n_{t-1}$ und ist damit proportional zu n_{t-1}, der Anzahl der zu Beginn des Zeitabschnitts vorhandenen Zellen. Der Bestand an Zellen zum Zeitpunkt $t \in \mathbb{N}_0$ kann durch die Funktion mit der Gleichung $n(t) = n_0 \cdot 1,2^t$ modelliert werden. Die Analogie zur Kapitalentwicklung ist offensichtlich: Das Anfangskapital entspricht dem Anfangsbestand, die „Kinder" den Zinsen und die „Kindeskinder" oder „Enkel" den Zinseszinsen. Geht man von einem hinreichend großen Anfangsbestand n_0 und einer kontinuierlichen Vermehrung aus, ist die Gleichung $n(t) = n_0 \cdot 1,2^t$ auch für $t \in \mathbb{R}_{\geq 0}$ sinnvoll (Abb. 8.6 links); allerdings gibt es dann keine unterscheidbare Generationenfolge mehr. Die Modellierung durch eine Exponentialfunktion ist allerdings stark idealisiert: Sie beschreibt ein ungebrems-

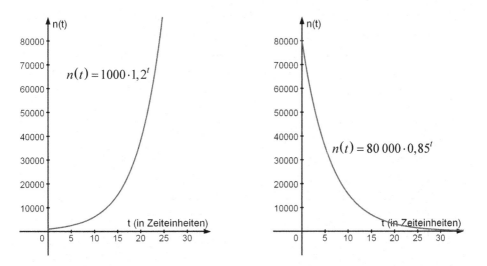

Abb. 8.6 Wachstum (links) und Sterben (rechts) einer Zellkultur

tes Wachstum ohne Störungen, das in der Realität nur bedingt zutrifft. Vielmehr sterben auch Zellen, die Fähigkeit zur Vermehrung wird oft mit zunehmendem Alter geringer und äußere Faktoren (wie Platzmangel) können das Wachstum hemmen.

Beispiel 8.3

Das Sterben einer Zellkultur kann – in idealisierter Weise – analog zu ihrem Wachsen modelliert werden. Anfangs existieren n_0 Lebewesen, pro Zeiteinheit sterben 15%. Wie viele sind zum Zeitpunkt t noch vorhanden?

$$n_1 = n_0 - 0{,}15 \cdot n_0 = 0{,}85 \cdot n_0$$

$$n_2 = n_1 - 0{,}15 \cdot n_1 = 0{,}85 \cdot n_1 = 0{,}85 \cdot \left(0{,}85 \cdot n_0\right) = 0{,}85^2 \cdot n_0$$

$$n_3 = n_2 - 0{,}15 \cdot n_2 = 0{,}85 \cdot n_2 = 0{,}85 \cdot \left(0{,}85^2 \cdot n_0\right) = 0{,}85^3 \cdot n_0$$

$$n_4 = n_3 - 0{,}15 \cdot n_3 = 0{,}85 \cdot n_3 = 0{,}85 \cdot \left(0{,}85^3 \cdot n_0\right) = 0{,}85^4 \cdot n_0$$

$$\vdots$$

$$n_t = n_{t-1} - 0{,}15 \cdot n_{t-1} = 0{,}85 \cdot n_{t-1} = 0{,}85 \cdot \left(0{,}85^{t-1} \cdot n_0\right) = 0{,}85^t \cdot n_0$$

Die Abnahme an Zellen pro Zeiteinheit beträgt $\Delta n = n_t - n_{t-1} = -0{,}15 \cdot n_{t-1}$. Sie resultiert aus den in diesem Zeitraum sterbenden Zellen und ist proportional zu n_{t-1}, dem Bestand zu Beginn des Zeitabschnitts. Der Bestand an Zellen zum Zeitpunkt $t \in \mathbb{N}_0$ kann durch die Gleichung $n(t) = n_0 \cdot 0{,}85^t$ modelliert werden. Wie in Beispiel 8.2 ist auch hier eine kontinuierliche Darstellung für $t \in \mathbb{R}_{\geq 0}$ möglich (Abb. 8.6 rechts).

Beispiel 8.4

Der radioaktive Zerfall (instabile Atomkerne eines Elements zerfallen unter Emission radioaktiver Strahlung spontan zu einem Atomkern eines anderen Elements) kann bei einer hinreichend großen Anzahl von Atomkernen exponentiell modelliert werden. Nach der Zeitspanne $T_{1/2}$, der so genannten Halbwertszeit, ist die Hälfte der Atomkerne eines Elements zerfallen und demnach die andere Hälfte noch übrig (Tab. 8.2).

Atomkern	$T_{1/2}$		Atomkern	$T_{1/2}$
Polonium-214	0,164 ms		Jod-131	8,0 d
Radon-220	55,6 s		Cäsium-137	30 a
Polonium-218	3,05 min		Kohlenstoff-14	5730 a
Blei-214	26,8 min		Kalium-40	$1{,}3 \cdot 10^9$ a
Radon-222	3,8 d		Uran-238	$4{,}5 \cdot 10^9$ a

Tab. 8.2 Instabile Atomkerne und ihre Halbwertszeiten (Daten aus: Kuchling 1989, S. 653)

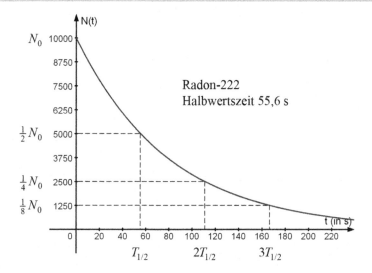

Abb. 8.7 Zerfallsgesetz am Beispiel von Radon-222

Für die Anzahl $N(t)$ der zum Zeitpunkt t noch vorhandenen Atomkerne gilt, wenn zu Beginn der Messung N_0 Atomkerne vorliegen und t jeweils in Vielfachen von $T_{1/2}$ angegeben wird:

$$N(T_{1/2}) = \tfrac{1}{2} \cdot N_0$$
$$N(2 \cdot T_{1/2}) = \tfrac{1}{2} \cdot N(T_{1/2}) = \tfrac{1}{2} \cdot \left(\tfrac{1}{2} \cdot N_0\right) = \left(\tfrac{1}{2}\right)^2 \cdot N_0$$
$$N(3 \cdot T_{1/2}) = \tfrac{1}{2} \cdot N(2 \cdot T_{1/2}) = \tfrac{1}{2} \cdot \left(\left(\tfrac{1}{2}\right)^2 \cdot N_0\right) = \left(\tfrac{1}{2}\right)^3 \cdot N_0$$
$$N(4 \cdot T_{1/2}) = \tfrac{1}{2} \cdot N(3 \cdot T_{1/2}) = \tfrac{1}{2} \cdot \left(\left(\tfrac{1}{2}\right)^3 \cdot N_0\right) = \left(\tfrac{1}{2}\right)^4 \cdot N_0$$
$$\vdots$$
$$N(k \cdot T_{1/2}) = \tfrac{1}{2} \cdot N((k-1) \cdot T_{1/2}) = \tfrac{1}{2} \cdot \left(\left(\tfrac{1}{2}\right)^{k-1} \cdot N_0\right) = \left(\tfrac{1}{2}\right)^k \cdot N_0$$

Der Exponent k drückt aus, wievielmal die Halbwertszeit $T_{1/2}$ seit Beginn der Messung vergangen ist:

$$t = k \cdot T_{1/2} \quad \text{oder} \quad k = \frac{t}{T_{1/2}}$$

Bei einer hinreichend großen Anzahl von Atomkernen ist auch eine kontinuierliche Darstellung für beliebige Zeitpunkte $t \in \mathbb{R}$ möglich:

$$N(t) = N_0 \cdot \left(\tfrac{1}{2}\right)^{\frac{t}{T_{1/2}}}$$

Für das radioaktive Gas Radon-222 beträgt die Halbwertszeit 55,6 s; in dieser Zeitspanne halbiert sich stets die Anzahl der Atomkerne (Abb. 8.7). Die Gleichung

$$N(t) = N_0 \cdot \left(\tfrac{1}{2}\right)^{\frac{t}{55,6}}$$

gibt den Bestand an Atomkernen zum Zeitpunkt t (in s) an.

Beispiel 8.5

Wie entwickelte sich die Zahl der Mobilfunkverträge in Deutschland während der 1990er und 2000er Jahre? Tabelle 8.3 sowie Abbildung 8.8 zeigen die realen Daten und zwei Modellierungen.

In der Anfangszeit wird die Entwicklung gut durch die exponentielle Modellierung

$$n(t) = 0,500 \cdot 1,5^{t-1990} = \left(0,500 : 1,5^{1990}\right) \cdot 1,5^t$$

beschrieben; hierbei steht n für die Anzahl der bestehenden Verträge in Abhängigkeit von der Jahreszahl t. In den Jahren 1999 bis 2001 liegt die Modellierung allerdings deutlich unterhalb der realen Werte, anschließend weit darüber.

| Jahr | Mobilfunkverträge in Deutschland (am Jahresende in Mio.) | | |
	Reale Daten	Modellierung 1 (exponentiell)	Modellierung 2 (linear)
1990	0,273	0,500	
1991	0,532	0,750	
1992	0,953	1,125	
1993	1,768	1,688	
1994	2,482	2,531	
1995	3,764	3,797	
1996	5,554	5,695	
1997	8,286	8,543	
1998	13,913	12,814	
1999	23,446	19,222	
2000	48,202	28,833	48,000
2001	56,126	43,249	54,100
2002	59,128	64,873	60,200
2003	64,800	97,310	66,300
2004	71,316		72,400
2005	79,200		78,500
2006	84,300		84,600

Tab. 8.3 Entwicklung der Mobilfunkverträge in Deutschland in den Jahren 1990 bis 2006 (reale Daten aus: Bundesnetzagentur 2006, S. 71)

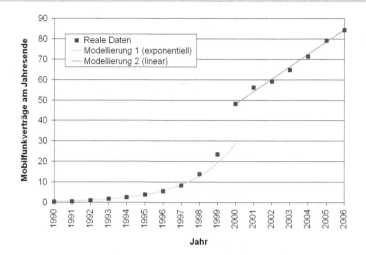

Abb. 8.8 Entwicklung der Mobilfunkverträge: exponentielle und lineare Modellierung

Im Zeitraum ab 2000 erscheint die lineare Modellierung

$$n(t) = 6{,}100 \cdot (t - 2000) + 19{,}222 = 6{,}100 \cdot t - 12\,180{,}778$$

passender. Offenbar lässt sich die Verbreitung einer neuen, immer billiger werdenden und offensiv vertriebenen Technologie exponentiell modellieren, während das Wachstum in einem weitgehend gesättigten Markt eher linear erfolgt. Anders als bei naturwissenschaftlichen Experimenten, wo das gewählte Modell häufig auch theoretisch begründet werden kann, ist bei Marktdaten nur eine empirische Anpassung möglich.

Beispiel 8.6

Um für die Abkühlung von heißem Kaffee in einem Pappbecher ein passendes Modell zu finden, wird die Temperatur T (in Grad Celsius) zum Zeitpunkt t (in Minuten) gemessen und graphisch dargestellt (Abb. 8.9). Dem Aufstellen einer Gleichung gehen einige Überlegungen voraus: Entscheidend für die Abkühlung ist nicht die Anfangstemperatur T_0, sondern die Differenz $T_0 - T_R$ zwischen der Anfangstemperatur T_0 und der Raumtemperatur T_R (jeweils in Grad Celsius). Ferner kann die Temperatur $T(t)$ des Kaffees nicht unter die Raumtemperatur T_R sinken, was die Addition von T_R begründet. Exponentielle Modellierungsansätze führen auf die Gleichung

$$T(t) = (T_0 - T_R)a^t + T_R,$$

wobei die Konstante $a = 0{,}957$ durch Probieren ermittelt wird (sie hängt u. a. von der Form und dem Material des Bechers ab). Für die Anfangstemperatur $T_0 = 88\,°C$ und die Raumtemperatur $T_R = 24\,°C$ liefert diese Modellierung anfangs zu hohe und später zu niedrige Werte – die Abkühlung ist ein komplexer physikalischer Prozess, an dem

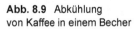

Abb. 8.9 Abkühlung
von Kaffee in einem Becher

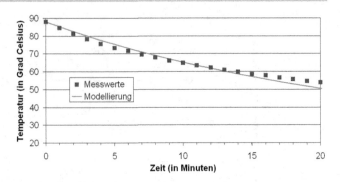

verschiedene Mechanismen beteiligt sind (unter anderem Verdunstung, Konvektion, Wärmeübergang und Wärmeleitung), und der deshalb durch eine rein exponentielle Modellierung nur in stark vereinfachter Weise beschrieben werden kann.

8.2   Rechnen mit Logarithmen

Die Potenz $p = a^r$ ist für alle Basen $a \in \mathbb{R}_{>0}$ und alle Exponenten $r \in \mathbb{R}_{>0}$ definiert (Abschn. 5.1). Nun ist die Umkehrung des Potenzierens gefragt: Mit welcher Zahl r muss a potenziert werden, um p zu erhalten? Die gesuchte Zahl wird als Logarithmus von p zur Basis a bezeichnet und kurz $\log_a p$ geschrieben. Die Potenzgleichung $p = a^r$ und die Logarithmusgleichung $r = \log_a p$ sind äquivalent zueinander. Da das Logarithmieren die Umkehroperation des Potenzierens ist, gilt $\log_a a^r = r$ und $a^{\log_a p} = p$.

In den beiden folgenden Sätzen werden die wichtigsten Regeln für das Rechnen mit Logarithmen kurz zusammengefasst. Sie lassen sich unmittelbar auf die Regeln für das Rechnen mit Potenzen (Satz 5.1) zurückführen.

Satz 8.2   Für $a \in \mathbb{R}_{>0}$ und $r, s \in \mathbb{R}_{>0}$ gilt:

■ $\log_a (r \cdot s) = \log_a r + \log_a s$ ■ $\log_a (r : s) = \log_a r - \log_a s$

■ $\log_a r^s = s \cdot \log_a r$

Beweis: Unter Verwendung von $r = \log_a a^r$ und $s = \log_a a^s$ gilt:

■ $\log_a (r \cdot s) = \log_a \left(a^{\log_a r} \cdot a^{\log_a s} \right) = \log_a a^{\log_a r + \log_a s} = \log_a r + \log_a s$

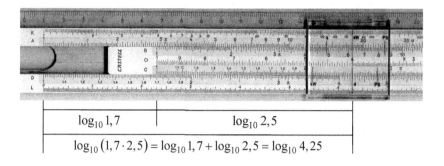

$$\log_{10}1,7 \quad | \quad \log_{10}2,5$$

$$\log_{10}(1,7\cdot 2,5) = \log_{10}1,7 + \log_{10}2,5 = \log_{10}4,25$$

Abb. 8.10 Multiplikation mit Hilfe des Rechenschiebers

■ $\log_a(r:s) = \log_a\left(a^{\log_a r} : a^{\log_a s}\right) = \log_a a^{\log_a r - \log_a s} = \log_a r - \log_a s$

■ $\log_a r^s = \log_a\left(a^{\log_a r}\right)^s = \log_a\left(a^{s\cdot\log_a r}\right) = s\cdot\log_a r$ ◄

Beispiel 8.7

Die Regel $\log_a(r\cdot s) = \log_a r + \log_a s$ spielte früher beim Arbeiten mit dem Rechenschieber eine wichtige Rolle (Abb. 8.10): Da die Skalen C und D logarithmisch sind, konnte die Multiplikation auf die Addition von Logarithmen zurückgeführt und mit dem Rechenschieber ausgeführt werden. Anstelle von $1,7\cdot 2,5 = 4,25$ rechnete man $\log_{10}(1,7\cdot 2,5) = \log_{10}1,7 + \log_{10}2,5 = \log_{10}4,25$ und konnte das Ergebnis 4,25 auf Skala D unter dem Läufer ablesen. ◄

Der Logarithmus von r zur Basis a kann als Quotient zweier Logarithmen zu einer beliebigen anderen Basis b ausgedrückt werden:

Satz 8.3 Für $a, b \in \mathbb{R}_{>0}$ mit $a \neq 1$ und $r \in \mathbb{R}_{>0}$ gilt: $\log_a r = \dfrac{\log_b r}{\log_b a}$.

Beweis: Aus $r = a^{\log_a r}$ folgt durch das Logarithmieren zur Basis b:

$$\log_b r = \log_b\left(a^{\log_a r}\right) = \left(\log_a r\right)\left(\log_b a\right) \text{ oder } \log_a r = \frac{\log_b r}{\log_b a}. \quad ◄$$

Beispiel 8.8

Satz 8.3 ist vor allem für das Arbeiten mit dem Taschenrechner relevant, wenn dieser keine Möglichkeit bietet, um etwa den Logarithmus zur Basis 2 einzugeben.

Die Umformung

$$\log_2 r = \frac{\log_{10} r}{\log_{10} 2}$$

löst dieses Problem, indem der Logarithmus zur Basis 2 als Quotient zweier Logarithmen zur Basis 10 ausgedrückt wird.

8.3   Logarithmusfunktionen

Bei der funktionalen Betrachtung von $\log_a x$ als Funktionsterm bildet x das Argument der Funktion, während die Basis a konstant gehalten wird.

Definition 8.2   Eine Funktion f mit der Gleichung $f(x) = \log_a x$, $a \in \mathbb{R}_{>0} \setminus \{1\}$ heißt *Logarithmusfunktion* und a heißt *Basis* der Logarithmusfunktion.

Die Funktionen f und g mit den Gleichungen $f(x) = \log_a x$ und $g(x) = a^x$ sind definitionsgemäß Umkehrfunktionen. Viele Eigenschaften der Logarithmusfunktion lassen sich hieraus sofort ableiten:

▪ Für die Logarithmusfunktion f gilt $D_f = \mathbb{R}_{>0}$ und $W_f = \mathbb{R}$, da für die Exponentialfunktion g gilt $D_g = \mathbb{R}$ und $W_g = \mathbb{R}_{>0}$.

▪ Für die Logarithmusfunktion f gilt $f(1) = 0$, denn für die Exponentialfunktion g gilt $g(0) = 1$. Unabhängig von der Basis a besitzt eine Logarithmusfunktion also stets die Nullstelle $x = 1$.

▪ Die y-Achse ist eine senkrechte Asymptote der Logarithmusfunktion f, da die x-Achse eine waagerechte Asymptote der Exponentialfunktion g ist.

Aus Satz 8.1 und Satz 5.13 folgt unmittelbar:

Satz 8.4   Die Logarithmusfunktion f mit der Gleichung $f(x) = \log_a x$ mit $a \in \mathbb{R}_{>0} \setminus \{1\}$ ist

▪ für $0 < a < 1$ in $\mathbb{R}_{>0}$ streng monoton fallend,

▪ für $a > 1$ in $\mathbb{R}_{>0}$ streng monoton wachsend.

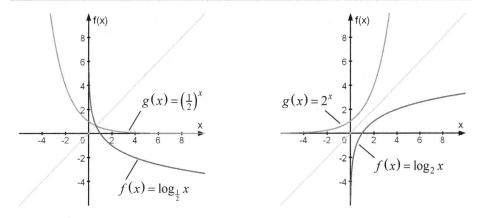

Abb. 8.11 Graphen von Logarithmusfunktionen

Aus Satz 8.4 und Satz 4.11 folgt weiter, dass die Logarithmusfunktion keine lokalen Extrema besitzt.

Der Kovariationsaspekt einer Logarithmusfunktion f kann noch genauer beschrieben werden als in Satz 8.4. Wie groß ist $\Delta f(x)$, wenn man Δx konstant hält?

$$\Delta f(x) = f(x_2) - f(x_1) = \log_a x_2 - \log_a x_1 = \log_a \frac{x_2}{x_1} = \log_a \frac{x_1 + \Delta x}{x_1} = \log_a \left(1 + \frac{\Delta x}{x_1}\right)$$

Je größer x, desto schwächer das Wachstum der Logarithmusfunktion; wegen $\log_a 1 = 0$ nähert es sich immer stärker 0 an, ohne jedoch 0 zu werden:

- Für $0 < a < 1$ ist f in $\mathbb{R}_{>0}$ streng monoton fallend, die Abnahme wird jedoch ständig geringer. Trotzdem ist der Wertebereich W nach unten nicht beschränkt (Abb. 8.11 links).

- Für $a > 1$ ist f in $\mathbb{R}_{>0}$ streng monoton wachsend, das Wachstum wird jedoch ständig schwächer. Trotzdem ist der Wertebereich W nach oben nicht beschränkt (Abb. 8.11 rechts).

Insbesondere besitzt die Logarithmusfunktion keine horizontale Asymptote. ◄

Satz 8.5 Für die Logarithmusfunktion f mit der Gleichung $f(x) = \log_a x$ mit $a \in \mathbb{R}_{>0} \setminus \{1\}$ gilt: $f(r \cdot x) = f(x) + \log_a r$.

Beweis: Für $r \in \mathbb{R}_{>0}$ und $x \in \mathbb{R}_{>0}$ gilt:

$$f(r \cdot x) = \log_a (r \cdot x) = \log_a r + \log_a x = \log_a r + f(x).$$

Dabei ist $\log_a r$ nicht von x abhängig, sondern eine Konstante. ◄

	·10	·10	·10	·10	·10	·10	
x	0,01	0,1	1	10	100	1000	10000
$\log_{10} x$	−2	−1	0	1	2	3	4
	+1	+1	+1	+1	+1	+1	

Tab. 8.4 Kovariationsaspekt der Logarithmusfunktion, dargestellt an der Wertetabelle

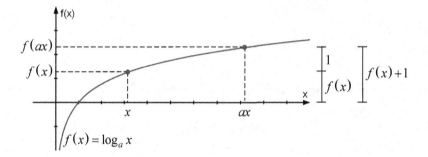

Abb. 8.12 Kovariationsaspekt der Logarithmusfunktion, dargestellt am Funktionsgraphen

Wenn das Argument der Logarithmusfunktion ver-r-facht wird, dann ändert sich der Funktionswert additiv um $\log_a r$. Im speziellen Fall $r = a$ ist dies besser zu sehen:

$$f(a \cdot x) = f(x) + \log_a a = f(x) + 1 \text{ für alle } x \in \mathbb{R}_{>0}.$$

Bei einer Ver-a-fachung des Arguments wächst der Funktionswert additiv um 1 (Tab. 8.4 und Abb. 8.12). Die Logarithmusfunktion wird aufgrund dieser Eigenschaft häufig herangezogen, um Größen, deren Maßzahlen sich über mehrere Zehnerpotenzen erstrecken, überschaubar zu skalieren (s. Bsp. 8.11, 8.12 und 8.13).

Ein Vergleich zeigt abschließend, welche Auswirkungen die Basis der Logarithmusfunktion besitzt. Für die Logarithmusfunktionen f und g mit den Gleichungen $f(x) = \log_a x$ und $g(x) = \log_b x$ sowie den Basen $a, b > 1$ mit $a > b$ gilt:

$$\log_b x - \log_a x = \log_b x - \frac{\log_b x}{\log_b a} = \left(\log_b x\right)\left(1 - \frac{1}{\log_b a}\right) \begin{cases} < 0 & \text{für } 0 < x < 1 \\ = 0 & \text{für } x = 1 \\ > 0 & \text{für } x > 1 \end{cases}$$

Hierbei geht ein, dass wegen $a, b > 1$ und $a > b$ stets $\log_b a > 1$ gilt, weshalb der zweite Faktor positiv ist und $\log_b x$ dasselbe Vorzeichen wie der gesamte Term besitzt. Dies bedeutet: Die Graphen von f und g schneiden sich im Punkt $(1 \mid 0)$. Diesen Punkt haben die Graphen aller Logarithmusfunktionen gemeinsam. Für $0 < x < 1$ verläuft der Graph

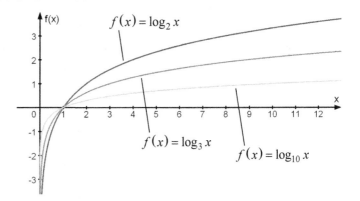

Abb. 8.13 Graph der Logarithmusfunktion für verschiedene Basen

$f(x) = \log_2 x$

$f(x) = \log_3 x$

$f(x) = \log_{10} x$

der Funktion mit der größeren Basis oberhalb des Graphen der Funktion mit der kleineren Basis; für $x > 1$ verhält es sich umgekehrt (Abb. 8.13).

Ein erstes, wichtiges Anwendungsfeld der Logarithmusfunktion beruht darauf, dass sie eine Umkehrfunktion der Exponentialfunktion ist.

Beispiel 8.9

Ein Anfangskapital K_0 wird zu einem Zinssatz $p\%$ pro Jahr angelegt. Die anfallenden Zinsen werden am Ende des Jahres ebenfalls dem Sparkonto gutgeschrieben. Wie lange (Anzahl n der Zinsperioden) muss man sparen, bis sich das Kapital verdoppelt, verdreifacht, ... hat? Allgemein formuliert: Wie lange muss man sparen, bis das Kapital m-mal ($m \in \mathbb{N}$) so groß geworden ist?

Das Kapital ist m-mal so groß wie zu Beginn, wenn gilt: $K_n = m \cdot K_0$. Gesucht ist der Exponent n der in Beispiel 8.1 hergeleiteten Gleichung für die Kapitalentwicklung. Mit $p\% = i$ gilt:

$$K_n = K_0 \cdot (1+i)^n$$

$$\frac{K_n}{K_0} = (1+i)^n$$

$$m = (1+i)^n$$

$$\log_{1+i} m = \log_{1+i} (1+i)^n$$

$$\log_{1+i} m = n \cdot \underbrace{\log_{1+i} (1+i)}_{1}$$

$$n = \log_{1+i} m$$

Weil der Logarithmus zur Basis $1+i$ bei Taschenrechnern oft nicht eingegeben werden kann, formt man diese Gleichung entsprechend Satz 8.3 um:

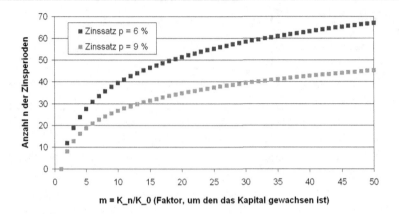

Abb. 8.14 Ver-*m*-fachung eines Kapitals mit Zinseszinseffekt

$$n = \log_{1+i} m = \frac{\log_{10} m}{\log_{10}(1+i)}$$

Dasselbe Resultat erhält man, wenn man von Anfang an mit dem Logarithmus zur Basis 10 arbeitet, was etwas schneller zum Ziel führt:

$$m = (1+i)^n$$

$$\log_{10} m = \log_{10}(1+i)^n$$

$$\log_{10} m = n \cdot \log_{10}(1+i)$$

$$n = \frac{\log_{10} m}{\log_{10}(1+i)}$$

Aufgrund des Zinseszinseffekts wird der Zeitraum, in dem das Kapital um K_0 wächst, immer kleiner. Dieser Effekt ist umso stärker, je höher der Zinssatz ist (Abb. 8.14). Der so berechnete Wert für *n* ist allerdings im Allgemeinen keine natürliche Zahl, was eine gesonderte Interpretation erfordert, da eine taggenaue Verzinsung anders berechnet wird.

Beispiel 8.10

Beim radioaktiven Zerfall (Bsp. 8.4) wird die Anzahl $N(t)$ der zum Zeitpunkt *t* noch vorhandenen Atomkerne durch

$$N(t) = N_0 \cdot \left(\tfrac{1}{2}\right)^{\frac{t}{T_{1/2}}}$$

beschrieben. Die umgekehrte Frage lautet: Nach welcher Zeit *t* ist der Bestand auf $N(t)$ gefallen? Das Auflösen der Gleichung nach *t* liefert:

$$t = T_{1/2} \cdot \log_{\frac{1}{2}} \frac{N(t)}{N_0}$$

Entsprechend Satz 8.3 kann der Logarithmus zur Basis $\frac{1}{2}$ durch den Quotienten zweier Logarithmen zur Basis 10 ersetzt werden.

Ein zweites Anwendungsfeld der Logarithmusfunktion ist die überschaubare Skalierung und Darstellung von Größenangaben, die sich über mehrere Zehnerpotenzen erstrecken.

Beispiel 8.11

Um die Entwicklung der Mobilfunkverträge in Deutschland exponentiell zu modellieren (Bsp. 8.5), kann folgender Weg hilfreich sein. Vermutet wird, dass der Zusammenhang zwischen der Anzahl n der bestehenden Verträge und der Jahreszahl t durch eine Gleichung der Form $n(t) = c \cdot a^t$ mit $a, c \in \mathbb{R}_{>0}$ beschrieben werden kann. Das Logarithmieren zur Basis 10 liefert die Gleichung einer linearen Funktion mit dem Argument t und dem Funktionswert $\log_{10} n(t)$:

$$\log_{10} n(t) = \log_{10}(c \cdot a^t) = \underbrace{\log_{10} a}_{=\text{konstant}} \cdot t + \underbrace{\log_{10} c}_{=\text{konstant}}$$

Trägt man nun $\log_{10} n(t)$ in Abhängigkeit von t graphisch auf, so lassen sich die realen Daten tatsächlich durch eine Gerade modellieren (Abb. 8.15). Die beiden Koeffizienten der Geradengleichung werden aus dem Diagramm ermittelt (s. Abschn. 3.1):

$$\log_{10} a = 0,21 \text{ oder } a = 10^{21} = 1,62$$

$$\log_{10} c = -418,4 \text{ oder } c = 10^{-418,4}$$

An dieser Stelle tritt ein Problem auf: Der Wert von $c = 10^{-418,4}$ liegt so nahe bei 0, dass er unterhalb der Anzeigegenauigkeit des Taschenrechners liegt. Eine Umformung der Funktionsgleichung hilft hier weiter.

Abb. 8.15
Einfachlogarithmische
Darstellung von Daten
(Modellierung der Anzahl
von Mobilfunkverträgen)

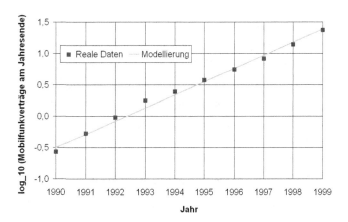

$$n(t) = 10^{-418,4} \cdot \left(10^{0,21}\right)^t = 10^{-418,4} \cdot \left(10^{0,21}\right)^{t-1990} \cdot \left(10^{0,21}\right)^{1990} =$$

$$= 10^{-418,4} \cdot 10^{1990 \cdot 0,21} \cdot \left(10^{0,21}\right)^{t-1990} = 10^{-0,5} \cdot 1,62^{t-1990} = 0,316 \cdot 1,62^{t-1990}$$

Das Arbeiten mit $\log_{10} n(t)$ anstelle von $n(t)$ bietet den Vorteil, dass sich lineare Zusammenhänge sehr viel leichter erkennen und mathematisch behandeln lassen als exponentielle – es besitzt in erster Linie heuristischen Wert. Früher wurde hierfür spezielles logarithmisches Papier verwendet, heute erfolgt dies einfacher mit einer Tabellenkalkulation oder einem CAS.

Beispiel 8.12

Der pH-Wert einer wässrigen Lösung gibt an, ob sie alkalisch, neutral oder sauer reagiert. Entscheidend ist diesbezüglich die Konzentration c_{H^+} der freien Wasserstoff-Ionen (H^+) in der Lösung; c_{H^+} liegt im Allgemeinen zwischen 10^{-14} und 1. Der pH-Wert einer Lösung ist nun so festgelegt: $pH = -\log_{10} c_{H^+}$. Da c_{H^+} im Allgemeinen zwischen 10^{-14} und 1 beträgt, liegt der pH-Wert zwischen 0 und 14; es ergeben sich Zahlen, mit denen man im Laboralltag leichter umgehen kann als mit Zehnerpotenzen mit negativen Exponenten.

Beispiel 8.13

Die Schallausbreitung kann physikalisch als Welle modelliert werden; die Schallintensität J ist ein Maß für die Energie, die dabei transportiert wird. Erst ab einer bestimmten Schallintensität J_0, der Hörschwelle, wird die Schallausbreitung vom menschlichen Ohr registriert. Auf der anderen Seite wird die Schmerzgrenze beim 10^{13}-fachen Wert von J_0 erreicht. Um dieses enorme Spektrum abdecken zu können, führt man eine logarithmische Skala ein und definiert den Schallintensitätspegel L als neue physikalische Größe:

$$L = 10 \cdot \log_{10} \frac{J}{J_0}$$

Als Logarithmus des Quotienten zweier gleicher physikalischer Größen ist L eigentlich dimensionslos; um die Logarithmierung deutlich zu machen, wird L jedoch in Dezibel (dB) angegeben. Im Folgenden werden zentrale Eigenschaften von L aufgezeigt. Ein Ton, der gerade noch wahrgenommen werden kann, besitzt den Schallintensitätspegel 0 dB:

$$L(J_0) = 10 \cdot \log_{10} \frac{J_0}{J_0} = 10 \cdot \log_{10} 1 = 0 \text{ dB}$$

Die Schmerzgrenze ist erreicht, wenn die Intensität etwa 10^{13}-mal so groß ist wie die Hörschwelle; sie liegt bei 130 dB:

$$L\left(10^{13} \cdot J_0\right) = 10 \cdot \log_{10} \frac{10^{13} \cdot J_0}{J_0} = 10 \cdot \log_{10} 10^{13} = 130 \text{ dB}$$

Das menschliche Gehör registriert Unterschiede der Schallintensität gerade noch, wenn sie etwa 25% betragen, oder anders formuliert, wenn die Intensität eines Tons 1,25-mal so groß ist wie die eines anderen. Dies bedeutet eine Erhöhung des Schallintensitätspegels um 1 dB:

$$L(1{,}25 \cdot J) = 10 \cdot \log_{10} \frac{1{,}25 \cdot J}{J_0} = 10 \cdot \log_{10} \frac{J}{J_0} + \underbrace{10 \cdot \log_{10} 1{,}25}_{\approx 1 \text{ dB}} = L(J) + 1 \text{ dB}$$

Eine Verdoppelung der Schallintensität J wird durch eine Erhöhung des Schallintensitätspegels um 3 dB beschrieben:

$$L(2 \cdot J) = 10 \cdot \log_{10} \frac{2 \cdot J}{J_0} = 10 \cdot \log_{10} \frac{J}{J_0} + \underbrace{10 \cdot \log_{10} 2}_{\approx 3 \text{ dB}} = L(J) + 3 \text{ dB}$$

Die logarithmische Definition des Schallintensitätspegels in der Physik ist bereits dem menschlichen Hörempfinden angemessen, allerdings stark vereinfacht, weil beispielsweise die Abhängigkeit des Hörempfindens von der Tonhöhe (der Frequenz) noch nicht berücksichtigt ist. Das Weber-Fechner-Gesetz, das der Wahrnehmungspsychologie entstammt, besagt, dass das menschliche Ohr die Lautstärke von Tönen im Wesentlichen entsprechend einer logarithmischen Skala wahrnimmt: Bei sehr leisen Tönen registriert das menschliche Ohr bereits geringe Unterschiede in der Lautstärke, bei sehr lauten Tönen müssen diese Unterschiede weitaus größer sein.

Aufgaben

Aufgabe 8.1

Erkunden Sie die Eigenschaften von Exponentialfunktionen und ihren Graphen.

- Zeichnen Sie die Graphen der Funktionen f, g und h mit den Gleichungen

$$f(x) = 2^x, \ g(x) = 2^{x+1} \ \text{und} \ h(x) = 2^{x-1}$$

unter Verwendung eines CAS in dasselbe Koordinatensystem. Wie gehen die Graphen von g und h aus dem Graphen von f hervor? Hierzu gibt es jeweils zwei mögliche geometrische Deutungen.

- Zeichnen Sie die Graphen der Funktionen f, g und h mit den Gleichungen

$$f(x) = 2^x, \ g(x) = 4 \cdot 2^x \ \text{und} \ h(x) = \tfrac{1}{4} \cdot 2^x$$

unter Verwendung eines CAS in dasselbe Koordinatensystem. Wie gehen die Graphen von g und h aus dem Graphen von f hervor? Hierzu gibt es jeweils zwei mögliche geometrische Deutungen.

■ Der Graph der Funktion f mit der Gleichung $f(x) = 2^x$ wird um zwei, drei, … Einheiten nach rechts beziehungsweise links verschoben. Bestimmen Sie eine Funktionsgleichung zum neuen Graphen sowohl in der Form $g(x) = 2^{x-d}$ mit $d \in \mathbb{R}$ als auch in der Form $g(x) = c \cdot 2^x$ mit $c \in \mathbb{R} \setminus \{0\}$.

Aufgabe 8.2

Betrachten Sie sowohl die Funktion f mit der Gleichung $f(x) = a^x$, $a \in \mathbb{R}_{>0} \setminus \{1\}$, eine Exponentialfunktion, als auch die Funktion g mit der Gleichung $g(x) = ax$, $a \in \mathbb{R}$, eine proportionale Funktion, unter dem Kovariationsaspekt: Wie ändert sich jeweils der Funktionswert, wenn man

■ x um 1 vergrößert?   ■ x um 2 verkleinert?   ■ x verdoppelt?

■ x halbiert?   ■ x mit 3 multipliziert?   ■ x durch 3 dividiert?

■ x quadriert?

Aufgabe 8.3

■ Sie legen 100,00 € zu einem jährlichen Zinssatz von

  ■ 3%   ■ 6%   ■ 9%   ■ 12%

  mit Zinseszinseffekt an. Nach welcher Zeit hat sich das Geld jeweils verdoppelt?

■ Sie legen

  ■ 100,00 €   ■ 200,00 €   ■ 5000,00 €   ■ 1000,00 €

  zu einem jährlichen Zinssatz von 5% mit Zinseszinseffekt an. Nach welcher Zeit hat sich das Geld jeweils verdoppelt?

■ Erklären Sie Ihre Beobachtungen.

Aufgabe 8.4

Die Exponential- und die Logarithmusfunktion genügen besonderen Gleichungen, die auch als Funktionalgleichungen bezeichnet werden. Zeigen Sie:

■ Für die Funktion f mit der Gleichung $f(x) = a^x$ mit $a \in \mathbb{R}_{>0} \setminus \{1\}$ gilt:

$$f(x_1 + x_2) = f(x_1) \cdot f(x_2) \text{ für alle } x_1, x_2 \in \mathbb{R}$$

■ Für die Funktion f mit der Gleichung $f(x) = \log_a x$ mit $a \in \mathbb{R}_{>0} \setminus \{1\}$ gilt:
$$f(x_1 \cdot x_2) = f(x_1) + f(x_2) \text{ für alle } x_1, x_2 \in \mathbb{R}_{>0}$$

Aufgabe 8.5

Erkunden Sie die Eigenschaften des Graphen der Logarithmusfunktion.

■ Skizzieren Sie die Graphen der beiden Funktionen f und g mit den Gleichungen
$$f(x) = \log_2 x \text{ und } g(x) = \log_{10} x \text{ für } 0 < x \leq 10 \text{ und } 0 < x \leq 1000$$
unter Verwendung eines CAS. Skalieren sie die beiden Achsen entsprechend; berechnen Sie dazu jeweils $f(10)$ und $g(10)$ sowie $f(1000)$ und $g(1000)$.

■ Zur Veranschaulichung: Ein Klassenzimmer ist 10 m lang und 3,5 m hoch. Eine Ecke bildet den Koordinatenursprung. Wie „hoch" sind die Graphen von f und g jeweils am Ende des Klassenzimmers? Wie lang müsste der Raum sein, damit die Graphen „die Decke erreichen"?

■ Stellen Sie dieselben Überlegungen für die Wurzelfunktion h mit der Gleichung $h(x) = \sqrt{x}$ an und vergleichen Sie.

Aufgabe 8.6

Wie kann man aufgrund vorliegender Wertepaare nachweisen, dass eine Modellierung durch eine Potenzfunktion mit der Gleichung
$$f(x) = \alpha x^r \text{ mit } a \in \mathbb{R} \text{ und } r \in \mathbb{R} \setminus \{0\}$$
angemessen ist? Wie kann man die Konstante a und den Exponenten r bestimmen?

Ein Weg hierzu ist die doppeltlogarithmische Darstellung der Wertepaare.

■ Zeigen Sie durch das Logarithmieren der Funktionsgleichung, dass der Zusammenhang zwischen $\log_{10} x$ und $\log_{10} f(x)$ linear ist. Welchen Graphen erhalten Sie? Wie können Sie a und r aus dem Graphen bestimmen?

■ Wenden Sie diese Form der Auswertung auf den Freihandversuch aus Aufgabe 5.8 an.

9 Winkelfunktionen

Als Winkelfunktionen werden im Folgenden die Sinus-, Kosinus- und Tangensfunktion bezeichnet. Am Beginn stehen geometrische Überlegungen: Ähnliche rechtwinklige Dreiecke bieten einen ersten Zugang zu den Termen der Winkelfunktionen (Abschn. 9.1). In einem zweiten Schritt werden diese Terme anhand des Einheitskreises in allgemeiner Weise definiert und es lassen sich die Eigenschaften ableiten (Abschn. 9.2). Schließlich werden die so definierten Terme als Terme reeller Funktionen aufgefasst und die Eigenschaften und Anwendungen der Winkelfunktionen dargestellt (Abschn. 9.3).

9.1 Ähnliche rechtwinklige Dreiecke

Den Ausgangspunkt bildet ein Problem aus der Ähnlichkeitsgeometrie (Abb. 9.1): Es liegen zwei rechtwinklige Dreiecke ABC (mit der Hypotenuse c sowie den Katheten a und b) und $A'B'C'$ (mit der Hypotenuse c' sowie den Katheten a' und b') vor. Wie kann nachgewiesen werden, dass sie ähnlich sind? Basierend auf den Ähnlichkeitssätzen lassen sich hierfür verschiedene Kriterien formulieren, unter anderem die folgenden drei:

■ Zwei Dreiecke sind ähnlich, wenn sie in zwei Winkeln übereinstimmen. Da die Dreiecke ABC und $A'B'C'$ jeweils einen rechten Winkel besitzen, sind sie ähnlich, wenn nachgewiesen werden kann, dass sie in einem weiteren Winkel übereinstimmen, wenn also gilt $\alpha = \alpha'$ oder $\beta = \beta'$.

Abb. 9.1 Ähnliche rechtwinklige Dreiecke

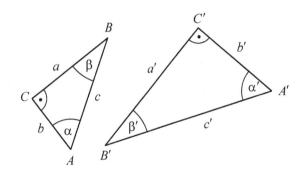

© Springer-Verlag GmbH Deutschland, ein Teil von Springer Nature 2019
G. Wittmann, *Elementare Funktionen und ihre Anwendungen*, Mathematik
Primarstufe und Sekundarstufe I + II, https://doi.org/10.1007/978-3-662-58060-8_9

- Zwei Dreiecke sind ähnlich, wenn sie im Verhältnis zweier Seiten und im Gegenwinkel der längeren der beiden Seiten übereinstimmen. Die zwei rechtwinkligen Dreiecke ABC und $A'B'C'$ sind deshalb ähnlich, wenn nachgewiesen werden kann, dass sie in einem der Seitenverhältnisse

$$\frac{a}{c} = \frac{a'}{c'} \quad \text{oder} \quad \frac{b}{c} = \frac{b'}{c'}$$

übereinstimmen, da der rechte Winkel jeweils der Gegenwinkel der längeren Seite c ist.

- Zwei Dreiecke sind ähnlich, wenn sie in einem Winkel und im Verhältnis der anliegenden Seiten übereinstimmen. Die beiden rechtwinkligen Dreiecke ABC und $A'B'C'$ sind ähnlich, wenn nachgewiesen werden kann, dass sie im Seitenverhältnis

$$\frac{a}{b} = \frac{a'}{b'}$$

übereinstimmen, da a und b beziehungsweise a' und b' die am rechten Winkel anliegenden Seiten sind.

Ein rechtwinkliges Dreieck lässt sich demnach sowohl durch einen der beiden spitzen Winkel als auch durch die genannten Seitenverhältnisse eindeutig in Bezug auf die Ähnlichkeit charakterisieren. Insbesondere gilt: Wenn zwei rechtwinklige Dreiecke in einem der spitzen Winkel übereinstimmen, dann weisen sie auch dieselben Seitenverhältnisse auf, und umgekehrt. Dies bildet den Hintergrund für folgende Definition (mit den Bezeichnungen entsprechend Abb. 9.2):

Definition 9.1 Für ein rechtwinkliges Dreieck, in dem φ einer der beiden spitzen Winkel ist, definiert man:

- $\sin\varphi = \dfrac{\text{Gegenkathete von } \varphi}{\text{Hypotenuse}}$ 　　　　 - $\cos\varphi = \dfrac{\text{Ankathete von } \varphi}{\text{Hypotenuse}}$

- $\tan\varphi = \dfrac{\text{Gegenkathete von } \varphi}{\text{Ankathete von } \varphi}$

Die Quotienten heißen *Sinus* von φ, *Kosinus* von φ und *Tangens* von φ. ,

---

Durch Definition 9.1 werden $\sin\varphi$, $\cos\varphi$ und $\tan\varphi$ für spitze Winkel φ festgelegt. Die Seitenverhältnisse im rechtwinkligen Dreieck erhalten eigene Benennungen, was Berechnungen an Dreiecken in der Elementargeometrie vereinfacht. Darüber hinaus wird – und dies ist weitaus bedeutender – ein funktionaler Zusammenhang gestiftet: Jedem Maß des

Abb. 9.2 Bezeichnungen
im rechtwinkligen Dreieck

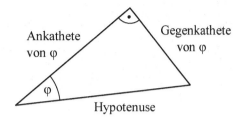

Ankathete
von φ

Gegenkathete
von φ

φ

Hypotenuse

Winkels φ wird eindeutig ein Wert für $\sin\varphi$, $\cos\varphi$ und $\tan\varphi$ zugeordnet, was es ermöglicht, $\sin\varphi$, $\cos\varphi$ und $\tan\varphi$ in Abhängigkeit vom Maß des Winkels φ zu betrachten. Hierbei kommt zunächst der Zuordnungsaspekt von Funktionen zum Tragen – bei Berechnungen an Dreiecken werden nur einzelne Wertepaare $(\varphi\,|\sin\varphi)$, $(\varphi\,|\cos\varphi)$ und $(\varphi\,|\tan\varphi)$ betrachtet: Typischerweise wird etwa $\sin\varphi$ zu einem gegeben Winkel φ berechnet oder umgekehrt von $\cos\varphi$ auf das Maß des Winkels φ geschlossen.

9.2 Winkelfunktionen am Einheitskreis

In diesem Abschnitt werden die durch $\sin\varphi$, $\cos\varphi$ und $\tan\varphi$ gegebenen Zuordnungen auch für nicht-spitze und negative Winkel definiert und die Eigenschaften dieser Zuordnungen genauer erkundet.

Hierzu betrachtet man den Einheitskreis (einen Kreis mit Radius 1) im üblichen x-y-Koordinatensystem; der Winkel φ wird als Drehwinkel ausgehend von der x-Achse gegen den Uhrzeigersinn abgetragen (Abb. 9.3).

Definition 9.2 Der Winkel φ wird im x-y-Koordinatensystem von der x-Achse ausgehend gegen den Uhrzeigersinn abgetragen und der Schnittpunkt des zweiten Schenkels von φ mit dem Einheitskreis mit P_φ bezeichnet. Dann definiert man

- $\sin\varphi$ als die y-Koordinate des Punktes P_φ,

- $\cos\varphi$ als die x-Koordinate des Punktes P_φ,

- $\tan\varphi$ als den Quotienten aus der y-Koordinate und der x-Koordinate des Punktes P_φ (sofern letztere $\neq 0$ ist):

$$\tan\varphi = \frac{\sin\varphi}{\cos\varphi} \text{ für } \cos\varphi \neq 0$$

Diese Terme heißen *Sinus* von φ, *Kosinus* von φ und *Tangens* von φ.

Abb. 9.3 Definition von Sinus,
Kosinus und Tangens am Einheitskreis

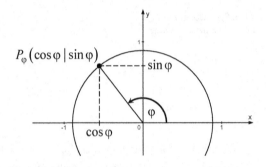

Für spitze Winkel φ geht die bisherige Definition 9.1 in der neuen, umfassenderen Definition 9.2 auf: Da die Länge der Katheten des grau schraffierten rechtwinkligen Dreiecks in Abbildung 9.4 links jeweils mit den Koordinaten von P_φ übereinstimmt, folgt aus der Anwendung von Definition 9.1 auf das rechtwinklige Dreieck:

$$\frac{\text{Gegenkathete von } \varphi}{\text{Hypothenuse}} = \frac{\sin\varphi}{1} = \sin\varphi \ \text{ und } \ \frac{\text{Ankathete von } \varphi}{\text{Hypothenuse}} = \frac{\cos\varphi}{1} = \cos\varphi$$

Das grau schraffierte Dreieck in Abbildung 9.4 rechts hat die Senkrechte zur x-Achse durch den Punkt $(1\,|\,0)$ als Gegenkathete von φ. Ihre Länge wird mit z bezeichnet. Da die beiden grau schraffierten Dreiecke in Abbildung 9.4 links und Abbildung 9.4 rechts ähnlich sind, gilt:

$$\frac{z}{1} = \frac{\sin\varphi}{\cos\varphi} \ \text{ oder } \ z = \frac{\sin\varphi}{\cos\varphi} = \tan\varphi$$

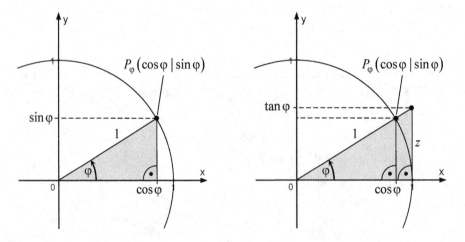

Abb. 9.4 Geometrische Deutung von Sinus, Cosinus und Tangens am Einheitskreis

Hieraus ergibt sich die Möglichkeit, auch $\tan\varphi$ für $0 \le \varphi < 90°$ geometrisch als y-Koordinate des beschriebenen Schnittpunktes zu deuten.

Unmittelbar aus Definition 9.2 lassen sich wesentliche Eigenschaften der Winkelfunktionen ableiten.

Satz 9.1 Für alle Winkel φ gilt: $\left(\sin\varphi\right)^2 + \left(\cos\varphi\right)^2 = 1$

Der Beweis folgt aus dem Satz von Pythagoras, angewendet auf das grau schraffierte rechtwinklige Dreieck in Abbildung 9.4 links.

Satz 9.2 Für alle Winkel φ gilt:

- $\sin(-\varphi) = -\sin\varphi$ $\cos(-\varphi) = \cos\varphi$
- $\tan(-\varphi) = -\tan\varphi$

Beweis: Wenn der Winkel φ negativ ist, wird er ausgehend von der x-Achse im Uhrzeigersinn abgetragen. Die Punkte P_φ und $P_{-\varphi}$ besitzen dieselbe x-Koordinate, während ihre y-Koordinaten entgegensetzte Vorzeichen aufweisen. ◀

Satz 9.3 Für alle Winkel φ gilt:

- $\sin(\varphi + 90°) = \cos\varphi$ $\cos(\varphi + 90°) = -\sin\varphi$
- $\tan(\varphi + 90°) = -\dfrac{1}{\tan\varphi}$

Beweis: Der Punkt $P_{\varphi+90°}$ geht durch eine Vierteldrehung um den Koordinatenursprung als Drehzentrum aus P_φ hervor. Die beiden grau schraffierten rechtwinkligen Dreiecke in Abbildung 9.5 sind kongruent (deckungsgleich), da ihre Hypotenuse jeweils die Länge 1 hat und sie (außer dem rechten Winkel) auch noch im Winkel φ übereinstimmen. Aus dem Koordinatenvergleich von P_φ und $P_{\varphi+90°}$ folgt:

$$\sin(\varphi + 90°) = \cos\varphi \text{ und } \cos(\varphi + 90°) = -\sin\varphi$$

$$\tan(\varphi + 90°) = \frac{\sin(\varphi + 90°)}{\cos(\varphi + 90°)} = \frac{\cos\varphi}{-\sin\varphi} = -\frac{1}{\tan\varphi}$$

Abb. 9.5 Zum Beweis
von Satz 9.3

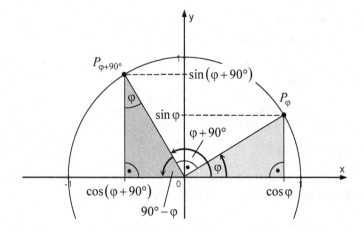

Während man die Beziehungen für $\sin(\varphi+90°)$ und $\cos(\varphi+90°)$ unmittelbar aufgrund geometrischer Überlegungen gewinnt, erhält man die Gleichung für $\tan(\varphi+90°)$ durch Nachrechnen, da $\tan\varphi$ als Quotient definiert ist. ◄

Satz 9.4 Für alle Winkel φ gilt:

▣ $\sin(\varphi+180°) = -\sin\varphi$ ▣ $\cos(\varphi+180°) = -\cos\varphi$

▣ $\tan(\varphi+180°) = \tan\varphi$

Beweis: Der Punkt $P_{\varphi+180°}$ geht durch eine Halbdrehung mit dem Koordinatenursprung als Drehzentrum aus P_φ hervor. Deshalb besitzen die Koordinaten von $P_{\varphi+180°}$ und P_φ jeweils entgegengesetzte Vorzeichen, was durch die Gleichungen

$$\sin(\varphi+180°) = -\sin\varphi \text{ und } \cos(\varphi+180°) = -\cos\varphi$$

zum Ausdruck gebracht wird. Weiter gilt:

$$\tan(\varphi+180°) = \frac{\sin(\varphi+180°)}{\cos(\varphi+180°)} = \frac{-\sin\varphi}{-\cos\varphi} = \tan\varphi$$

Der Wert für $\tan\varphi$ wiederholt sich folglich bereits nach einer Halbdrehung. ◄

Für bestimmte Maße des Winkels φ ist eine Berechnung exakter Werte für $\sin\varphi$ und $\cos\varphi$ aufgrund geometrischer Überlegungen möglich (Tab. 9.1 und Aufg. 9.1). Weiter kann man Werte für das doppelte und das halbe Winkelmaß berechnen (Aufg. 9.2).

φ	0°	30°	45°	60°	90°
$\sin\varphi$	0	$\frac{1}{2}$	$\frac{1}{2}\sqrt{2}$	$\frac{1}{2}\sqrt{3}$	1
$\cos\varphi$	1	$\frac{1}{2}\sqrt{3}$	$\frac{1}{2}\sqrt{2}$	$\frac{1}{2}$	0
$\tan\varphi$	0	$\frac{1}{3}\sqrt{3}$	1	$\sqrt{3}$	—

Tab. 9.1 Wertetabelle für Sinus, Kosinus und Tangens

Sinus, Kosinus und Tangens sind bislang in Abhängigkeit von einem Winkelmaß (in Grad) definiert. Günstiger ist es jedoch, wenn man auf der x- und der y-Achse dieselbe Skalierung verwendet – unter anderem, um die Funktionsgraphen später gemeinsam mit jenen anderer reeller Funktionen im bekannten x-y-Koordinatensystem darstellen zu können. Hierfür betrachtet man am Einheitskreis den zum Winkel φ gehörigen Bogen (Abb. 9.6). Für seine Länge s gilt:

$$\frac{s}{2\pi} = \frac{\varphi}{360°}$$

Jedem Winkelmaß φ wird hiermit eine Bogenlänge s zugeordnet. Sie wird häufig in Vielfachen von π angegeben (Tab. 9.2). Diese Zuordnung ist eine direkte Proportionalität und deshalb umkehrbar eindeutig:

$$s(\varphi) = \frac{\varphi}{360°}\cdot 2\pi \text{ und } \varphi(s) = \frac{s}{2\pi}\cdot 360°$$

Abb. 9.6 Bogenmaß eines Winkels am Einheitskreis

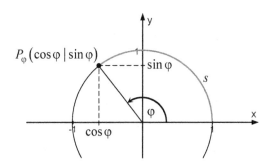

φ	0°	15	30°	45°	90°	180°	270°	360°	450°	540°
s	0	$\frac{1}{12}\pi$	$\frac{1}{6}\pi$	$\frac{1}{4}\pi$	$\frac{1}{2}\pi$	π	$\frac{3}{2}\pi$	2π	$\frac{5}{2}\pi$	3π

Tab. 9.2 Zuordnung von Winkelmaß und Bogenmaß

Da der Winkel φ als Drehwinkel aufgefasst wird, sind auch Werte über 360° zulässig. Ferner nimmt *s* negative Werte an, wenn φ negativ ist.

Definition 9.3 Für einen Winkel φ heißt die reelle Zahl

$$s = \frac{\varphi}{360°} \cdot 2\pi$$

das *Bogenmaß* von φ.

9.3   Winkelfunktionen als reelle Funktionen

Nun werden $\sin \varphi$, $\cos \varphi$ und $\tan \varphi$ als Terme reeller Funktionen betrachtet. Hierbei tritt auch der Kovariationsaspekt wieder in den Vordergrund. Die Ermittlung der zugehörigen Funktionswerte erfolgt weiterhin geometrisch am Einheitskreis gemäß Definition 9.2.

Definition 9.4 Eine Funktion *f* mit der Gleichung

■ $f(x) = \sin x$ heißt *Sinusfunktion*,

■ $f(x) = \cos x$ heißt *Kosinusfunktion*,

■ $f(x) = \tan x$ heißt *Tangensfunktion*.

Unter Verweis auf die Sätze 9.2 bis 9.4 werden zunächst die Eigenschaften der Sinus- und Kosinusfunktion zusammengestellt (Abb. 9.7 und 9.8 zeigen die Graphen).

■ Für den Definitions- und Wertebereich gilt jeweils $D = \mathbb{R}$ und $W = [-1;1]$.

■ Die Nullstellen der Sinusfunktion sind π, 2π, 3π, 4π, ... (alle ganzzahligen Vielfachen von π und damit alle geradzahligen Vielfachen von $\frac{1}{2}\pi$), die Nullstellen der Kosinus-funktion sind $\frac{1}{2}\pi$, $\frac{3}{2}\pi$, $\frac{5}{2}\pi$, $\frac{7}{2}\pi$, ... (alle ungeradzahligen Vielfachen von $\frac{1}{2}\pi$).

■ Die Sinusfunktion nimmt für

$$x = (4k+1)\tfrac{1}{2}\pi \text{ mit } k \in \mathbb{Z}$$

das lokale Maximum 1 und für

$$x = (4k-1)\tfrac{1}{2}\pi \text{ mit } k \in \mathbb{Z}$$

das lokale Minimum −1 an.

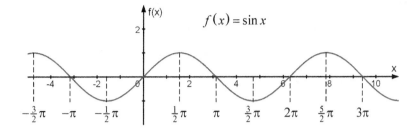

Abb. 9.7 Graph der Sinusfunktion

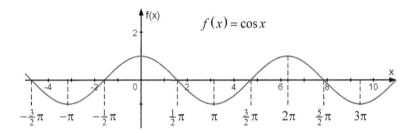

Abb. 9.8 Graph der Kosinusfunktion

▨ Die Kosinusfunktion nimmt für

$$x = 4k\tfrac{1}{2}\pi = 2k\pi \ \text{mit} \ k \in \mathbb{Z}$$

das lokale Maximum 1 und für

$$x = (4k+2)\tfrac{1}{2}\pi = (2k+1)\pi \ \text{mit} \ k \in \mathbb{Z}$$

das lokale Minimum -1 an.

▨ Wegen $\sin(-x) = -\sin x$ und $\cos(-x) = \cos x$ für alle $x \in \mathbb{R}$ ist der Graph der Sinusfunktion punktsymmetrisch in Bezug auf den Koordinatenursprung und der Graph der Kosinusfunktion symmetrisch zur y-Achse.

Die Eigenschaften der Tangensfunktion folgen sofort aus der Definition als Quotient aus der Sinus- und der Kosinusfunktion (Abb. 9.9 zeigt den Graphen).

▨ Die Definitionslücken der Tangensfunktion sind genau die Nullstellen der Kosinusfunktion. Für den Definitionsbereich gilt deshalb:

$$D = \mathbb{R} \backslash \left\{ x \mid x = (2k+1)\tfrac{1}{2}\pi \ \text{mit} \ k \in \mathbb{Z} \right\}$$

Die Geraden mit der Gleichung $x = (2k+1)\tfrac{1}{2}\pi$ mit $k \in \mathbb{Z}$ sind senkrechte Asymptoten an den Graphen der Tangensfunktion. An den Polstellen findet jeweils ein Vorzeichenwechsel von $f(x)$ statt.

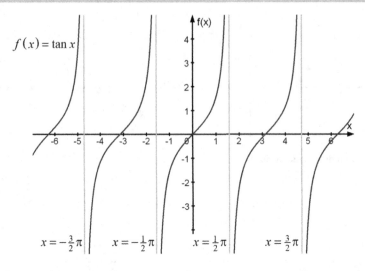

Abb. 9.9 Graph der Tangensfunktion

■ Die Tangensfunktion ist jeweils im Intervall

$$\left]\left(2k-1\right)\tfrac{1}{2}\pi;\left(2k+1\right)\tfrac{1}{2}\pi\right[\text{ mit } k \in \mathbb{Z}$$

streng monoton wachsend; sie besitzt deshalb weder lokale noch globale Extrema. Für ihren Wertebereich gilt $W = \mathbb{R}$.

■ Die Nullstellen der Tangensfunktion stimmen mit den Nullstellen der Sinusfunktion überein: $\tan x = 0$ für alle $x = k\pi$ mit $k \in \mathbb{Z}$.

■ Wegen $\tan(-x) = -\tan x$ für alle $x \in \mathbb{R}$ ist der Graph der Tangensfunktion punktsymmetrisch in Bezug auf den Koordinatenursprung.

Charakteristisch für die Winkelfunktionen ist, dass sich ihre Funktionswerte regelmäßig wiederholen. Diese Eigenschaft wird im Folgenden formalisiert.

Definition 9.5 Eine Funktion f heißt *periodisch* mit der *Periode* $p \in \mathbb{R}_{>0}$, wenn für alle $x \in D$ stets auch $x + p \in D$ und $f(x+p) = f(x)$ gilt.

Wenn p eine Periode von f ist, dann sind auch alle ganzzahligen Vielfachen von p eine Periode von f; es gilt: $f(x+kp) = f(x)$ für alle $k \in \mathbb{Z}$. Besonderes Augenmerk gilt deshalb der kleinsten Periode einer Funktion.

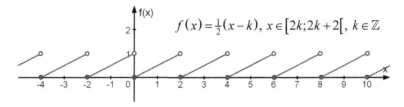

$$f(x) = \tfrac{1}{2}(x-k), \; x \in [2k; 2k+2[, \; k \in \mathbb{Z}$$

Abb. 9.10 Graph einer periodischen Funktion („Sägezahn"-Kurve)

Satz 9.5 Die Sinus- und Kosinusfunktion sind periodisch mit der kleinsten Periode 2π. Die Tangensfunktion ist periodisch mit der kleinsten Periode π.

Beweis: Aufgrund von Definition 9.2 ist klar, dass alle Winkelfunktionen die Periode 2π besitzen. Für die Sinus- und Kosinusfunktion ist dies jeweils auch die kleinste Periode. Die Tangensfunktion hingegen besitzt nach Satz 9.4 die kleinste Periode π. ◄

Neben den trigonometrischen Funktionen gibt es noch weitere (häufig abschnittsweise definierte) Funktionen, die periodisch sind.

Beispiel 9.1

Die Funktion f mit der Gleichung

$$f(x) = \tfrac{1}{2}(x-k) \;\text{ für }\; x \in [2k; 2k+2[\;\text{ mit }\; k \in \mathbb{Z}$$

besitzt die kleinste Periode 2. Der Graph besteht aus parallelen Strecken („Sägezahn"-Kurve, Abb. 9.10).

Beispiel 9.2

Die konstante Funktion f mit der Gleichung $f(x) = a$ mit $a \in \mathbb{R}$ ist periodisch. Jedes $p \in \mathbb{R}_{>0}$ ist eine Periode – es gibt keine kleinste Periode.

Im Folgenden werden Funktionen mit der Gleichung

$$f(x) = a\sin(b(x-c)) \;\text{ mit }\; a, b \in \mathbb{R}\backslash\{0\} \;\text{ und }\; c \in \mathbb{R}$$

betrachtet. Welche Gestalt haben ihre Graphen? Sie lassen sich schrittweise aus dem Graphen der Sinusfunktion herleiten.

▪ Der Graph der Funktion g mit der Gleichung $g(x) = \sin x$ besteht aus allen Punkten $(x \mid \sin x)$ und der Graph der Funktion f mit der Gleichung $f(x) = a\sin x$ aus allen Punkten $(x \mid a\sin x)$. Die Funktion f nimmt den a-fachen Funktionswert der Funktion g an; es gilt $f(x) = a \cdot g(x)$. Der Graph von f entsteht aus dem Graphen von g für

Abb. 9.11 Dehnung
in y-Richtung

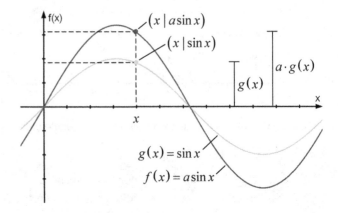

$a > 0$ durch eine Dehnung oder Stauchung um a in y-Richtung (Abb. 9.11) und für $a < 0$ durch eine Dehnung oder Stauchung um $|a|$ in y-Richtung und eine Spiegelung an der x-Achse.

▪ Der Graph der Funktion g mit der Gleichung $g(x) = a \sin x$ besteht aus allen Punkten $(x \mid a \sin x)$ und der Graph der Funktion f mit der Gleichung $f(x) = a \sin(bx)$ aus allen Punkten $(x \mid a \sin(bx))$. Wenn g an der Stelle x_1 den Funktionswert $g(x_1)$ besitzt, dann nimmt f an der Stelle

$$x_2 = \frac{x_1}{b}$$

denselben Wert an. Folglich gilt

$$f\left(\frac{x}{b}\right) = g(x) \text{ für alle } x \in \mathbb{R},$$

und der Graph von f entsteht aus dem Graphen von g für $0 < b < 1$ durch eine Dehnung und für $b > 1$ durch eine Stauchung in x-Richtung, jeweils um den Faktor b (Abb. 9.12 und 9.13). Der Fall $b < 0$ wird über die Beziehung $\sin(-x) = -\sin x$, die nach Satz 9.2 für alle $x \in \mathbb{R}$ gilt, analog behandelt.

▪ Der Graph der Funktion g mit der Gleichung $g(x) = a \sin(bx)$ besteht aus allen Punkten $(x \mid a \sin(bx))$. Dementsprechend besteht der Graph der Funktion f mit der Gleichung $f(x) = a \sin(b(x - c))$ aus allen Punkten $(x \mid a \sin(b(x - c)))$. Wenn g an der Stelle x_1 den Funktionswert $g(x_1)$ besitzt, dann nimmt f an der Stelle $x_2 = x_1 + c$ denselben Wert an. Folglich gilt $f(x + c) = g(x)$ für alle $x \in \mathbb{R}$, und der Graph von f entsteht aus dem Graphen von g durch eine Verschiebung um c in x-Richtung (Abb. 9.14).

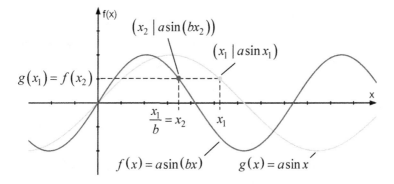

Abb. 9.12 Stauchung in x-Richtung

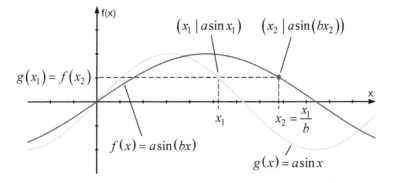

Abb. 9.13 Dehnung in x-Richtung

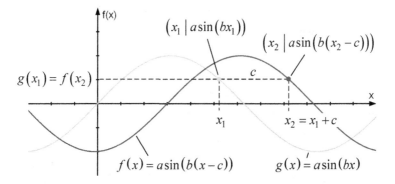

Abb. 9.14 Verschiebung um c in x-Richtung

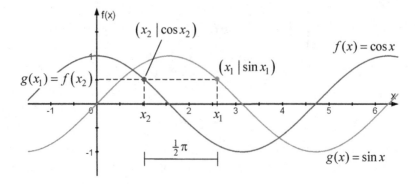

Abb. 9.15 Zusammenhang von Sinus- und Kosinusfunktion

Für den Graphen der Funktion f mit der Gleichung $f(x) = a\sin(b(x-c))$ lässt sich zusammenfassend festhalten:

■ Der Koeffizient a beeinflusst den Wertebereich von f. Es gilt $W = [-a; a]$.

■ Der Koeffizient b ändert die kleinste Periode von f. Sie beträgt

$$\frac{2\pi}{b}.$$

■ Der Koeffizient c bewirkt eine Verschiebung des Graphen um c in x-Richtung.

Entsprechende Überlegungen lassen sich auch für die Kosinusfunktion anstellen. Insbesondere gilt nach den Sätzen 9.2 und 9.3:

$$\sin\left(x \pm \tfrac{1}{2}\pi\right) = \pm\cos x \ \text{ und } \ \cos\left(x \pm \tfrac{1}{2}\pi\right) = \mp\sin x \ \text{ für alle } \ x \in \mathbb{R}$$

Der Graph der Kosinusfunktion geht durch eine Verschiebung parallel zur x-Achse aus dem Graphen der Sinusfunktion hervor, und umgekehrt (Abb. 9.15).

Beispiel 9.3

Da der Koeffizient c nur eine Verschiebung des Graphen bewirkt, lassen sich die Graphen aller Funktionen, deren Gleichung die Form

$$f(x) = \pm\sin(x-c) \ \text{ oder } \ f(x) = \pm\cos(x-c) \ \text{ mit } \ c \in \mathbb{R}$$

besitzt, durch eine Verschiebung in x-Richtung zur Deckung bringen, sind also kongruent. Sie können deshalb mit derselben Schablone gezeichnet werden (Abb. 9.16). Diese Schablone bietet zudem Vorlagen für Funktionsgraphen zu den Gleichungen

$$f(x) = \pm\tfrac{1}{2}\sin(x-c) \ \text{ und } \ f(x) = \pm\tfrac{1}{2}\cos(x-c) \ \text{ mit } \ c \in \mathbb{R}$$

sowie $f(x) = \tan x$.

Abb. 9.16 Schablone
für die Graphen von
Sinus- und Kosinusfunktion

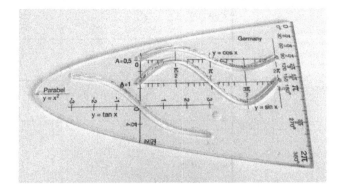

Die Sinus- und Kosinusfunktion werden häufig herangezogen, um periodische (hier in der Alltagsbedeutung: sich regelmäßig wiederholende) Phänomene zu modellieren.

Beispiel 9.4

Sowohl für ein Federpendel (Abb. 9.17 links) als auch für ein Fadenpendel (Abb. 9.17 rechts) wird der Zusammenhang zwischen der Zeit t (in s) und dem Ort x (in cm) durch die Gleichung

$$x(t) = x_{max} \cdot \sin\left(\frac{t}{T} \cdot 2\pi\right)$$

beschrieben. Hierbei gibt x_{max} die Amplitude (die maximale Auslenkung, in cm) und T die Schwingungsdauer (die kleinste Periode, in s) an. Die Geschwindigkeit v (in m/s) des Pendelkörpers zum Zeitpunkt t (in s) wird durch die Gleichung

$$v(t) = v_{max} \cdot \cos\left(\frac{t}{T} \cdot 2\pi\right)$$

erfasst, wobei v_{max} die Maximalgeschwindigkeit (in m/s) bezeichnet. Durch die Mathematisierung mittels Gleichungen tritt die gemeinsame Struktur beider Versuche stärker hervor (Abb. 9.18 zeigt die Graphen). Die vorliegenden Gleichungen für $x(t)$

Abb. 9.17 Federpendel (links)
und Fadenpendel (rechts)

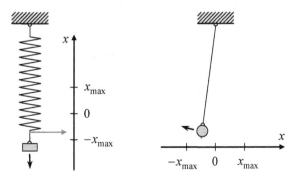

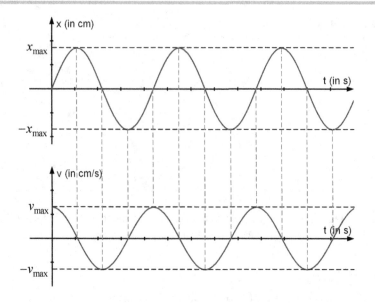

Abb. 9.18   Zeit-Ort- und Zeit-Geschwindigkeits-Diagramm eines Pendels

und $v(t)$ modellieren den idealisierten Fall einer ungedämpften Schwingung, bei der die Amplitude konstant ist; im allgemeinen Fall einer gedämpften Schwingung wird die Amplitude zunehmend kleiner.

Beispiel 9.5

Für eine Wechselspannung, wie sie an einer üblichen Steckdose anliegt, beschreibt

$$U(t) = U_{max} \cdot \sin\left(\frac{t}{T} \cdot 2\pi\right)$$

die Spannung U (in Volt) in Abhängigkeit von der Zeit t (in Sekunden); U_{max} bezeichnet die Maximalspannung (in Volt) und T die Schwingungsdauer (in Sekunden). Die Netzspannung von 230 V steht für die effektive Spannung U_{eff} ; die Maximalspannung U_{max}, die die Amplitude der Schwingung angibt, ist um den Faktor $\sqrt{2}$ höher und beträgt etwa 325 V. Die Frequenz beträgt 50 Hz: In einer Sekunde finden 50 Schwingungen statt, was eine Schwingungsdauer T von 20 ms ergibt. Abbildung 9.19 zeigt die Spannung U (in Volt) in Abhängigkeit von der Zeit t (in Sekunden); eine volle Schwingung ist jeweils grau markiert.

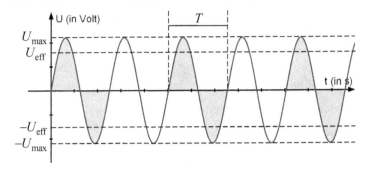

Abb. 9.19 Zeit-Spannungs-Diagramm einer Wechselspannung

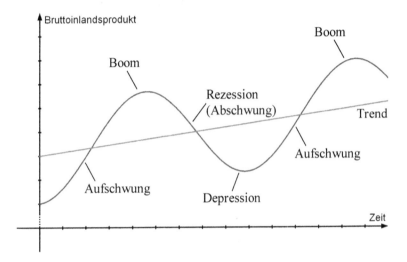

Abb. 9.20 Konjunkturzyklen und langjähriger Trend

Beispiel 9.6

In der Volkswirtschaftslehre gibt es die – allerdings nicht unumstrittene – Theorie, dass sich die wirtschaftliche Entwicklung durch unterschiedlich lange Zyklen beschreiben lässt: Ein Konjunkturzyklus dauert mehrere Jahre, er lässt oft einen gewissen Trend erkennen (Abb. 9.20). Zudem wird er von kleineren saisonalen Schwankungen überlagert (die in Abb. 9.20 nicht dargestellt sind).

Die Sinus-, Kosinus- und Tangensfunktion ordnen (innerhalb des jeweiligen maximalen Definitionsbereichs) einem Bogenmaß x den entsprechenden Wert für $\sin x$, $\cos x$ oder $\tan x$ zu, der durch Definition 9.2 am Einheitskreis festgelegt ist. Im Zuge geometrischer Berechnungen ist häufig die umgekehrte Zuordnung gefragt: Einem bestimmten Wert der

Sinus-, Kosinus oder Tangensfunktion soll das zugehörige Bogenmaß x zugeordnet werden. Diese Umkehrzuordnungen werden mit $\arcsin x$, $\arccos x$ und $\arctan x$ bezeichnet.

Definition 9.6   Eine Funktion f mit der Gleichung

■ $f(x) = \arcsin x$ heißt *Arcussinusfunktion*,

■ $f(x) = \arccos x$ heißt *Arcuskosinusfunktion*,

■ $f(x) = \arctan x$ heißt *Arcustangensfunktion*.

Die Sinus-, Kosinus- und Tangensfunktion sind jedoch nicht im jeweiligen maximalen Definitionsbereich umkehrbar eindeutig: Vielmehr ist eine Einschränkung auf einen Teilbereich nötig, üblicherweise auf den so genannten Hauptzweig (Abb. 9.21 bis 9.23).

Abb. 9.21 Graph der
Arcussinusfunktion

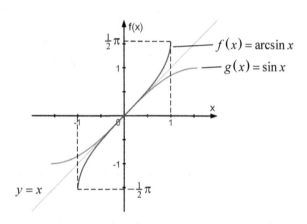

Abb. 9.22 Graph der
Arcuskosinusfunktion

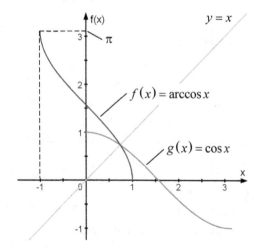

Abb. 9.23 Graph der
Arcustangensfunktion

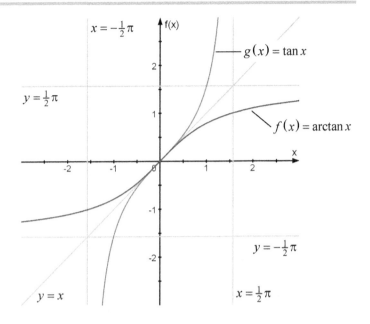

- Die Funktion mit der Gleichung $g(x) = \sin x$ ist eingeschränkt auf $D_g = \left[-\frac{1}{2}\pi; \frac{1}{2}\pi\right]$ umkehrbar eindeutig mit $W_g = [-1;1]$. Für die Arcussinusfunktion mit der Gleichung $f(x) = \arcsin x$ gilt deshalb $D_f = [-1;1]$ und $W_f = \left[-\frac{1}{2}\pi; \frac{1}{2}\pi\right]$.

- Die Funktion mit der Gleichung $g(x) = \cos x$ ist eingeschränkt auf $D_g = [0;\pi]$ umkehrbar eindeutig mit $W_g = [-1;1]$. Für die Arcuskosinusfunktion mit der Gleichung $f(x) = \arccos x$ gilt folglich $D_f = [-1;1]$ und $W_f = [0;\pi]$.

- Die Funktion mit der Gleichung $g(x) = \tan x$ ist eingeschränkt auf $D_g = \left]-\frac{1}{2}\pi; \frac{1}{2}\pi\right[$ umkehrbar eindeutig mit $W_g = \mathbb{R}$. Für die Arcustangensfunktion mit der Gleichung $f(x) = \arctan x$ gilt in Konsequenz $D_f = \mathbb{R}$ und $W_f = \left]-\frac{1}{2}\pi; \frac{1}{2}\pi\right[$.

Aufgaben

Aufgabe 9.1

Für bestimmte Werte des Winkels φ kann man $\sin\varphi$ und $\cos\varphi$ elementargeometrisch berechnen.

- Berechnen Sie $\sin 45°$ und $\cos 45°$. In diesem Fall ist das rechtwinklige Dreieck gleichschenklig (Abb. 9.24 links).

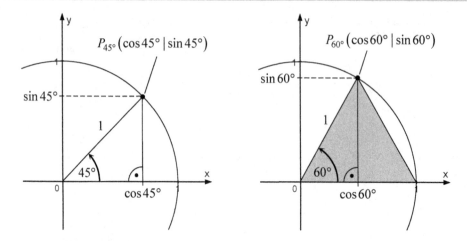

Abb. 9.24 Herleitung spezieller Werte der Sinus- und Kosinusfunktion

- Zur Bestimmung von sin 60° und cos 60° kann das rechtwinklige Dreieck wie in Abbildung 9.24 rechts ergänzt werden. Begründen Sie, dass das grau schraffierte Dreieck gleichseitig ist, und leiten Sie daraus sin 60° und cos 60° ab.

- Berechnen Sie sin 22,5°, sin 15° und sin 7,5° unter Verwendung der Additionstheoreme aus Aufgabe 9.2.

Aufgabe 9.2

Die Additionstheoreme erlauben die Berechnung von $\sin(\alpha \pm \beta)$ und $\cos(\alpha \pm \beta)$, sofern $\sin\alpha$ und $\cos\alpha$ sowie $\sin\beta$ und $\cos\beta$ bekannt sind:

$$\sin(\alpha \pm \beta) = \sin\alpha\cos\beta \pm \cos\alpha\sin\beta$$
$$\cos(\alpha \pm \beta) = \cos\alpha\cos\beta \mp \sin\alpha\sin\beta$$

Abb. 9.25 Herleitung des ersten Additionstheorems

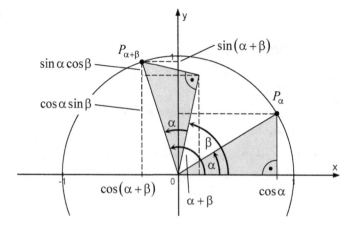

Abb. 9.26 Herleitung des
ersten Additionstheorems

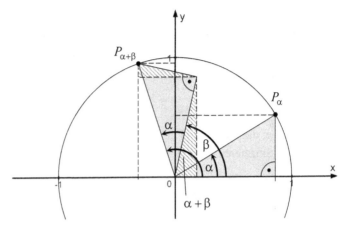

Leiten Sie zuerst das Additionstheorem $\sin(\alpha+\beta) = \sin\alpha\cos\beta + \cos\alpha\sin\beta$ her.
Zur Beweisidee: Man dreht das ursprüngliche rechtwinklige Dreieck (in Abb. 9.25
grau gefärbt) um den Winkel β. Der Punkt $P_{\alpha+\beta}$, den man hierdurch erhält, hat die
Koordinaten $\big(\cos(\alpha+\beta)\,|\,\sin(\alpha+\beta)\big)$. Die y-Koordinate von $P_{\alpha+\beta}$ kann in zwei
Abschnitte der Länge $\sin\alpha\cos\beta$ und $\cos\alpha\sin\beta$ zerlegt werden. Diese beiden
Längen wiederum erhält man über die Streckenverhältnisse in zwei ähnlichen
rechtwinkligen Dreiecken (in Abb. 9.26 schraffiert).

Leiten Sie anschließend $\cos(\alpha+\beta) = \cos\alpha\cos\beta - \sin\alpha\sin\beta$ auf ähnliche Weise
her.

Die beiden weiteren Additionstheoreme erhalten Sie durch algebraische Umfor-
mungen mittels $\sin(\alpha-\beta) = \sin\big(\alpha+(-\beta)\big)$ und $\cos(\alpha-\beta) = \cos\big(\alpha+(-\beta)\big)$.

Leiten Sie die Beziehungen für das doppelte und das halbe Argument her:

$$\sin(2\alpha) = 2\sin\alpha\cos\alpha$$
$$\cos(2\alpha) = (\cos\alpha)^2 + (\sin\alpha)^2$$
$$\sin\left(\tfrac{1}{2}\alpha\right) = \pm\sqrt{\tfrac{1}{2}(1-\cos\alpha)}$$
$$\cos\left(\tfrac{1}{2}\alpha\right) = \pm\sqrt{\tfrac{1}{2}(1+\cos\alpha)}$$

Aufgabe 9.3

Oft ist es hilfreich, wenn man nicht mit $\sin x$, $\cos x$ und $\tan x$ arbeiten muss, sondern
mit einfacheren Termen, die eine Näherung darstellen. Wenn x Werte in der Nähe von
0 annimmt, sind folgende Näherungen möglich:

$\sin x \approx x$ $\cos x \approx 1-x$ $\tan x \approx x$

In diesem Fall kann man mit Termen linearer Funktionen arbeiten, in denen jeweils das Bogenmaß auftritt. Begründen Sie diese Näherungen anhand der Darstellung am Einheitskreis. Ist die Näherung jeweils größer oder kleiner als der tatsächliche Wert? Unterscheiden Sie dabei zwischen $x > 0$ und $x < 0$.

Aufgabe 9.4

Zeigen Sie, dass folgende Funktionen periodisch sind, und geben Sie die kleinste Periode an. Skizzieren Sie den Graphen unter Verwendung eines CAS.

- $f(x) = (\sin x)^2$ - $f(x) = |\cos x|$ - $f(x) = 2 - \sin x$

- $f(x) = \cos(3x)$ - $f(x) = \sin(2\pi x)$

- $f(x) = \sin\left(\dfrac{2\pi}{K}x\right)$ mit einer Konstanten $K \in \mathbb{R} \setminus \{0\}$

10 Funktionales Denken in der Analysis

In diesem abschließenden Kapitel soll aufgezeigt werden, wie sich das funktionale Denken in der Analysis fortsetzt. Übliche Zugänge zur Ableitung einer Funktion und zentrale Aspekte des Kalküls der Analysis werden unter der Frage betrachtet, in welcher Weise hierbei funktionales Denken von Bedeutung ist. Es knüpft damit insbesondere an Kapitel 1 an, in dem das funktionale Denken als leitendes Konzept eingeführt wurde. Wie schon Kapitel 1 und 2 schlägt es eine Brücke von der Mathematik zur Mathematikdidaktik.

Zunächst werden drei Zugänge zur Ableitung einer Funktion aufgezeigt: der Zugang über den Grenzwert des Differenzenquotienten (Abschn. 10.1) und zwei geometrisch basierte Zugänge über die Steigung der Tangente an den Funktionsgraphen und die lokale Näherung des Funktionsgraphen durch die Tangente (Abschn. 10.2). Anschließend wird der Weg von der Ableitung an einer Stelle zur Ableitungsfunktion dargestellt und die Mächtigkeit des Kalküls der Analysis im Unterschied zu elementaren Vorgehensweisen aufgezeigt (Abschn. 10.3). Zuletzt wird der Kalkül der Analysis im Hinblick auf die Aspekte funktionalen Denkens untersucht (Abschn. 10.4).

Kapitel 10 gibt einen Ausblick auf die Analysis; es soll und kann eine klassische elementare Einführung in die Analysis nicht ersetzen (exemplarisch: Danckwerts & Vogel 2005; Büchter & Henn 2010). Insbesondere werden die Sätze (abweichend von der bisherigen Praxis im Buch) ohne Beweise dargestellt und Fragen der fachlichen Systematik und formalen Strenge allenfalls angedeutet.

10.1 Lokale Änderungsrate

Funktionen werden herangezogen, um den Zusammenhang zweier Größen mathematisch zu beschreiben (vgl. Abschn. 1.1 bis 1.3). Entsprechend dem Kovariationsaspekt wird dabei häufig untersucht, in welcher Beziehung die Änderungen der beiden Größen stehen, oder – sofern man eine unabhängige und eine abhängige Größe unterscheidet – wie sich

© Springer-Verlag GmbH Deutschland, ein Teil von Springer Nature 2019
G. Wittmann, *Elementare Funktionen und ihre Anwendungen*, Mathematik
Primarstufe und Sekundarstufe I + II, https://doi.org/10.1007/978-3-662-58060-8_10

die abhängige Größe ändert, wenn die unabhängige Größe in einer bestimmten Weise variiert wird.

Antworten auf die Frage, welche Auswirkungen eine Änderung der unabhängigen Größe auf die abhängige Größe hat, lassen sich auch schon ohne Analysis finden:

- ■ Für eine lineare Funktion mit der Gleichung $f(x) = ax + b$ mit $a \in \mathbb{R} \setminus \{0\}$ gilt für alle $x \in \mathbb{R}$ die Beziehung $\Delta f(x) = a \cdot \Delta x$. Insbesondere gilt: Wird das Argument um 1 erhöht, ändert sich der Funktionswert um a (Abschn. 3.2).

- ■ Für eine Exponentialfunktion mit der Gleichung $f(x) = a^x$ mit $a \in \mathbb{R}_+$ gilt für alle $x \in \mathbb{R}$, dass eine Änderung des Arguments um Δx eine Änderung des Funktionswerts um den Faktor $a^{\Delta x}$ nach sich zieht. Insbesondere gilt: Wird das Argument um 1 erhöht, ver-a-facht sich der Funktionswert (Abschn. 8.1).

Die Analysis eröffnet mit der Ableitung einer Funktion jedoch noch deutlich weiter gehende Möglichkeiten. Hierzu wird, wie schon auch bisher, eine Änderung des Funktionswerts $\Delta f(x) = f(x_1) - f(x_0)$ in Beziehung gesetzt zur auslösenden Änderung des Arguments $\Delta x = x_1 - x_0$, dieses Mal durch Quotientenbildung.

Definition 10.1 Für eine Funktion f, die im Intervall $[x_0; x_1]$ mit $x_0 \neq x_1$ definiert ist, heißt

$$\frac{\Delta f(x)}{\Delta x} = \frac{f(x_1) - f(x_0)}{x_1 - x_0}$$

der *Differenzenquotient von f im Intervall* $[x_0; x_1]$.

Der Differenzenquotient wird auch als *mittlere Änderungsrate* bezeichnet. Durch die Quotientenbildung wird die Änderung der abhängigen Größe auf eine Einheit der unabhängigen Größe bezogen: Es findet eine Normierung der Änderung statt. Damit lassen sich insbesondere auch solche Änderungen des Funktionswerts sinnvoll vergleichen, denen unterschiedlich große Variationen des Arguments zugrunde liegen.

Die Bezeichnung als mittlere Änderungsrate lässt sich damit erklären, dass der Differenzenquotient eine Art von Mittelwert für das Änderungsverhalten der Funktion im Intervall $[x_0; x_1]$ angibt, wobei Mittelwert hier nicht als arithmetisches Mittel missverstanden werden darf. Eine darüber hinausgehende Deutung der mittleren Änderungsrate liefert der Mittelwertsatz der Differenzialrechnung (s. Danckwerts & Vogel 2005, S. 65 f.; Büchter & Henn 2010, S. 217 ff.).

Beispiel 10.1

Wenn x für das zu versteuernde Einkommen und $f(x)$ für die zu entrichtende Einkommensteuer steht, dann steigt bei einer Einkommenserhöhung von x_0 auf x_1 die fällige Einkommensteuer von $f(x_0)$ auf $f(x_1)$. Der Differenzenquotient

$$\frac{\Delta f(x)}{\Delta x} = \frac{f(x_1) - f(x_0)}{x_1 - x_0}$$

setzt die zusätzliche Steuer $\Delta f(x) = f(x_1) - f(x_0)$ in Beziehung zum Einkommenszuwachs $\Delta x = x_1 - x_0$. Er gibt an, welcher Anteil des zusätzlichen Einkommens abzuführen ist. Dieser Anteil lässt sich damit für unterschiedlich hohe Einkommenszuwächse Δx und für unterschiedliche Ausgangseinkommen x_0 vergleichen. Infolge der Steuerprogression (s. Abb. 1.14 und Aufg. 1.7) steigt dieser Anteil mit wachsendem Einkommen. Im Unterschied zum Differenzenquotienten beschreibt der Quotient

$$\frac{f(x_0)}{x_0},$$

welcher Anteil des gesamten Einkommens x_0 abzuführen ist (Steuerquote).

Beispiel 10.2

Beschreibt $K(x)$ die Gesamtkosten, die bei der Produktion von x Stück entstehen, dann beantwortet der Differenzenquotient

$$\frac{K(x_1) - K(x_0)}{x_1 - x_0}$$

die Frage, wie hoch die mittleren Stückkosten für die zusätzliche Produktionsmenge $x_1 - x_0$ sind. Im Unterschied hierzu bildet

$$k(x_1) = \frac{K(x_1)}{x_1}$$

jeweils die mittleren Stückkosten für die gesamte Produktionsmenge x_1 ab (durchschnittliche Kosten je Stück). Der Differenzenquotient im Intervall $[0; x_1]$,

$$\frac{K(x_1) - K(0)}{x_1 - 0} = \frac{K(x_1) - K(0)}{x_1},$$

berücksichtigt im Unterschied zu $k(x_1)$ auch die Fixkosten $K(0)$, die selbst dann entstehen, wenn nicht produziert wird.

Beispiel 10.3

Mit $T(h)$ wird die Lufttemperatur in Abhängigkeit von der Höhe h dargestellt. Der Differenzenquotient

$$\frac{T(h_1)-T(h_0)}{h_1-h_0}$$

bezieht die Temperaturdifferenz $T(h_1)-T(h_0)$ auf den Höhenunterschied h_1-h_0 und wird auch als Temperaturgradient bezeichnet. Ist der Temperaturgradient positiv, wird es mit zunehmender Höhe im Mittel wärmer, ist er negativ, wird es mit zunehmender Höhe im Mittel kälter. (In der Praxis gibt man als Temperaturgradient die mittlere Temperaturdifferenz je 100 m Höhenunterschied an, weil dies Werte liefert, die unmittelbar gedeutet werden können.)

Der Differenzenquotient betrachtet lediglich die Funktionswerte $f(x_0)$ und $f(x_1)$ an den beiden Stellen x_0 und x_1, berücksichtigt jedoch nicht, was dazwischen passiert. Für manche Sachkontexte – wie für die in den Beispielen 10.1 bis 10.3 geschilderten – mag dies passend sein, für andere jedoch nicht.

Beispiel 10.4

Dem Höhenprofil einer Bahnstrecke kann man die mittlere Änderungsrate der Höhe in Abhängigkeit vom zurückgelegten Weg jeweils zwischen zwei Bahnhöfen entnehmen (Abb. 10.1). Da ein Güterzug nur eine bestimmte maximale Steigung bewältigen kann, sagt dies jedoch nichts darüber aus, ob er die Strecke befahren darf. Relevant ist vielmehr die Steigung der Strecke an jeder Stelle. (Zudem ist zu beachten, dass die Steigung sich auf die horizontale Entfernung und nicht auf die zurückgelegte Strecke bezieht.)

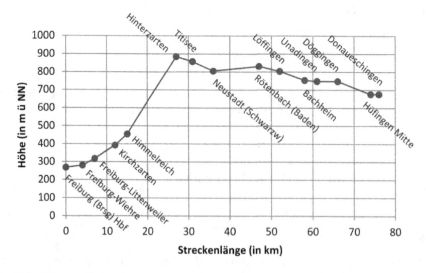

Abb. 10.1 Höhenprofil einer Bahnstrecke am Beispiel der Höllentalbahn im Schwarzwald

Wenn die mittlere Änderungsrate einer Funktion im Intervall $[x_0 ; x_1]$ keine sinnvolle oder hinreichend genaue Aussage liefert, liegt es nahe, das Intervall immer weiter zu verkleinern, konkret x_1 immer weiter gegen x_0 wandern zu lassen. Man betrachtet dann den *Grenzwert des Differenzenquotienten.*

Definition 10.2 Wenn eine Funktion f in einer Umgebung $U(x_0)$ definiert ist und der Grenzwert

$$\lim_{x \to x_0} \frac{f(x) - f(x_0)}{x - x_0}$$

existiert, dann heißt dieser Grenzwert die *Ableitung von f an der Stelle* x_0 und f heißt *differenzierbar in* x_0.

Für die Ableitung von f an der Stelle x_0 schreibt man kurz $f'(x_0)$. Sie wird auch als *momentane Änderungsrate* (insbesondere bei zeitabhängigen Vorgängen) oder *lokale Änderungsrate* von f an der Stelle x_0 bezeichnet.

Beispiel 10.5

Wenn man mit dem Auto unterwegs ist, kann man der Kilometrierung auf den blauen Schildern an den Autobahnen (Abb. 10.2) oder den Kilometersteinen entlang einer Landstraße die Ortsangabe (die Position des Autos auf der Straße) entnehmen. Mit $s(t)$ wird im Folgenden der Ort in Abhängigkeit von der Zeit t bezeichnet. Dann gibt $\Delta s(t) = s(t_1) - s(t_0)$ den in der Zeitspanne $\Delta t = t_1 - t_0$ zurückgelegten Weg an und der Differenzenquotient

$$\bar{v} = \frac{\Delta s(t)}{\Delta t} = \frac{s(t_1) - s(t_0)}{t_1 - t_0}$$

den zurückgelegten Weg pro Zeiteinheit, die mittlere Geschwindigkeit $\bar{v}$ im Zeitintervall $[t_0 ; t_1]$. Die mittlere Geschwindigkeit $\bar{v}$ ist demnach jene Größe, die den Kovariationsaspekt von $s(t)$ im Intervall $[t_0 ; t_1]$ beschreibt. Fährt man gegen die Kilometrierung, ist der zurückgelegte Weg $s(t_1) - s(t_0)$ und damit auch $\bar{v}$ negativ. Das Vorzeichen von $\bar{v}$ lässt sich damit als Fahrtrichtungsangabe interpretieren.

Der Grenzwert des Differenzenquotienten

$$\lim_{t \to 0} \frac{s(t) - s(t_0)}{t - t_0} = v(t_0)$$

gibt die Momentangeschwindigkeit $v(t_0)$ zum Zeitpunkt t_0 an, die lokale oder momentane Änderungsrate des zurückgelegten Weges.

Abb. 10.2 Kilometerangabe auf der A6 bei Mannheim
(© Hubert Berberich, Wikimedia Commons CC BY 3.0)

Die mittlere Geschwindigkeit $\bar{v}$ kann für die Reiseplanung sinnvoll sein (Routenplaner beispielsweise rechnen damit). Sie gibt jedoch keine Auskunft über die Momentangeschwindigkeit zu einem bestimmten Zeitpunkt, die der Tacho anzeigt, auf die sich ein Tempolimit bezieht und die bei einer Radarkontrolle erfasst wird.

Wie schon die Schreibweise $f'(x_0)$ unterstreicht, ist die Ableitung eine Eigenschaft der Funktion in x_0. Sie beschreibt, wie sich an dieser Stelle eine Änderung des Arguments auf den Funktionswert auswirkt – dies spiegelt den Kovariationsaspekt funktionalen Denkens wider. Dass $f'(x_0)$ für eine Änderung von f steht, obwohl sich $f'(x_0)$ formal nur auf die Stelle x_0 bezieht, lässt sich daran erkennen, dass $f'(x_0)$ nur dann gebildet werden kann, wenn f in einer Umgebung von x_0 definiert ist – eine isolierte Stelle x_0 beispielsweise erfüllt die Voraussetzung der Definition nicht. Durch den Grenzwertprozess bei der Bildung der Ableitung tritt der Zuordnungsaspekt von f' an die Stelle des Kovariationsaspekts von f. Dies ist eine der zentralen Grundlagen für den Kalkül der Analysis (s. Abschn. 10.3 und 10.4).

Die Eigenschaft einer Funktion, in $x_0 \in D$ differenzierbar zu sein, wird in Definition 10.2 auf die Existenz des Grenzwerts $f'(x_0)$ zurückgeführt. Offen bleibt, unter welchen Voraussetzungen der Grenzwert existiert, oder anders formuliert, ob man einer Funktion vorab ansehen kann, an welchen Stellen der Grenzwert existiert. Diese Frage wird in der Analysis mit den Konzepten der *Stetigkeit* und *Differenzierbarkeit* einer Funktion beantwortet (Büchter & Henn 2010, S. 173 ff., S. 195 ff.; Greefrath et al. 2016, S. 140 ff.).

Hinweise diesbezüglich liefert auch schon der Funktionsgraph: Voraussetzung für die Existenz der Ableitung an einer Stelle $x_0 \in D$ ist, vereinfacht formuliert,

- dass der Graph von f in einer Umgebung von x_0 „in einem Zug" gezeichnet werden kann, also in x_0 keine Sprungstelle aufweist (Stetigkeit von f in x_0),

- und dass er darüber hinaus in x_0 „gleichmäßig" verläuft, also dort keinen Knick besitzt (Differenzierbarkeit von f in x_0).

Dies ist für die bisher behandelten Funktionen (sofern sie nicht abschnittsweise definiert sind) an allen Stellen im Inneren ihres Definitionsbereichs gegeben.

Beispiel 10.6

Die Betragsfunktion mit der Gleichung

$$f(x) = |x| = \begin{cases} x & \text{für } x \geq 0 \\ -x & \text{für } x < 0 \end{cases}$$

ist eine abschnittsweise definierte Funktion. Für ihren Differenzenquotienten gilt:

$$\frac{f(x) - f(0)}{x - 0} = \frac{x}{x} = 1 \text{ für } x > 0 \text{ und } \frac{f(x) - f(0)}{x - 0} = \frac{-x}{x} = -1 \text{ für } x < 0$$

Daraus wird ersichtlich, dass an der Stelle $x_0 = 0$ der Grenzwert des Differenzenquotienten nicht existiert. Auch geometrisch lässt sich dies erkennen: Der Graph der Betragsfunktion weist in $x_0 = 0$ einen Knick auf (Abb. 4.1), was ein Indikator dafür ist, dass an dieser Stelle die Sekanten (die jeweils mit dem Funktionsgraphen zusammenfallen) bei der Annäherung von links und rechts nicht sinnvoll mit einer Tangente ergänzt ergänzt werden können (s. Abschn. 10.2).

Die Ableitung $f'(x_0)$ ist das Ergebnis eines Grenzwertprozesses. Wenn x gegen x_0 wandert, nähert sich $f(x)$ immer weiter $f(x_0)$ an. Sowohl der Nenner als auch der Zähler des Differenzenquotienten streben gegen 0, was zunächst zum undefinierten (weil ungeklärten) Ausdruck $0 : 0$ führt. Darin spiegelt sich wider, dass die Grenzwertbildung ein Prozess und der Grenzwert ein idealisiertes Objekt ist und nicht einfach das Resultat arithmetischer oder algebraischer Umformungen (vgl. Büchter & Henn 2010, S. 195 ff; vom Hofe, Lotz & Salle 2015, S. 158 ff.; Greefrath et al. 2016, S. 110 ff.).

Für die betrachteten elementaren Funktionen lässt sich der Grenzwert oftmals bestimmen, wenn man den Differenzenquotienten so umformt, dass die Nullstelle im Nenner durch Kürzen mit $x - x_0$ eliminiert werden kann. Diese algebraischen Umformungen schaffen die Voraussetzung dafür, dass die Grenzwertbildung vollzogen werden kann.

Beispiel 10.7

Für die Funktion f mit der Gleichung

$$f(x) = \frac{1}{x}$$

lautet der Differenzenquotient

$$\frac{f(x) - f(x_0)}{x - x_0} = \frac{\frac{1}{x} - \frac{1}{x_0}}{x - x_0} = \frac{\frac{x_0 - x}{x \cdot x_0}}{x - x_0} = -\frac{\frac{x - x_0}{x \cdot x_0}}{x - x_0} = -\frac{1}{x \cdot x_0},$$

und für seinen Grenzwert gilt

$$\lim_{x \to x_0} \frac{f(x) - f(x_0)}{x - x_0} = \lim_{x \to x_0} \left(-\frac{1}{x \cdot x_0} \right) = -\frac{1}{x_0^2}.$$

An der Stelle x_0 beträgt die lokale Änderungsrate

$$f'(x_0) = -\frac{1}{x_0^2}.$$

Sie ist stets negativ (vgl. Abschn. 5.6). Beispielsweise gilt $f'(2) = -0,25$.

Abschließend lässt sich festhalten, dass der Weg von der absoluten Änderung von f im Intervall $[x_0; x_1]$ zur Ableitung $f'(x_0)$ an der Stelle x_0 zwei völlig unterschiedliche Schritte umfasst (Abb. 10.3; vgl. Danckwerts & Vogel 2006, S. 57; Hahn & Prediger 2008, S. 189):

- Der erste Schritt besteht im Übergang von der absoluten Änderung im Intervall $[x_0; x_1]$ zur mittleren Änderungsrate im Intervall $[x_0; x_1]$. Die Bildung des Differenzenquotienten ist ein rein algebraischer Vorgang; die Division durch $x_1 - x_0$ ist für ein echtes Intervall $[x_0; x_1] \subset D$ stets möglich.

- Der zweite Schritt ist der Übergang von der mittleren Änderungsrate im Intervall $[x_0; x_1]$ zur lokalen Änderungsrate an der Stelle x_0. Er besteht in einem für die Analysis typischen Grenzwertprozess und setzt voraus, dass dieser Grenzwert existiert.

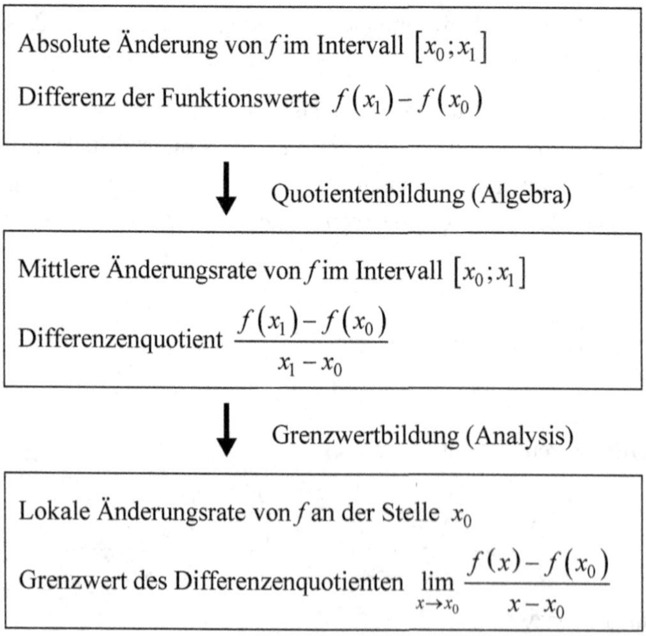

Absolute Änderung von f im Intervall $[x_0; x_1]$

Differenz der Funktionswerte $f(x_1) - f(x_0)$

  Quotientenbildung (Algebra)

Mittlere Änderungsrate von f im Intervall $[x_0; x_1]$

Differenzenquotient $\dfrac{f(x_1) - f(x_0)}{x_1 - x_0}$

  Grenzwertbildung (Analysis)

Lokale Änderungsrate von f an der Stelle x_0

Grenzwert des Differenzenquotienten $\displaystyle \lim_{x \to x_0} \frac{f(x) - f(x_0)}{x - x_0}$

Abb. 10.3 Von der absoluten Änderung zur Ableitung einer Funktion

10.2 Tangente und lineare Näherung

Sowohl die mittlere als auch die lokale Änderungsrate lassen sich geometrisch deuten: Der Differenzenquotient

$$\frac{f(x_1) - f(x_0)}{x_1 - x_0}$$

gibt die Steigung der Sekante durch die Punkte $(x_0 \mid f(x_0))$ und $(x_1 \mid f(x_1))$ an (Abb. 10.4). Die Sekante kann als eine Näherung des Funktionsgraphen zwischen den Punkten $(x_0 \mid f(x_0))$ und $(x_1 \mid f(x_1))$ durch eine Strecke aufgefasst werden. Im Spezialfall einer linearen Funktion mit der Gleichung $f(x) = ax + b$ erhält man das bekannte Steigungsdreieck (Abb. 3.7); der Differenzenquotient einer linearen Funktion beträgt a.

Der Grenzwert des Differenzenquotienten, die Ableitung von f an der Stelle x_0,

$$f'(x_0) = \lim_{x \to x_0} \frac{f(x) - f(x_0)}{x - x_0} ,$$

Abb. 10.4 Der Differenzenquotient gibt die Steigung der Sekante an

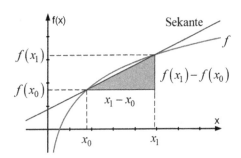

Abb. 10.5 Die Tangente ergänzt die Folge der Sekanten in idealer Weise

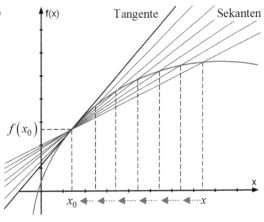

kann als Steigung der Tangente an den Graphen von f im Punkt $\left(x_0 \mid f\left(x_0\right)\right)$ gedeutet werden. Die Tangente bildet das Resultat des Grenzwertprozesses ab, wenn x gegen x_0 strebt. Der Grenzwertprozess selbst, der Übergang von der Sekante durch die Punkte $\left(x_0 \mid f\left(x_0\right)\right)$ und $\left(x_1 \mid f\left(x_1\right)\right)$ zur Tangente im Punkt $\left(x_0 \mid f\left(x_0\right)\right)$, lässt sich allerdings über ein kontinuierliches Verkleinern des Intervalls $\left[x_0 ; x\right]$ nur eingeschränkt veranschaulichen (vgl. Danckwerts & Vogel 2006, S. 45 ff.): Die beiden Punkte, die die Sekante festlegen, fallen zu einem Punkt zusammenfallen – es entsteht also dieselbe ungeklärte Situation, die sich algebraisch durch das Nullwerden von Zähler und Nenner des Differenzenquotienten ergibt (Abschn. 10.1). Die Tangente ist vielmehr ein ideales Objekt, das die Folge der Sekanten passend ergänzt (Abb. 10.5).

Augenscheinlich ist die Tangente diejenige Gerade durch den Punkt $\left(x_0 \mid f\left(x_0\right)\right)$, die sich am besten an den Funktionsgraphen anschmiegt. Diese Vorstellung kann durch ein Hineinzoomen in den Funktionsgraphen unterstützt werden. Ein „Funktionenmikroskop" (Kirsch 1979) illustriert, dass jeder Funktionsgraph ohne Sprünge und Knicke lokal gut durch eine Gerade angenähert werden kann.

Beispiel 10.8

Der Graph der quadratischen Funktion f mit der Gleichung $f(x) = x^2$ kann in einer Umgebung von $x_0 = 0{,}5$ durch die Tangente von f im Punkt $\left(0{,}5 \mid 0{,}25\right)$, eine Gerade mit der Steigung 1, angenähert werden (Abb. 10.6).

Abb. 10.6 Hineinzoomen in den Graphen einer quadratischen Funktion mittels CAS (hier Geogebra)

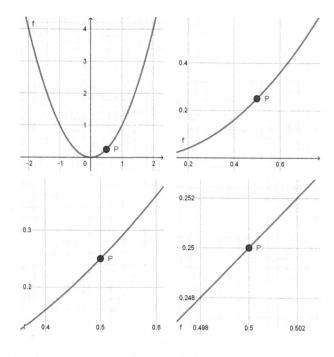

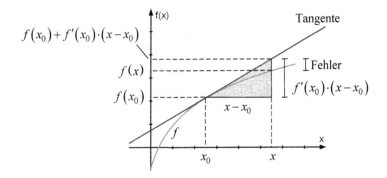

Abb. 10.7 Lineare Approximation mittels Tangente an den Funktionsgraphen

Auf dieser Idee basiert die *lineare Approximation*: Wenn eine Funktion f in x_0 differenzierbar ist, dann gilt für alle x in einer Umgebung von x_0:

$$f(x) \approx f(x_0) + f'(x_0) \cdot (x - x_0)$$

Geometrisch wird hierbei $f'(x_0)$ als Steigung der Tangente an den Funktionsgraphen im Punkt $(x_0 \mid f(x_0))$ gedeutet. Die Tangente selbst wird als Näherung des Funktionsgraphen in einer Umgebung von x_0 verwendet. Der Fehler, der bei der linearen Approximation entsteht, ergibt sich geometrisch aus der vertikalen Differenz zwischen der Tangente und dem Funktionsgraphen (Abb. 10.7). Die Bedeutung der linearen Approximation liegt darin, dass Funktionsgleichungen hoher Komplexität lokal durch gut handhabbare lineare Gleichungen ersetzt werden können.

Beispiel 10.9

In Fortsetzung von Beispiel 10.8 erhält man für die quadratische Funktion f mit der Gleichung $f(x) = x^2$ mit $f(0,5) = 0,25$ und $f'(0,5) = 1$ als lineare Approximation in einer Umgebung von $x_0 = 0,5$ folgende Gleichung einer linearen Funktion:

$$f(x) \approx f(0,5) + f'(0,5) \cdot (x - 0,5) = 0,25 + 1 \cdot (x - 0,5) = x - 0,25$$

Beispiel 10.10

Die häufig verwendete Näherung $\sin x \approx x$ für kleine Werte von x, die in Aufgabe 9.3 geometrisch am Einheitskreis hergeleitet wird, lässt sich als lineare Approximation der Sinusfunktion in der Nähe von $x_0 = 0$ auffassen:

$$\sin x \approx \sin(0) + \sin'(0) \cdot (x - 0) = 0 + 1 \cdot x = x \,,$$

wobei $\sin'(0) = 1$ entweder berechnet oder als Steigung der Tangente an den Graphen der Sinusfunktion in $x_0 = 0$ abgelesen wird. Eine analoge Vorgehensweise ist auch für die beiden Näherungen $\cos x \approx 1 - x$ und $\tan x \approx x$ möglich.

Während die lineare Interpolation (Abschn. 3.4) eine Näherung von f durch eine lineare Funktion in einem Intervall $[x_1; x_2]$ vornimmt (beispielsweise um Zwischenwerte zu berechnen), basiert die lineare Approximation auf der Näherung durch eine lineare Funktion in einer Umgebung einer Stelle x_0. Die geometrische Grundlage bildet bei der linearen Interpolation die Sekante durch die Punkte $(x_1 \mid f(x_1))$ und $(x_2 \mid f(x_2))$ des Funktionsgraphen und bei der linearen Approximation die Tangente an den Funktionsgraphen im Punkt $(x_0 \mid f(x_0))$.

Die lineare Approximation zeigt sich in der Hochschulmathematik als Spezialfall der Taylorentwicklung einer Funktion (Abbrechen der Taylorreihe nach dem linearen Term). Zu erwähnen bleibt ferner, dass für die Analysis eine Modifizierung des aus der Elementargeometrie bekannten Tangentenbegriffs erforderlich ist: Anders als die Kreistangente kann die Tangente an einen Funktionsgraphen mehr als einen Schnittpunkt mit diesem haben oder auch auf beiden Seiten des Funktionsgraphen liegen.

10.3 Ableitungsfunktion und Kalkül der Analysis

Die Ableitung einer Funktion ist zunächst an einer Stelle $x_0 \in D$ definiert. Ordnet man jedem Argument die Ableitung an dieser Stelle zu, erhält man wiederum eine Funktion.

> **Definition 10.3**   Wenn für die Funktion f für alle $x \in D$ die Ableitung existiert, dann heißt die Funktion $f' : D \to \mathbb{R}$, $x \mapsto f'(x)$, die jedem $x \in D$ die Ableitung an dieser Stelle zuordnet, die *Ableitungsfunktion* oder kurz die *Ableitung* von f.

Das Erzeugen der Ableitungsfunktion lässt sich in vielen Fällen wiederholt durchführen. Da f' eine reelle Funktion ist, kann man für f' den Differenzenquotienten in einem Intervall bilden, auf dem f' definiert ist. Wenn f' in einer Umgebung $U(x_0)$ definiert ist und der Grenzwert

$$\lim_{x \to x_0} \frac{f'(x) - f'(x_0)}{x - x_0}$$

existiert, dann ist f' ebenfalls an der Stelle x_0 differenzierbar. Die Ableitung von f' an der Stelle x_0 wird anstatt mit $(f')'(x_0)$ auch kurz mit $f''(x_0)$ bezeichnet und die zweite Ableitung von f an der Stelle x_0 genannt. Wenn sie wiederum für alle $x \in D$ existiert, dann kann man jedem Argument die zweite Ableitung von f zuordnen und erhält auf diese Weise die Funktion $f'' : D \to \mathbb{R}$, $x \mapsto f''(x)$. Unter der Voraussetzung, dass die jeweiligen Grenzwerte existieren, gelangt man im Weiteren zu $(f'')'(x_0)$ oder kurz $f'''(x_0)$, zur dritten Ableitung von f an der Stelle x_0, und zur Funktion $f''' : D \to \mathbb{R}$, $x \mapsto f'''(x)$, und so weiter. Damit können die Definitionen 10.2 und 10.3 für höhere Ableitungen verallgemeinert werden.

Definition 10.4   Wenn für die Funktion f in $x_0 \in D$ die n-te Ableitung von f existiert, dann heißt f *n-mal differenzierbar in* x_0.

Definition 10.5   Wenn für die Funktion f für alle $x \in D$ die n-te Ableitung existiert, dann heißt die Funktion $f^{(n)} : D \to \mathbb{R}$, $x \mapsto f^{(n)}(x)$, die jedem $x \in D$ die n-te Ableitung an dieser Stelle zuordnet, die n-te *Ableitungsfunktion* oder kurz die n-te *Ableitung* von f.

Die bisher betrachteten elementaren Funktionen sind in ihrem gesamten Definitionsbereich unendlich oft differenzierbar, sofern sie nicht – wie die Betragsfunktion – zusammengesetzt sind. Der Kalkül der Analyis basiert nun darauf, dass man von den Eigenschaften der Ableitungsfunktionen auf die Eigenschaften der zu untersuchenden Funktion schließen kann, wie Beispiel 10.11 überblickshaft zeigt.

Beispiel 10.11

Für die Funktion f mit der Gleichung $f(x) = 0,25x^3 - 0,5x^2 - 2x + 4$ lassen sich der Funktionsgraph und die Graphen ihrer Ableitungsfunktionen in einem gemeinsamen Koordinatensystem darstellen (Abb. 10.8). Auf diese Weise sind die für den Kalkül der Analysis charakteristischen Beziehungen erkennbar.

Im Folgenden wird der Kalkül der Analysis schrittweise aufgebaut. Zunächst wird gezeigt, dass das Monotonieverhalten einer Funktion mit Hilfe der Ableitung wesentlich einfacher nachgewiesen werden kann als mit dem Kriterium nach Definition 4.2.

Satz 10.1   Wenn für eine Funktion f für alle $x \in I \subset D$ die Ableitungsfunktion f' existiert und

- $f'(x) \geq 0$ für alle $x \in I$, dann ist f in I monoton wachsend,
- $f'(x) > 0$ für alle $x \in I$, dann ist f in I streng monoton wachsend,
- $f'(x) \leq 0$ für alle $x \in I$, dann ist f in I monoton fallend,
- $f'(x) < 0$ für alle $x \in I$, dann ist f in I streng monoton fallend.

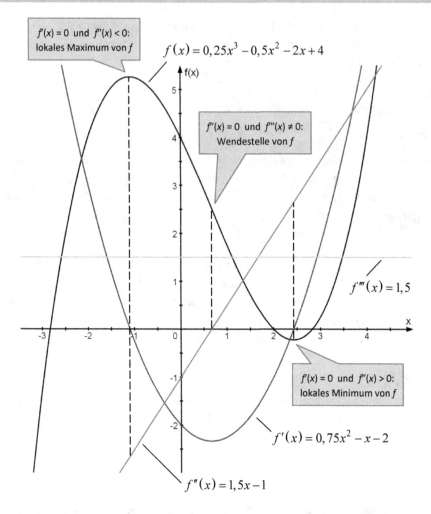

Abb.10.8 Beziehungen zwischen den Graphen einer Funktion und ihrer Ableitungsfunktionen sowie den Eigenschaften der Funktion

Beispiel 10.12

Für die Funktion f mit der Gleichung $f(x) = ax^2 + bx + c$, $a \neq 0$, lautet die Ableitungsfunktion $f'(x) = 2ax + b$. Es ist

$$x_0 = -\frac{b}{2a}$$

eine Nullstelle von f'. Für $a > 0$ ist f' links von x_0 negativ und rechts von x_0 positiv. Folglich ist f links von x_0 streng monoton fallend und rechts von x_0 streng monoton steigend. Für $a < 0$ ist es jeweils umgekehrt.

Wenn sich in $x_0 \in D$ das Monotonieverhalten ändert oder, anders formuliert, wenn in x_0 ein Vorzeichenwechsel der ersten Ableitung stattfindet, dann liegt in x_0 ein lokales Extremum vor. Aus der Art des Vorzeichenwechsels (von minus nach plus oder umgekehrt) lässt sich die Art des Extremums erschließen. Das Umschlagen der Monotonie ist mit Hilfe der Ableitungsfunktion in vielen Fällen rechnerisch wesentlich einfacher nachzuweisen als mit dem in Definition 4.6 formulierten Kriterium.

Satz 10.2 Eine Funktion f, die in einer Umgebung $U(x_0)$ von $x_0 \in D$ definiert und in x_0 differenzierbar ist, besitzt an dieser Stelle

- ein lokales Maximum, wenn $f'(x_0) = 0$ und $f'(x) > 0$ für alle $x \in U$ mit $x < x_0$ sowie $f'(x) < 0$ für alle $x \in U$ mit $x > x_0$,
- ein lokales Minimum, wenn $f'(x_0) = 0$ und $f'(x) < 0$ für alle $x \in U$ mit $x < x_0$ sowie $f'(x) > 0$ für alle $x \in U$ mit $x > x_0$.

Das Kriterium aus Satz 10.2. lässt sich im Sinne eines Kalküls nochmals umformulieren.

Satz 10.3 Eine Funktion f, die in $x_0 \in D$ zweimal differenzierbar ist, besitzt an dieser Stelle

- ein lokales Maximum, wenn $f'(x_0) = 0$ und $f''(x_0) < 0$,
- ein lokales Minimum, wenn $f'(x_0) = 0$ und $f''(x_0) > 0$.

Während in Satz 10.2 mit dem Vorzeichenwechsel von f' an der Stelle x_0 eine Änderung von f' und damit der Kovariationsaspekt bezüglich f' angesprochen wird, zielt Satz 10.3 mit dem Nachweis, dass $f''(x_0)$ von Null verschieden ist, auf den Zuordnungsaspekt von f''.

Beispiel 10.13

Dieses Beispiel ist eine Fortsetzung von Beispiel 10.12: Für eine quadratische Funktion f mit der Gleichung $f(x) = ax^2 + bx + c$, $a \neq 0$, erhält man die erste Ableitung $f'(x) = 2ax + b$ und die zweite Ableitung $f''(x) = 2a$. Damit bestätigt man nach Satz 10.3, dass f an der Stelle

$$x_0 = -\frac{b}{2a}$$

für $a < 0$ ein lokales Maximum und für $a > 0$ ein lokales Minimum besitzt. Diese Stelle ist die x-Koordinate des Scheitels der zugehörigen Parabel.

Der Nachweis, dass eine Funktion in einem Intervall (streng) monoton wachsend bzw. fallend ist oder dass sie an einer Stelle x_0 ein lokales Maximum bzw. Minimum besitzt, kann prinzipiell auch elementar geführt werden, wie ein Vergleich von Beispiel 10.12 mit dem Beweis zu Satz 4.6 und von Beispiel 10.13 mit dem Beweis zu Satz 4.10 zeigt. Allerdings gilt es hierbei Ungleichungen zu lösen, was oftmals sehr aufwändig ist. Insbesondere gibt es meist kein Verfahren, um die Grenzen der Intervalle, in denen die Funktion (streng) monoton wachsend bzw. fallend ist, oder die Stelle x_0, an der sich ein lokales Extremum befindet, zu bestimmen. Genau hier spielt der Kalkül der Analysis seine Stärke aus: Die gesuchten x-Werte lassen sich als Nullstellen der ersten Ableitung, als Lösungen der Gleichung $f'(x) = 0$, ermitteln. Da Gleichungen im Allgemeinen wesentlich einfacher zu lösen sind als Ungleichungen, ermöglicht dies, die relevanten Stellen überhaupt erst zu finden. Anschließend lässt sich mit Hilfe der zweiten Ableitung auch noch über die Art des lokalen Extremums zu entscheiden. Dies rechtfertigt es, von einem Kalkül zu sprechen: Es handelt sich um ein vollständig regelgeleitetes Verfahren, das – wenn es richtig angewendet wird – stets auch zu einem sinnvollen Ergebnis führt. Da alle Entscheidungen aufgrund vorgegebener Kriterien getroffen werden, sind Problemlösen und heuristisches Denken nicht erforderlich.

Beispiel 10.14

Insbesondere bei Polynomfunktionen oder rationalen Funktionen ist es nur in Ausnahmefällen möglich, die Lage lokaler Extrema direkt zu finden. So zeigt in Beispiel 7.3 ein Blick auf den Graphen (Abb. 7.2 rechts), dass die Funktion f mit der Gleichung

$$f(x) = \frac{5x}{2x^4 + 1}$$

mindestens ein lokales Minimum und mindestens ein lokales Maximum besitzen muss. Wo diese Extrema genau liegen, lässt sich mit Hilfe der Nullstellen der Ableitungsfunktion leicht ermitteln (zur Quotientenregel s. Danckwerts & Vogel 2005, S. 42 ff.; Büchter & Henn 2010, S. 209 ff.):

$$f'(x) = \frac{5(2x^4 + 1) - 5x \cdot 8x^3}{(2x^4 + 1)^2} = \frac{-30x^4 + 5}{(2x^4 + 1)^2} = 0 \text{ für } x = \pm\sqrt[4]{\tfrac{5}{30}} \approx \pm 0,64$$

Mittels der zweiten Ableitung kann dann bestätigt werden, dass es sich um ein lokales Minimum und ein lokales Maximum handelt.

Auch die höheren Ableitungen einer Funktion lassen sich deuten: So steht die zweite Ableitung für die Änderung der ersten Ableitung. Die lokalen Extrema der ersten Ableitung sind jene Stellen, an denen das Wachstum der Funktion maximal oder minimal ist. In der geometrischen Deutung ändert an den entsprechenden Punkten die Tangente an den Funktionsgraphen ihr Verhalten: Während die Steigung der Tangente links davon wächst, nimmt sie rechts davon ab, oder umgekehrt. Deshalb heißen diese Punkte auch Wendepunkte des Graphen und die zugehörigen Argumente Wendestellen der Funktion.

Definition 10.6 Eine Funktion f besitzt in $x_0 \in D$ eine *Wendestelle*, wenn f in x_0 zweimal differenzierbar ist und $f''(x_0) = 0$ sowie eine Umgebung $U(x_0) \subset D$ so existiert, dass

- $f''(x) < 0$ für alle $x \in U$ mit $x < x_0$ sowie $f''(x) > 0$ für alle $x \in U$ mit $x > x_0$, oder

- $f''(x) > 0$ für alle $x \in U$ mit $x < x_0$ sowie $f''(x) < 0$ für alle $x \in U$ mit $x > x_0$.

Da eine Wendestelle als ein lokales Extremum von f' aufgefasst werden kann, wie ein Vergleich von Definition 10.6 mit Satz 10.2 zeigt, gewinnt man unter Verwendung der dritten Ableitung von f ein praktikableres Kriterium:

Satz 10.4 Eine Funktion f, die in x_0 dreimal differenzierbar ist, besitzt in x_0 eine Wendestelle, wenn $f''(x_0) = 0$ und $f'''(x_0) = 0$.

Während in Definition 10.6 mit dem Vorzeichenwechsel von f'' an der Stelle x_0 eine Änderung von f'' und damit der Kovariationsaspekt bezüglich f'' angesprochen wird, zielt Satz 10.4 mit dem Nachweis, dass $f'''(x_0)$ von Null verschieden ist, auf den Funktionswert von f''' an der Stelle x_0 und damit auf den Zuordnungsaspekt von f'''.

10.4 Funktionales Denken im Kalkül der Analysis

Wenn man die einzelnen Schritte bei der Bestimmung lokaler Extrema (Abb. 10.9) und von Wendestellen (Abb. 10.10) im Kalkül der Analysis nachverfolgt, so

- finden *Aspektwechsel* statt, wenn die Betrachtungsweise vom Zuordnungsaspekt zum Kovariationsaspekt übergeht und umgekehrt,

- treten *Ebenenwechsel* zwischen der Funktion und der ersten Ableitung sowie der ersten und der zweiten Ableitung bzw. der zweiten und der dritten Ableitung auf.

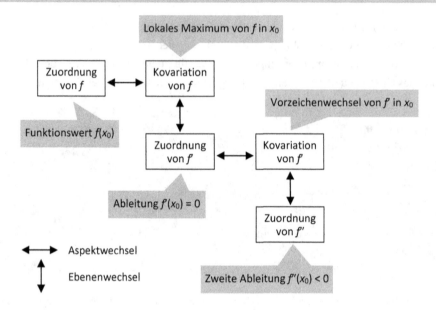

Abb. 10.9 Aspekt- und Ebenenwechsel bei der Ermittlung lokaler Extrema (entsprechend dem Kriterium aus Satz 10.2)

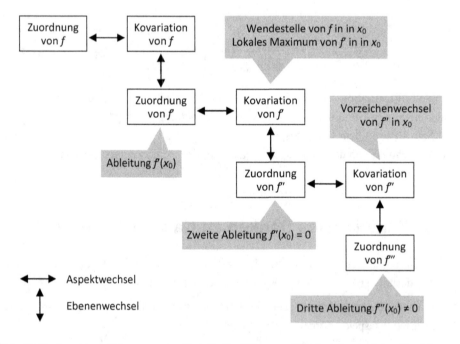

Abb. 10.10 Aspekt- und Ebenenwechsel bei der Ermittlung von Wendestellen (entsprechend dem Kriterium aus Satz 10.3)

Diese Abfolge von Aspekt- und Ebenenwechseln ist charakteristisch für den Kalkül der Analysis: An die Stelle des Kovariationsaspekts tritt der Zuordnungsaspekt eine Ebene tiefer, aufgrund des Grenzwertprozesses beim Bilden der Ableitung. Darin liegt auch begründet, warum der Kalkül so leistungsstark ist: Der Kovariationsaspekt bedingt das Lösen von Ungleichungen, der Zuordnungsaspekt ermöglicht das Lösen von Gleichungen.

Das Ineinandergreifen von Aspekt- und Ebenenwechseln erweist sich als hilfreich, um Wachstumsprozesse zu analysieren. Allerdings gilt es, die Ebenen klar zu trennen und eine fälschliche „Ebenenverschmelzung" (Hahn & Prediger 2008, S. 177) zu vermeiden, insbesondere dann, wenn auf den verschiedenen Ebenen gegenläufige Kovariationen auftreten. Gegenläufige Kovariationen liegen beispielsweise dann vor, wenn die Funktion wächst, die erste Ableitung jedoch fällt und die zweite Ableitung wiederum wächst. Derartige Konstellationen können mit dem Alltagsverständnis kollidieren und Fehldeutungen auslösen (vgl. Hahn & Prediger 2008, S. 173 ff.).

Beispiel 10.15

Der Schuldenstand eines Landes zum Zeitpunkt t wird mit $S(t)$ beschrieben. Dann gibt die erste Ableitung $S'(t)$ die momentane Änderung des Schuldenstandes pro Zeiteinheit an, auch als Neuverschuldung bezeichnet, und die zweite Ableitung $S''(t)$ die momentane Änderung der momentanen Änderung des Schuldenstandes, also die momentane Änderung der Neuverschuldung (Abb. 10.11 bis 10.13).

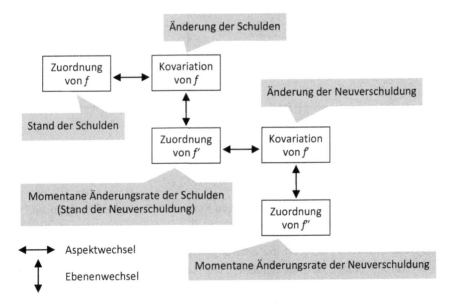

Abb. 10.11 Aspekt- und Ebenenwechsel am Beispiel von Schulden und Neuverschuldung

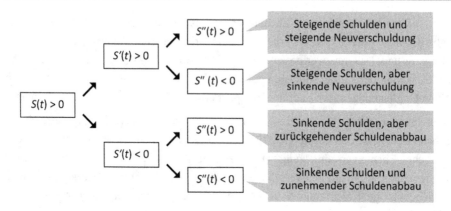

Abb. 10.12 Gleichsinnige und gegensinnige Kovariationen am Beispiel von Schulden und Neuverschuldung

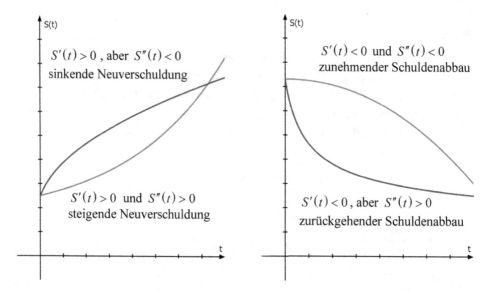

Abb. 10.13 Gleichsinnige und gegensinnige Kovariationen am Beispiel von Schulden und Neuverschuldung

Konkret bedeutet $S(t) > 0$, dass ein Land zum Zeitpunkt t Schulden hat. Dann sind zwei Fälle zu unterscheiden: $S'(t) > 0$ und $S'(t) < 0$.

■ Wenn $S'(t) > 0$, dann ist die Neuverschuldung positiv, die Schulden wachsen. $S''(t) > 0$ besagt, dass die Änderung der Neuverschuldung positiv ist, also auch die Neuverschuldung steigt: Es kommen neue Schulden hinzu, und zwar zunehmend mehr. $S''(t) < 0$ gibt hingegen an, dass die Änderung der Neuverschuldung negativ ist, also die Neuverschuldung sinkt: Es kommen zwar neue Schulden hinzu, aber zunehmend weniger.

- Wenn $S'(t) < 0$, dann ist die Neuverschuldung negativ, die Schulden sinken, es findet ein Schuldenabbau statt. $S''(t) > 0$ bedeutet, dass die Änderung der Neuverschuldung positiv ist, also der Schuldenabbau verlangsamt wird, $S''(t) < 0$ hingegen, dass die Änderung der Neuverschuldung negativ ist, also der Schuldenabbau beschleunigt wird.

Beispiel 10.16

Wie in Beispiel 10.2 werden mit $K(x)$ die Kosten bezeichnet, die bei der Herstellung von x Stück eines Produkts entstehen. Dann beschreibt die erste Ableitung $K'(x)$ die Änderung der Herstellungskosten. $K'(x)$ wird auch als Grenzkosten bezeichnet und gibt – anschaulich formuliert – die zusätzlichen Produktionskosten für die zuletzt hergestellte Einheit des Produkts an (bei diskreten Produkten sind das die Kosten für das zuletzt hergestellte Stück).

Üblicherweise ist $K'(x) > 0$: Die gesamten Produktionskosten steigen erwartungsgemäß mit zunehmender Menge. Kritisch ist es, wenn $K'(x)$ größer ist als der Verkaufspreis des Artikels; in diesem Fall ist es rentabler, weniger zu produzieren.

Die zweite Ableitung $K''(x)$ steht für die Änderung der Grenzkosten (Abb. 10.14):

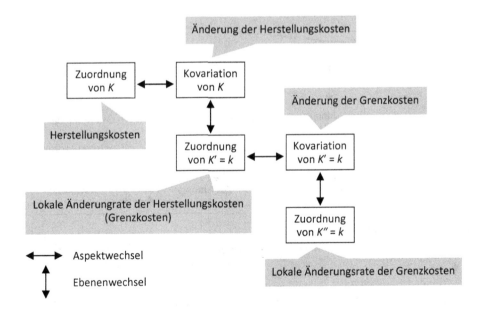

Abb. 10.14 Aspekt- und Ebenenwechsel am Beispiel von Herstellungs- und Grenzkosten

- Für $K''(x) < 0$ sinken die Grenzkosten: Die zuletzt produzierte Einheit ist günstiger als die unmittelbar zuvor produzierten, entsprechend dem Prinzip der Massenproduktion. $K''(x)$ gibt konkret an, um welchen Betrag die zusätzlichen Herstellungskosten für die zusätzlich produzierte Einheit sinken.

- Für $K''(x) > 0$ steigen die Grenzkosten: Die zuletzt produzierte Einheit ist teurer als die unmittelbar zuvor produzierten, etwa weil Überstunden bezahlt werden müssen, weitere Maschinen erforderlich sind oder zusätzlich benötigte Rohstoffe nur sehr teuer eingekauft werden können. $K''(x)$ beschreibt, um welchen Betrag die zusätzlichen Herstellungskosten für die zusätzlich produzierte Einheit steigen.

Sollte $K'(x) < 0$ eintreten, sind die Grenzkosten negativ: Die gesamten Herstellungskosten sinken (sind aber natürlich immer noch positiv), wenn mehr von dem Produkt hergestellt wird – was in der Realität wohl kaum vorkommt.

Beispiel 10.17

Wie in Beispiel 10.5 bezeichnet $s(t)$ für eine Fahrt mit dem Auto den Ort in Abhängigkeit von der Zeit t. Es gilt $v = s'(t)$ und $a = v'(t) = s''(t)$. Die momentane Änderungsrate des Orts gibt die Momentangeschwindigkeit v an, und die momentane Änderungsrate der Geschwindigkeit die Momentanbeschleunigung a (Abb. 10.15).

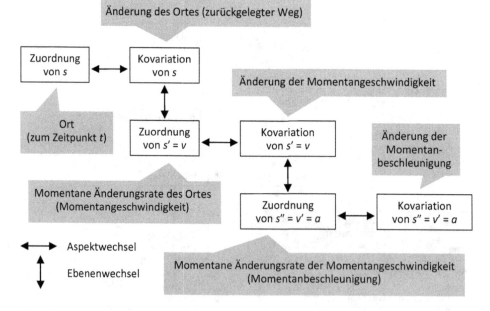

Abb. 10.15 Aspekt- und Ebenenwechsel am Beispiel von Ort, Geschwindigkeit, Beschleunigung

Für $v = s'(t) > 0$ nimmt der zurückgelegte Weg zu, das Auto fährt weiterhin in positiver Richtung. Ferner bedeutet $a = v'(t) = s''(t) > 0$, dass die Beschleunigung positiv ist, also die Geschwindigkeit zunimmt. Sofern $a = v'(t) = s''(t) < 0$, nimmt die Geschwindigkeit ab, das Auto wird langsamer – trotzdem kann es sich weiter in positiver Richtung bewegen und der zurückgelegte Weg größer werden, also $s(t) > 0$.

Bei der Bildung der Ableitungen wird das Schema der Aspekt- und Ebenenwechsel stets von links oben nach rechts unten durchlaufen (Abb. 10.10 und 10.11 sowie 10.14 und 10.15). Dies muss aber nicht so sein, wie ein abschließender Ausblick auf die Integration zeigt (für eine ausführliche Darstellung s. Danckwerts & Vogel 2005, S. 206 ff.; Büchter & Henn 2010, S. 92 ff., S. 221 ff.).

Das Grundproblem der Integration lautet: Gegeben ist eine Funktion f und gesucht wird eine Integralfunktion F zu f. Nach dem Hauptsatz der Differenzial- und Integralrechnung (dessen Voraussetzungen erfüllt sein müssen) gilt $F'(x) = f(x)$ für alle $x \in D_F$, in denen F differenzierbar ist, und weiter:

$$\int_{x_0}^{x_1} f(x)\,dx = F(x_1) - F(x_0)$$

Inhaltlich lässt sich dies so deuten: Die Funktion f beschreibt die lokale Änderungsrate der Funktion F und es gilt $F'(x) = f(x)$ für alle $x \in D_F$, in denen F differenzierbar ist. Bei der Integration kann aus der lokalen Änderungsrate $F'(x) = f(x)$ die Änderung $F(x_1) - F(x_0)$ im Intervall $[x_0; x_1]$ berechnet werden, also die Differenz zweier Funktionswerte von F.

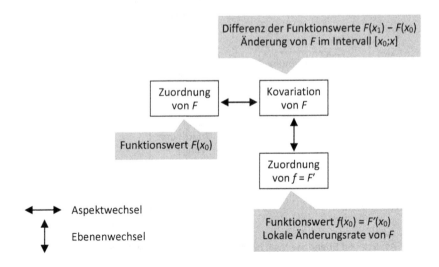

Abb. 10.16 Aspekt- und Ebenenwechsel bei der Integration

Nicht eindeutig möglich ist hingegen die Ermittlung einzelner Funktionswerte $F(x)$, da die Stammfunktion F von f nur bis auf eine Konstante eindeutig bestimmt ist. Es gilt: „Integrieren heißt Rekonstruieren" (Danckwerts & Vogel 2006, S. 96). Allerdings ist dieses Rekonstruieren nur eingeschränkt möglich. Beim Integrieren schließt man von der Funktionsgleichung für $F'(x) = f(x)$, also vom Zuordnungsaspekt von F', auf die Differenz der Funktionswerte $F(x_1) - F(x_0)$, also auf den Kovariationsaspekt von F. Der weitere Schluss auf einzelne Funktionswerte von F, beispielsweise auf $F(x_0)$ oder $F(x_1)$, also den Zuordnungsaspekt von F, kann hingegen nicht gelingen.

Das bekannte Schema des Aspekt- und Ebenenwechsels wird bei der Integration von rechts unten nach links oben durchlaufen (Abb. 10.16 und 10.17).

Beispiel 10.18

Mit $F(t)$ wird die Füllmenge eines Tanks (in Liter) zum Zeitpunkt t (in Sekunden) bezeichnet. Dann steht $F'(t) = f(t)$ für die momentane Änderungsrate der Füllmenge (in Liter je Sekunde), also jene Menge, die pro Zeiteinheit in den Tank strömt oder aus diesem entnommen wird. Von $F'(t) = f(t)$ kann man per Integration auf die Änderung der Füllmenge $\Delta F(t) = F(t_1) - F(t_0)$ im Zeitraum $\Delta t = t_0 - t_1$ schließen, nicht jedoch auf die Füllmenge $F(t_0)$ bzw. $F(t_1)$ zum Zeitpunkt t_0 bzw. t_1. Erst wenn eine der beiden Füllmengen im Sinne einer Anfangsbedingung bekannt ist, kann auch die andere berechnet werden. Allein aus der lokalen Änderungsrate der Füllmenge kann die Füllmenge nicht rekonstruiert werden.

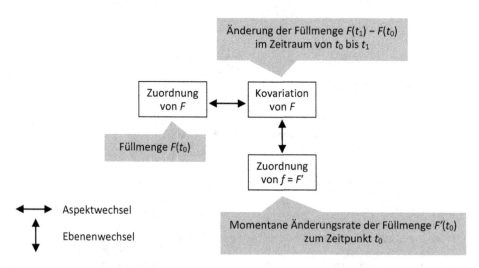

Abb. 10.17 Aspekt- und Ebenenwechsel bei der Integration am Beispiel der Füllmenge eines Tanks

Literatur

ADAC (2018). *Monatliche Durchschnittspreise Kraftstoffe seit 2000*. Online verfügbar: https://www.adac.de/infotestrat/tanken-kraftstoffe-und-antrieb/kraftstoffpreise/kraftstoffdurchschnittspreise/default.aspx [21.11.2018].

Barzel, B. et al. (2003). *Das ABC der ganzrationalen Funktionen. Lernwerkstatt mit GTR- oder CAS-Einsatz*. Stuttgart: Klett.

Blum, W. (1985). Anwendungsorientierter Mathematikunterricht in der didaktischen Diskussion. *Mathematische Semesterberichte* 32(2), S. 195–232.

Borromeo Ferri, R. (2011). *Wege zur Innenwelt des mathematischen Modellierens. Kognitive Analysen von Modellierungsprozessen im Mathematikunterricht*. Wiesbaden: Vieweg + Teubner.

Büchter, A. & Henn, W. (2010). *Elementare Analysis. Von der Anschauung zur Theorie*. Heidelberg: Spektrum.

Bundesnetzagentur (2006). *Jahresbericht 2006*. Bonn: Bundesnetzagentur für Elektrizität, Gas, Telekommunikation, Post und Eisenbahn (BNetzA). Online verfügbar: http://www.bundesnetzagentur.de/media/archive/9009.pdf [25.06.2007].

Danckwerts, R. & Vogel, D. (2005). *Elementare Analysis*. Norderstedt: Books on Demand.

Danckwerts, R. & Vogel, D. (2006). *Analysis verständlich unterrichten*. München: Spektrum/Elsevier

Fischer, R. & Malle, G. (1985). *Mensch und Mathematik. Eine Einführung in didaktisches Denken und Handeln*. Mannheim: B.I.-Wissenschaftsverlag

Forster, O. (2016). *Analysis I. Differential- und Integralrechnung einer Veränlichen* (12. Aufl.). Wiesbaden: Springer Spektrum.

Förster, F. (2000). Anwenden, Mathematisieren, Modellbilden. In U.-P. Tietze, M. Klika & H. Wolpers (Hrsg.), *Mathematikunterricht in der Sekundarstufe. Band 1: Fachdidaktische Grundfragen – Didaktik der Analysis* (2. Aufl., S. 121–150). Braunschweig: Vieweg.

Freudenthal, H. (1983). *Didactical Phenomenology of Mathematical Structures*. Dordrecht: Reidel.

Gieding, M. (2003). Programming by Example. Überlegungen zu Grundlagen einer Didaktik der Tabellenkalkulation. *mathematica didactica* 26(2), S. 42–72.

© Springer-Verlag GmbH Deutschland, ein Teil von Springer Nature 2019
G. Wittmann, *Elementare Funktionen und ihre Anwendungen*, Mathematik Primarstufe und Sekundarstufe I + II, https://doi.org/10.1007/978-3-662-58060-8

Greefrath, G., Oldenburg, R., Siller, H.-S., Ulm, V. & Weigand, H.-G. (2016). *Didaktik der Analysis. Aspekte und Grundvorstellungen zentraler Begriffe.* Heidelberg: Springer Spektrum.

Hahn, S. (2008). *Bestand und Änderung. Grundlegung einer vorstellungsorientierten Differentialrechnung* (Beiträge zur didaktischen Rekonstruktion. Band 21). Oldenburg: Didaktisches Zentrum der Carl von Ossietzky Universität.

Hahn, S. & Prediger, S. (2008). Bestand und Änderung – Ein Beitrag zur Didaktischen Rekonstruktion der Analysis. *Journal für Mathematik-Didaktik* 29(3/4), S. 163–198.

Herget, W., Jahnke, T. & Kroll, W. (2001). *Produktive Aufgaben für den Mathematikunterricht in der Sekundarstufe I.* Berlin: Cornelsen.

Hischer, H. (2002). *Mathematikunterricht und Neue Medien: Hintergründe und Begründungen aus fachdidaktischer und fachübergreifender Sicht.* Hildesheim: Franzbecker.

vom Hofe, R., Lotz, J. & Salle, A. (2015). Analysis. Leitidee Zuordnung und Veränderung. In R. Bruder et al. (Hrsg.), *Handbuch der Mathematikdidaktik* (S. 149–184). Berlin: Springer Spektrum.

Kirsch, A. (1979). Ein Vorschlag zur visuellen Vermittlung einer Grundvorstellung vom Ableitungsbegriff. *Der Mathematikunterricht* 25(3), S. 25–41.

Klieme, E., Neubrand, M. & Lüdtke, O. (2001). Mathematische Grundbildung: Testkonzeption und Ergebnisse. In Deutsches PISA-Konsortium (Hrsg.), *PISA 2000. Basiskompetenzen von Schülerinnen und Schülern im internationalen Vergleich* (S. 139–190). Opladen: Leske + Budrich.

Königsberger, K. (2013). *Analysis 1* (6. Aufl.). Heidelberg: Springer.

Kroll, W. (1988). *Grund- und Leistungskurs Analysis. Lehr- und Arbeitsbuch. Band 1: Differentialrechnung 1.* Bonn: Dümmler

Krüger, K. (2000). *Erziehung zum funktionalen Denken. Zur Begriffsgeschichte eines didaktischen Prinzips.* Berlin: Logos.

Kuchling, H. (1989). *Taschenbuch der Physik* (12. Aufl.). Frankfurt/Main: Harri Deutsch.

Lauterbach, K. et al. (2006). *Zum Zusammenhang zwischen Einkommen und Lebenserwartung. Studien zu Gesundheit, Medizin und Gesellschaft 2006.* Köln: Institut für Gesundheitsökonomie und Klinische Epidemiologie. Online verfügbar: http://gesundheitsoekonomie.uk-koeln.de/forschung/schriftenreihe-sgmg/2006-01_einkommen und rentenbezugsdauer.pdf [21.11.2018].

Lehmann, I. & Schulz, W. (2007). *Mengen – Relationen – Funktionen. Eine anschauliche Einführung* (3. Aufl.). Stuttgart: Teubner.

Leuders, T. & Maaß, K. (2005). Modellieren – Brücken zwischen Welt und Mathematik. *Praxis der Mathematik in der Schule* 47(3), S. 1–7.

Leuders, T. & Prediger, S. (2005). Funktioniert's? – Denken in Funktionen. *Praxis der Mathematik in der Schule* 47(2), S. 1–7.

Ludwig, M. & Oldenburg, R. (2007). Lernen durch Experimentieren. Handlungsorientierte Zugänge zur Mathematik. *mathematik lehren* 141, S. 4–11.

Maaß, K. (2007). *Mathematisches Modellieren. Aufgaben für die Sekundarstufe I.* Berlin: Cornelsen Scriptor.

Malle, G. (1993). *Didaktische Probleme der elementaren Algebra.* Braunschweig: Vieweg.

Malle, G. (2000): Zwei Aspekte von Funktionen: Zuordnung und Kovariation. *mathematik lehren* 103, S. 8–11.

Malle, G. et al. (2004–2007). *Mathematik verstehen. Band 5–8.* Wien: öbv & hpt.

Marxer, M. & Wittmann, G. (2009). Mit Mathematik Realität(en) gestalten. Normative Modellierungen im Mathematikunterricht. *mathematik lehren* 153, S. 9–14.

Padberg, F., Danckwerts, R. & Stein, M. (1995). *Zahlbereiche. Eine elementare Einführung.* Heidelberg: Spektrum.

Roth, J. & Wittmann, G. (2018). Ebene Figuren und Körper. In H.-G. Weigand (Hrsg.), *Didaktik der Geometrie für die Sekundarstufe I* (3. Aufl., S. 107–147). Berlin: Springer Spektrum.

Steinweg, A. S. (2013). *Algebra in der Grundschule. Muster und Strukturen – Gleichungen – funktionale Beziehungen.* Berlin: Springer Spektrum.

Storch, U. & Wiebe, H. (2017). *Grundkonzepte der Mathematik. Mengentheoretische, algebraische, topologische Grundlagen sowie reelle und komplexe Zahlen.* Wiesbaden: Spriger Spektrum.

Volkert, K. (1988). *Geschichte der Analysis.* Mannheim: B.I.-Wissenschaftsverlag.

Vollrath, H.-J. (1989). Funktionales Denken. *Journal für Mathematik-Didaktik* 10(1), S. 3–37.

Vollrath, H.-J. & Weigand, H.-G. (2007). *Algebra in der Sekundarstufe* (3. Aufl.). München: Spektrum/Elsevier.

Wittmann, G. (2016). Unterscheiden von Bestand und Änderung. Zugänge zu funktionalem Denken in der Grundschule. *mathematik lehren* 199, S. 10–13.

Index

© Springer-Verlag GmbH Deutschland, ein Teil von Springer Nature 2019
G. Wittmann, *Elementare Funktionen und ihre Anwendungen*, Mathematik
Primarstufe und Sekundarstufe I + II, https://doi.org/10.1007/978-3-662-58060-8

Bisher erschienene Bände der Reihe Mathematik Primarstufe und Sekundarstufe I + II

Herausgegeben von
Prof. Dr. Friedhelm Padberg, Universität Bielefeld
Prof. Dr. Andreas Büchter, Universität Duisburg-Essen

Bisher erschienene Bände (Auswahl):

Didaktik der Mathematik

P. Bardy: Mathematisch begabte Grundschulkinder – Diagnostik und Förderung (P)

C. Benz/A. Peter-Koop/M. Grüßing: Frühe mathematische Bildung (P)

M. Franke/S. Reinhold: Didaktik der Geometrie (P)

M. Franke/S. Ruwisch: Didaktik des Sachrechnens in der Grundschule (P)

K. Hasemann/H. Gasteiger: Anfangsunterricht Mathematik (P)

K. Heckmann/F. Padberg: Unterrichtsentwürfe Mathematik Primarstufe, Band 1 (P)

K. Heckmann/F. Padberg: Unterrichtsentwürfe Mathematik Primarstufe, Band 2 (P)

F. Käpnick: Mathematiklernen in der Grundschule (P)

G. Krauthausen: Digitale Medien im Mathematikunterricht der Grundschule (P)

G. Krauthausen: Einführung in die Mathematikdidaktik (P)

G. Krummheuer/M. Fetzer: Der Alltag im Mathematikunterricht (P)

F. Padberg/C. Benz: Didaktik der Arithmetik (P)

E. Rathgeb-Schnierer/C. Rechtsteiner: Rechnen lernen und Flexibilität entwickeln (P)

P. Scherer/E. Moser Opitz: Fördern im Mathematikunterricht der Primarstufe (P)

H.-D. Sill/G. Kurtzmann: Didaktik der Stochastik in der Primarstufe (P)

A.-S. Steinweg: Algebra in der Grundschule (P)

G. Hinrichs: Modellierung im Mathematikunterricht (P/S)

A. Pallack: Digitale Medien im Mathematikunterricht der Sekundarstufen I + II (P/S)

R. Danckwerts/D. Vogel: Analysis verständlich unterrichten (S)

© Springer-Verlag GmbH Deutschland, ein Teil von Springer Nature 2019
G. Wittmann, *Elementare Funktionen und ihre Anwendungen*, Mathematik Primarstufe und Sekundarstufe I + II, https://doi.org/10.1007/978-3-662-58060-8

C. Geldermann/F. Padberg/U. Sprekelmeyer: Unterrichtsentwürfe Mathematik Sekundarstufe II (S)

G. Greefrath: Didaktik des Sachrechnens in der Sekundarstufe (S)

G. Greefrath: Anwendungen und Modellieren im Mathematikunterricht (S)

G. Greefrath/R. Oldenburg/H.-S. Siller/V. Ulm/H.-G. Weigand: Didaktik der Analysis für die Sekundarstufe II (S)

K. Heckmann/F. Padberg: Unterrichtsentwürfe Mathematik Sekundarstufe I (S)

K. Krüger/H.-D. Sill/C. Sikora: Didaktik der Stochastik in der Sekundarstufe (S)

F. Padberg/S. Wartha: Didaktik der Bruchrechnung (S)

H.-J. Vollrath/H.-G. Weigand: Algebra in der Sekundarstufe (S)

H.-J. Vollrath/J. Roth: Grundlagen des Mathematikunterrichts in der Sekundarstufe (S)

H.-G. Weigand/T. Weth: Computer im Mathematikunterricht (S)

H.-G. Weigand et al.: Didaktik der Geometrie für die Sekundarstufe I (S)

Mathematik

M. Helmerich/K. Lengnink: Einführung Mathematik Primarstufe – Geometrie (P)

A. Büchter/F. Padberg: Einführung in die Arithmetik (P/S)

F. Padberg/A. Büchter: Arithmetik/Zahlentheorie (P)

K. Appell/J. Appell: Mengen – Zahlen – Zahlbereiche (P/S)

A. Filler: Elementare Lineare Algebra (P/S)

H. Humenberger/B. Schuppar: Mit Funktionen Zusammenhänge und Veränderungen beschreiben (P/S)

S. Krauter/C. Bescherer: Erlebnis Elementargeometrie (P/S)

H. Kütting/M. Sauer: Elementare Stochastik (P/S)

T. Leuders: Erlebnis Algebra (P/S)

T. Leuders: Erlebnis Arithmetik (P/S)

F. Padberg/A. Büchter: Elementare Zahlentheorie (P/S)

F. Padberg/R. Danckwerts/M. Stein: Zahlbereiche (P/S)

A. Büchter/H.-W. Henn: Elementare Analysis (S)

B. Schuppar: Geometrie auf der Kugel – Alltägliche Phänomene rund um Erde und Himmel (S)

B. Schuppar/H. Humenberger: Elementare Numerik für die Sekundarstufe (S)

G. Wittmann: Elementare Funktionen und ihre Anwendungen (S)

P: Schwerpunkt Primarstufe
S: Schwerpunkt Sekundarstufe

Springer

springer.com

Willkommen zu den Springer Alerts

Jetzt anmelden!

- Unser Neuerscheinungs-Service für Sie:
  aktuell *** kostenlos *** passgenau *** flexibel

Springer veröffentlicht mehr als 5.500 wissenschaftliche Bücher jährlich in gedruckter Form. Mehr als 2.200 englischsprachige Zeitschriften und mehr als 120.000 eBooks und Referenzwerke sind auf unserer Online Plattform SpringerLink verfügbar. Seit seiner Gründung 1842 arbeitet Springer weltweit mit den hervorragendsten und anerkanntesten Wissenschaftlern zusammen, eine Partnerschaft, die auf Offenheit und gegenseitigem Vertrauen beruht.

Die SpringerAlerts sind der beste Weg, um über Neuentwicklungen im eigenen Fachgebiet auf dem Laufenden zu sein. Sie sind der/die Erste, der/die über neu erschienene Bücher informiert ist oder das Inhaltsverzeichnis des neuesten Zeitschriftenheftes erhält. Unser Service ist kostenlos, schnell und vor allem flexibel. Passen Sie die SpringerAlerts genau an Ihre Interessen und Ihren Bedarf an, um nur diejenigen Information zu erhalten, die Sie wirklich benötigen.

Mehr Infos unter: springer.com/alert

Printed in the United States
By Bookmasters